S-R Statistics Series with R

基于R应用的统计学丛书

多元统计分析

——基于R语言

Multivariate Statistical Analysis with R

何晓群　马学俊　编著

中国人民大学出版社

·北京·

前 言

多元统计分析是统计学中一个非常重要的分支。在国外，从 20 世纪 30 年代开始在自然科学、管理科学和社会、经济等领域广泛应用多元统计分析。我国自 20 世纪 80 年代起在多个领域拉开了多元统计分析应用的帷幕。

本书写作的指导思想是：在不失严谨的前提下，明显不同于纯数理类教材，努力突出实际案例的应用和统计思想的渗透，结合 R 软件全面系统地介绍多元分析的实用方法。为了贯彻这一思想，本书参考了国内外大量书籍及文献，在系统介绍多元分析基本理论和方法的同时，尽力结合社会、经济、自然科学等领域的研究实例，把多元分析的方法与实际应用结合起来，注重定性分析与定量分析紧密结合，努力把同行以及我们在实践中应用多元分析的经验和体会融入其中。几乎每种方法都强调它们的优缺点和实际运用中应注意的问题。为使读者掌握本书内容，同时考虑到这门课程的应用性和实践性，每章末给出了简单的思考与练习题。我们鼓励读者自己利用实际数据去实践这些方法。多元分析的应用离不开计算机，本书的案例全部运用现在流行的 R 软件实现。本书一个显著的特点是，在讲解每种方法后结合实例概要介绍 R 软件的操作实现过程。其实，需要注意的是，读者不必拘泥于一种软件，哪种软件使用方便就用哪种。在每章末有参考文献，有兴趣的读者可进一步阅读。

全书共 11 章。主要内容包括多元正态分布、均值向量和协方差阵的检验、聚类分析、判别分析、主成分分析、因子分析、对应分析、典型相关分析等常见的主流方法，还参考国内外大量文献系统介绍了近年来在市场研究、顾客满意度研究、金融研究、环境研究等领域应用颇广的较新方法，包括定性数据的建模分析、对数线性模型、Logistic 回归、多变量的图表示法、多维标度法等。

本书可作为统计学专业本科生的多元分析课程教材。由于本书的内容较多，教师在选用本书时可以灵活选讲。本书还可作为非统计专业研究生量化分析教材。根据我们多年的教学实践，本书讲授 48 课时较为合适。

自拙作《多元统计分析》2004 年第 1 版出版以来，承蒙数万读者的厚爱，许多高校都采用其作为教材。有许多教师和学生给予我热情的鼓励，并且对书中某些地方提出中肯批评，这都是读者对我及本书的无私关心和奉献，在此我谨表衷心感谢。

本次“R 版”充分考虑了广大读者的批评建议，在不失严谨的前提下仍然保持强调应用的风格。我们对本书做了如下修订：

（1）调整和更换了大部分例题；

（2）对过去版本中的一些错误进行了修正，并且斟酌了其中的一些文字；

（3）全部采用了 R 软件。

本书的大部分案例是我们多年教学和科研工作的积累，有部分案例是为体现典型性而引用的他人著作。在此，谨向对本书出版有过帮助的师长和朋友表示衷心的感谢。

本书的 R 代码及运行全部由我的合作者苏州大学副教授马学俊博士完成。由于水平有限，书中难免有不足之处，尤其是对一些应用研究的体会性讨论恐有偏颇之处，恳切希望读者批评指正。

本书所提供的附表和案例数据，请读者到中国人民大学出版社网站（www. crup. com. cn）免费下载。

何晓群

辛丑春於北京世纪城

目　录

第 1 章 Chapter 1 多元正态分布

学习目标

1. 掌握多元分布的有关概念；
2. 掌握统计距离的概念；
3. 理解多元正态分布的定义及其有关性质；
4. 了解常用多元分布及其抽样分布的定义和基本性质。

在基础统计学中，随机变量的正态分布在理论和实际应用中都有着重要的地位。同样，在多元统计学中，多元正态分布也占有相当重要的位置。原因是许多实际问题研究中的随机向量确实遵从或近似遵从多元正态分布；对于多元正态分布，已有一整套统计推断方法，并且可以得到许多完整的结果。

多元正态分布是最常用的一种多元概率分布。此外，还有多元对数正态分布、多项式分布、多元超几何分布、多元 β 分布、多元 χ^2 分布、多元指数分布等。本章从多维变量及多元分布的基本概念开始，着重介绍多元正态分布的定义及一些重要性质以及常用多元分布及其抽样分布的定义和基本性质。

1.1 多元分布的基本概念

在研究社会、经济现象和许多实际问题时，经常遇到的是多指标的问题。例如，研究职工薪酬构成情况时，计时工资、基础工资与职务工资、各种奖金、各种津贴等都是同时需要考察的指标；又如研究公司的运营情况时，要涉及公司的资金周转能力、偿债能力、获利能力及竞争能力等财务指标，这些都是多指标研究的问题。显然，由于这些指标之间往往不独立，仅研究某个指标或者将这些指标割裂开来分别研究都不能从整体上把握所研究问题的实质。一般假设所研究的问题涉及 p 个指标，进行了 n 次独立观测，将得到 np 个数据，我们的目的就是对观测对象进行分组、分类或分析这 p 个变量之间的相互关联程度或找出内在规律等。下面简要介绍多元分析中涉及的一些基本概念。

1.1.1 随机向量

假定所讨论的是多个变量的总体，所研究的数据是同时观测 p 个指标（即变量）、进行了 n 次观测得到的，我们把这 p 个指标表示为 X_1，X_2，…，X_p，常用向量

$$\boldsymbol{X}=(X_1, X_2, \cdots, X_p)'$$

表示对同一个体观测的 p 个变量。若观测了 n 个个体，则可得到如表 1－1 所示的数据，称每一个体的 p 个变量为一个样品，全体 n 个样品形成一个样本。

表 1－1

序号	变量			
	X_1	X_2	…	X_p
1	x_{11}	x_{12}	…	x_{1p}
2	x_{21}	x_{22}	…	x_{2p}
⋮	⋮	⋮		⋮
n	x_{n1}	x_{n2}	…	x_{np}

横看表 1－1，记

$$\boldsymbol{X}_{(\alpha)}=(x_{\alpha 1}, x_{\alpha 2}, \cdots, x_{\alpha p})', \quad \alpha=1, 2, \cdots, n$$

它表示第 α 个样品的观测值。竖看表 1－1，第 j 列的元素：

$$\boldsymbol{X}_j=(x_{1j}, x_{2j}, \cdots, x_{nj})', \quad j=1, 2, \cdots, p$$

表示对第 j 个变量 X_j 的 n 次观测数值。

因此，样本资料矩阵可用矩阵语言表示为：

$$\boldsymbol{X}=\begin{bmatrix} x_{11} & x_{12} & \cdots & x_{1p} \\ x_{21} & x_{22} & \cdots & x_{2p} \\ \vdots & \vdots & & \vdots \\ x_{n1} & x_{n2} & \cdots & x_{np} \end{bmatrix}=(\boldsymbol{X}_1, \boldsymbol{X}_2, \cdots, \boldsymbol{X}_p)=\begin{bmatrix} \boldsymbol{X}'_{(1)} \\ \boldsymbol{X}'_{(2)} \\ \vdots \\ \boldsymbol{X}'_{(n)} \end{bmatrix}$$

若无特别说明，本书所称向量均指列向量。

定义 1.1 设 X_1，X_2，…，X_p 为 p 个随机变量，由它们组成的向量 $\boldsymbol{X}=(X_1, X_2, \cdots, X_p)'$称为随机向量。

1.1.2 分布函数与密度函数

描述随机变量的最基本工具是分布函数。类似地，描述随机向量的最基本工具还是分

布函数。

定义 1.2　设 $\boldsymbol{X}=(X_1, X_2, \cdots, X_p)'$是一随机向量，它的多元分布函数是

$$F(\boldsymbol{x})=F(x_1, x_2, \cdots, x_p)=P(X_1\leqslant x_1, X_2\leqslant x_2, \cdots, X_p\leqslant x_p) \tag{1.1}$$

式中，$\boldsymbol{x}=(x_1, x_2, \cdots, x_p)\in R^p$，并记成 $\boldsymbol{X}\sim F$。

多元分布函数的有关性质此处从略。

定义 1.3　设 $\boldsymbol{X}\sim F(\boldsymbol{x})=F(x_1, x_2, \cdots, x_p)$，若存在一个非负的函数$f(\cdot)$，使得

$$F(\boldsymbol{x})=\int_{-\infty}^{x_1}\int_{-\infty}^{x_2}\cdots\int_{-\infty}^{x_p}f(t_1, t_2, \cdots, t_p)\mathrm{d}t_1\mathrm{d}t_2\cdots\mathrm{d}t_p \tag{1.2}$$

对一切 $\boldsymbol{x}\in R^p$ 成立，则称 $\boldsymbol{X}$（或 $F(\boldsymbol{x})$）有分布密度 $f(\cdot)$，并称 $\boldsymbol{X}$ 为连续型随机向量。

一个 p 维变量的函数 $f(\cdot)$ 能作为 R^p 中某个随机向量的分布密度，当且仅当

(i)　$f(\boldsymbol{x})\geqslant 0$，$\forall\, \boldsymbol{x}\in R^p$；

(ii)　$\int_{R^p}f(\boldsymbol{x})\mathrm{d}\boldsymbol{x}=1$。

【例 1-1】若随机向量（X_1，X_2，X_3）有密度函数

$$f(x_1,x_2,x_3)=x_1^2+6x_3^2+\frac{1}{3}x_1x_2$$

$$0<x_1<1,\quad 0<x_2<2,\quad 0<x_3<\frac{1}{2}$$

容易验证它符合分布密度函数的两个条件（i）和（ii）。

最重要的连续型多元分布——多元正态分布——将留在 1.3 节讨论。

1.1.3　多元变量的独立性

定义 1.4　两个随机向量 $\boldsymbol{X}$ 和 $\boldsymbol{Y}$ 称为相互独立的，若

$$P(\boldsymbol{X}\leqslant\boldsymbol{x}, \boldsymbol{Y}\leqslant\boldsymbol{y})=P(\boldsymbol{X}\leqslant\boldsymbol{x})P(\boldsymbol{Y}\leqslant\boldsymbol{y}) \tag{1.3}$$

对一切 $\boldsymbol{x}$，$\boldsymbol{y}$ 成立。若 $F(\boldsymbol{x}, \boldsymbol{y})$ 为（$\boldsymbol{X}$，$\boldsymbol{Y}$）的联合分布函数，$G(\boldsymbol{x})$ 和 $H(\boldsymbol{y})$ 分别为 $\boldsymbol{X}$ 和 $\boldsymbol{Y}$ 的分布函数，则 $\boldsymbol{X}$ 与 $\boldsymbol{Y}$ 独立当且仅当

$$F(\boldsymbol{x}, \boldsymbol{y})=G(\boldsymbol{x})H(\boldsymbol{y}) \tag{1.4}$$

若（$\boldsymbol{X}$，$\boldsymbol{Y}$）有密度 $f(\boldsymbol{x}, \boldsymbol{y})$，用 $g(\boldsymbol{x})$ 和 $h(\boldsymbol{y})$ 分别表示 $\boldsymbol{X}$ 和 $\boldsymbol{Y}$ 的分布密度，则 $\boldsymbol{X}$ 和 $\boldsymbol{Y}$ 独立当且仅当

$$f(\boldsymbol{x}, \boldsymbol{y})=g(\boldsymbol{x})h(\boldsymbol{y}) \tag{1.5}$$

注意在上述定义中，$\boldsymbol{X}$ 和 $\boldsymbol{Y}$ 的维数一般是不同的。

类似地，若它们的联合分布等于各自分布的乘积，则称 p 个随机向量 $\boldsymbol{X}_1$，$\boldsymbol{X}_2$，$\cdots$，$\boldsymbol{X}_p$相互独立。由 $\boldsymbol{X}_1$，$\boldsymbol{X}_2$，$\cdots$，$\boldsymbol{X}_p$相互独立可以推知任何 $\boldsymbol{X}_i$与 $\boldsymbol{X}_j$（$i\neq j$）独立，但是，若

已知任何 $\boldsymbol{X}_i$ 与 $\boldsymbol{X}_j(i \neq j)$ 独立，并不能推出 $\boldsymbol{X}_1$，$\boldsymbol{X}_2$，…，$\boldsymbol{X}_p$ 相互独立。

1.1.4 随机向量的数字特征

1. 随机向量 $\boldsymbol{X}$ 的均值

设 $\boldsymbol{X}=(X_1, X_2, \cdots, X_p)'$ 有 p 个分量。若 $E(X_i)=\mu_i$（$i=1, 2, \cdots, p$）存在，定义随机向量 $\boldsymbol{X}$ 的均值为：

$$E(\boldsymbol{X})=\begin{bmatrix} E(X_1) \\ E(X_2) \\ \vdots \\ E(X_p) \end{bmatrix}=\begin{bmatrix} \mu_1 \\ \mu_2 \\ \vdots \\ \mu_p \end{bmatrix}=\boldsymbol{\mu} \tag{1.6}$$

$\boldsymbol{\mu}$ 是一个 p 维向量，称为均值向量。

当 $\boldsymbol{A}$，$\boldsymbol{B}$ 为常数矩阵时，由定义可立即推出如下性质：

(1) $E(\boldsymbol{AX})=\boldsymbol{A}E(\boldsymbol{X})$ (1.7)

(2) $E(\boldsymbol{AXB})=\boldsymbol{A}E(\boldsymbol{X})\boldsymbol{B}$ (1.8)

2. 随机向量 $\boldsymbol{X}$ 的协方差阵

$$\begin{aligned} \boldsymbol{\Sigma} &= \mathrm{cov}(\boldsymbol{X}, \boldsymbol{X})=E(\boldsymbol{X}-\boldsymbol{EX})(\boldsymbol{X}-\boldsymbol{EX})'=D(\boldsymbol{X}) \\ &= \begin{bmatrix} D(X_1) & \mathrm{cov}(X_1, X_2) & \cdots & \mathrm{cov}(X_1, X_p) \\ \mathrm{cov}(X_2, X_1) & D(X_2) & \cdots & \mathrm{cov}(X_2, X_p) \\ \vdots & \vdots & & \vdots \\ \mathrm{cov}(X_p, X_1) & \mathrm{cov}(X_p, X_2) & \cdots & D(X_p) \end{bmatrix} \\ &= (\sigma_{ij})_{p \times p} \end{aligned} \tag{1.9}$$

称它为 p 维随机向量 $\boldsymbol{X}$ 的协方差阵，简称为 $\boldsymbol{X}$ 的协方差阵。

称 $|\mathrm{cov}(\boldsymbol{X}, \boldsymbol{X})|$ 为 $\boldsymbol{X}$ 的广义方差，它是协方差阵的行列式之值。

3. 随机向量 $\boldsymbol{X}$ 和 $\boldsymbol{Y}$ 的协方差阵

设 $\boldsymbol{X}=(X_1, X_2, \cdots, X_p)'$ 和 $\boldsymbol{Y}=(Y_1, Y_2, \cdots, Y_q)'$ 分别为 p 维和 q 维随机向量，它们之间的协方差阵定义为一个 $p \times q$ 矩阵，其元素是 $\mathrm{cov}(X_i, Y_j)$，即

$$\mathrm{cov}(\boldsymbol{X}, \boldsymbol{Y})=(\mathrm{cov}(X_i, Y_j)), \quad i=1, 2, \cdots, p;\ j=1, 2, \cdots, q \tag{1.10}$$

若 $\mathrm{cov}(\boldsymbol{X}, \boldsymbol{Y})=\boldsymbol{0}$，称 $\boldsymbol{X}$ 和 $\boldsymbol{Y}$ 是不相关的。

当 $\boldsymbol{A}$，$\boldsymbol{B}$ 为常数矩阵时，由定义可推出协方差阵有如下性质：

(1) $D(\boldsymbol{AX})=\boldsymbol{A}D(\boldsymbol{X})\boldsymbol{A}'=\boldsymbol{A\Sigma A}'$

(2) $\mathrm{cov}(\boldsymbol{AX}, \boldsymbol{BY})=\boldsymbol{A}\mathrm{cov}(\boldsymbol{X}, \boldsymbol{Y})\boldsymbol{B}'$

(3) 设 $\boldsymbol{X}$ 为 p 维随机向量，期望和协方差存在，记 $\boldsymbol{\mu}=E(\boldsymbol{X})$，$\boldsymbol{\Sigma}=D(\boldsymbol{X})$，$\boldsymbol{A}$ 为 $p \times p$ 常数阵，则

$$E(\boldsymbol{X}'\boldsymbol{AX})=\mathrm{tr}(\boldsymbol{A\Sigma})+\boldsymbol{\mu}'\boldsymbol{A\mu}$$

对于任何随机向量 $\boldsymbol{X}=(X_1, X_2, \cdots, X_p)'$来说，其协方差阵 $\boldsymbol{\Sigma}$ 都是对称阵，同时总是非负定（也称半正定）的。大多数情形下是正定的。

4. 随机向量 $\boldsymbol{X}$ 的相关阵

若随机向量 $\boldsymbol{X}=(X_1, X_2, \cdots, X_p)'$的协方差阵存在，且每个分量的方差大于零，则 $\boldsymbol{X}$ 的相关阵定义为：

$$\boldsymbol{R}=(\mathrm{corr}(X_i, X_j))=(r_{ij})_{p\times p}$$

$$r_{ij}=\frac{\mathrm{cov}(X_i, X_j)}{\sqrt{D(X_i)}\sqrt{D(X_j)}},\quad i, j=1, 2, \cdots, p \tag{1.11}$$

r_{ij}也称为分量 X_i与 X_j之间的（线性）相关系数。

对于两组不同的随机向量 $\boldsymbol{X}$ 和 $\boldsymbol{Y}$，它们之间的相关问题将在典型相关分析的章节中详细讨论。

在数据处理时，为了克服由于指标的量纲不同对统计分析结果的影响，往往在使用某种统计分析方法之前，将每个指标“标准化”，即做如下变换：

$$X_j^*=\frac{X_j-E(X_j)}{[D(X_j)]^{1/2}},\quad j=1, 2, \cdots, p \tag{1.12}$$

$$\boldsymbol{X}^*=(X_1^*, X_2^*, \cdots, X_p^*)'$$

于是

$$E(\boldsymbol{X}^*)=\boldsymbol{0}$$

$$D(\boldsymbol{X}^*)=\mathrm{corr}(\boldsymbol{X})=\boldsymbol{R}$$

即标准化数据的协方差阵正好是原指标的相关阵：

$$\boldsymbol{R}=D(\boldsymbol{X}^*)=E(\boldsymbol{X}^*\boldsymbol{X}^{*\prime}) \tag{1.13}$$

1.2 统计距离

在多指标统计分析中，距离的概念十分重要，样品间的不少特征都可用距离来描述。大部分多元方法是建立在简单的距离概念基础上的，即平时人们熟悉的欧氏距离，或称直线距离。如几何平面上的点 $P=(x_1, x_2)$ 到原点 $O=(0, 0)$ 的欧氏距离，依勾股定理有

$$d(O,P)=(x_1^2+x_2^2)^{1/2} \tag{1.14}$$

一般，若点 P 的坐标 $P=(x_1, x_2, \cdots, x_p)$，则它到原点 $O=(0, 0, \cdots, 0)$ 的欧氏距离，依勾股定理有

$$d(O,P)=\sqrt{x_1^2+x_2^2+\cdots+x_p^2} \tag{1.15}$$

所有与原点距离为 C 的点满足方程

$$d^2(O,P)=x_1^2+x_2^2+\cdots+x_p^2=C^2 \tag{1.16}$$

因为这是一个球面方程（$p=2$ 时是圆），所以与原点等距离的点构成一个球面，任意两个点 $P=(x_1, x_2, \cdots, x_p)$ 与 $Q=(y_1, y_2, \cdots, y_p)$ 之间的欧氏距离为：

$$d(P,Q)=\sqrt{(x_1-y_1)^2+(x_2-y_2)^2+\cdots+(x_p-y_p)^2} \tag{1.17}$$

就大部分统计问题而言，欧氏距离是不能令人满意的，这是因为每个坐标对欧氏距离的贡献是同等的。当坐标轴表示测量值时，它们往往带有大小不等的随机波动，在这种情况下，合理的办法是对坐标加权，使变化大的坐标比变化小的坐标有较小的权系数，这就产生了各种距离。

欧氏距离还有一个缺点，那就是当各个分量为不同性质的量时，距离的大小竟然与指标的单位有关。例如，横轴 x_1 代表重量（以 kg 为单位），纵轴 x_2 代表长度（以 cm 为单位）。有四个点 A，B，C，D，它们的坐标如图 1-1 所示。

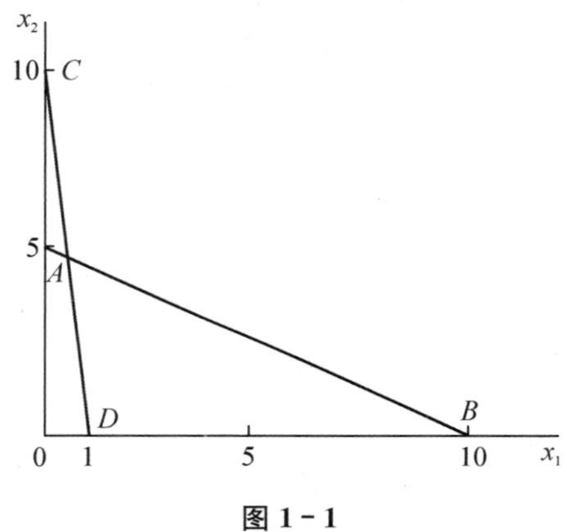

图 1-1

这时

$$AB=\sqrt{5^2+10^2}=\sqrt{125}$$

$$CD=\sqrt{10^2+1^2}=\sqrt{101}$$

显然，AB 要比 CD 长。

现在，如果 x_2 用 mm 作单位，x_1 单位保持不变，此时点 A 坐标为（0，50），点 C 坐标为（0，100），则

$$AB=\sqrt{50^2+10^2}=\sqrt{2\ 600}$$

$$CD=\sqrt{100^2+1^2}=\sqrt{10\ 001}$$

结果 CD 反而比 AB 长！这显然是不够合理的。因此，有必要建立一种距离，这种距离应能够体现各个变量在变差大小上的不同以及有时存在的相关性，还要求距离与各变量所用的单位无关。看来，我们选择的距离要依赖于样本方差和协方差。因此，采用“统计距离”这个术语，以区别通常习惯用的欧氏距离。

下面先介绍统计距离。

设 $P=(x_1, x_2, \cdots, x_p)$，$Q=(y_1, y_2, \cdots, y_p)$，且 Q 的坐标是固定的，P 的坐标相互独立地变化。用 S_{11}，S_{22}，…，S_{pp} 表示 p 个变量 X_1，X_2，…，X_p 的 n 次观测的样本方差。将坐标的各维度除以相应变量的样本标准差 $\sqrt{S_{ii}}$，得到标准化的坐标，其中各变量的样本标准差的倒数可以看作坐标各维度的权重系数，则 P 到 Q 的统计距离为：

$$d(P,Q)=\sqrt{\frac{(x_1-y_1)^2}{S_{11}}+\frac{(x_2-y_2)^2}{S_{22}}+\cdots+\frac{(x_p-y_p)^2}{S_{pp}}} \tag{1.18}$$

所有与点 Q 的距离平方为常数的点 P 构成一个椭球，其中心在点 Q，其长短轴平行于坐标轴。容易看到：

（1）在式（1.18）中，令 $y_1=y_2=\cdots=y_p=0$，得到点 P 到原点 O 的距离。

（2）如果 $S_{11}=S_{22}=\cdots=S_{pp}$，则用欧氏距离式（1.17）是方便可行的。

还可以利用旋转变换的方法得到合理的距离。考虑点 $P=(x_1, x_2, \cdots, x_p)$ 和点 $Q=(y_1, y_2, \cdots, y_p)$，这里 Q 为固定点，P 的坐标是变化的，且彼此相关，$O=(0, 0, \cdots, 0)$ 为坐标原点，则 P 到 O 和 Q 的距离分别为：

$$\begin{aligned} d(O,P)&=(a_{11}x_1^2+a_{22}x_2^2+\cdots+a_{pp}x_p^2+2a_{12}x_1x_2+\cdots+2a_{p-1,p}x_{p-1}x_p)^{1/2} \\ &=(\boldsymbol{X}'\boldsymbol{A}\boldsymbol{X})^{1/2} \end{aligned} \tag{1.19}$$

和

$$\begin{aligned} d(P,Q)=&[a_{11}(x_1-y_1)^2+a_{22}(x_2-y_2)^2+\cdots+a_{pp}(x_p-y_p)^2 \\ &+2a_{12}(x_1-y_1)(x_2-y_2)+\cdots \\ &+2a_{p-1,p}(x_{p-1}-y_{p-1})(x_p-y_p)]^{1/2} \\ =&[(\boldsymbol{X}-\boldsymbol{Y})'\boldsymbol{A}(\boldsymbol{X}-\boldsymbol{Y})]^{1/2} \end{aligned} \tag{1.20}$$

这里

$$\boldsymbol{A}=\begin{bmatrix} a_{11} & a_{12} & \cdots & a_{1p} \\ a_{21} & a_{22} & \cdots & a_{2p} \\ \vdots & \vdots & & \vdots \\ a_{p1} & a_{p2} & \cdots & a_{pp} \end{bmatrix},\quad \boldsymbol{X}=\begin{bmatrix} x_1 \\ x_2 \\ \vdots \\ x_p \end{bmatrix},\quad \boldsymbol{Y}=\begin{bmatrix} y_1 \\ y_2 \\ \vdots \\ y_p \end{bmatrix}$$

且 $\boldsymbol{A}$ 为对称阵，满足条件：对任意的 $\boldsymbol{X}$，恒有 $\boldsymbol{X}'\boldsymbol{A}\boldsymbol{X}\geqslant\boldsymbol{0}$，且等号成立当且仅当 $\boldsymbol{X}=\boldsymbol{0}$，即 $\boldsymbol{A}$ 为正定方阵。

最常用的一种统计距离是印度统计学家马哈拉诺比斯（Mahalanobis）于 1936 年引入的，称为马氏距离。下面先用一个一维的例子说明欧氏距离与马氏距离在概率上的差异。设有两个一维正态总体 G_1：$N(\mu_1, \sigma_1^2)$ 和 G_2：$N(\mu_2, \sigma_2^2)$。若有一个样品，其值在点 A 处，点 A 距离哪个总体近些呢？如图 1-2 所示。

由图 1-2 可看出，从绝对长度来看，点 A 距左面总体 G_1 近些，即点 A 到 μ_1 比点 A 到 μ_2 要近一些（这里用的是欧氏距离，比较的是点 A 坐标与 μ_1 到 μ_2 值之差的绝对值），但从概率观点来看，点 A 在 μ_1 右侧约 $4\sigma_1$ 处，点 A 在 μ_2 的左侧约 $3\sigma_2$ 处，若以标准差的观点来衡量，点 A 离 μ_2 比离 μ_1 要近一些。显然，后者是从概率角度来考虑的，因而更为合理，

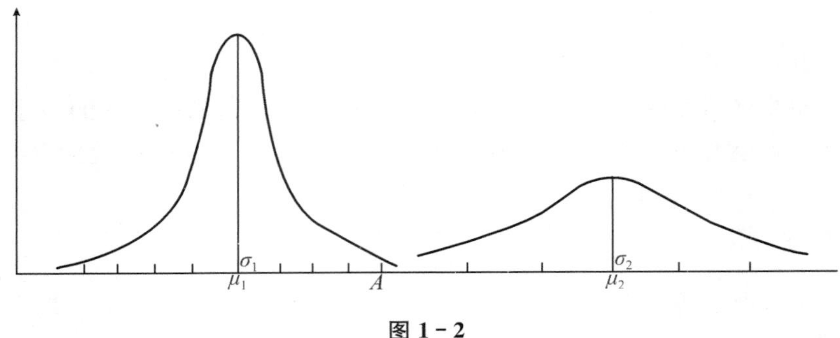

图 1 - 2

它是用坐标差平方除以方差（或说乘以方差的倒数），从而转化为无量纲数的，推广到多维就要乘以协方差阵 $\boldsymbol{\Sigma}$ 的逆矩阵 $\boldsymbol{\Sigma}^{-1}$，这就是马氏距离的概念。以后将会看到，这一距离在多元分析中起着十分重要的作用。

有了上面的讨论，现在可以定义马氏距离了。

设 $\boldsymbol{X}$，$\boldsymbol{Y}$ 是从均值向量为 $\boldsymbol{\mu}$，协方差阵为 $\boldsymbol{\Sigma}$ 的总体 G 中抽取的两个样品，定义 $\boldsymbol{X}$，$\boldsymbol{Y}$ 两点之间的马氏距离为：

$$d_m^2(\boldsymbol{X},\boldsymbol{Y})=(\boldsymbol{X}-\boldsymbol{Y})'\boldsymbol{\Sigma}^{-1}(\boldsymbol{X}-\boldsymbol{Y}) \tag{1.21}$$

定义 $\boldsymbol{X}$ 与总体 G 的马氏距离为：

$$d_m^2(\boldsymbol{X},G)=(\boldsymbol{X}-\boldsymbol{\mu})'\boldsymbol{\Sigma}^{-1}(\boldsymbol{X}-\boldsymbol{\mu}) \tag{1.22}$$

设 E 表示一个点集，d 表示距离，它是 $E\times E$ 到 $[0, \infty)$ 的函数，可以证明，马氏距离符合如下距离的四条基本公理：

(1) $d(x, y)\geqslant 0$，$\forall x, y\in E$；

(2) $d(x, y)=0$，当且仅当 $x=y$；

(3) $d(x, y)=d(y, x)$，$\forall x, y\in E$；

(4) $d(x, y)\leqslant d(x, z)+d(z, y)$，$\forall x, y, z\in E$。

1.3 多元正态分布

多元正态分布是一元正态分布的推广。迄今为止，多元分析的主要理论都是建立在多元正态总体基础上的，多元正态分布是多元分析的基础。另外，许多实际问题的分布常是多元正态分布或近似正态分布，或虽然本身不是正态分布，但它的样本均值近似于多元正态分布。

本节将介绍多元正态分布的定义，并简要给出它的基本性质。

1.3.1 多元正态分布的定义

在概率论中学过，一元正态分布的密度函数为：

$$f(x)=\frac{1}{\sqrt{2\pi}\sigma}\mathrm{e}^{-\frac{(x-\mu)^2}{2\sigma^2}},\quad \sigma>0$$

上式可以改写成

$$f(x)=(2\pi)^{-1/2}\sigma^{-1}\exp\left[-\frac{1}{2}(x-\mu)'(\sigma^2)^{-1}(x-\mu)\right] \tag{1.23}$$

式（1.23）用 $(x-\mu)'$ 代表 $(x-\mu)$ 的转置。由于 x，μ 均为一维的数字，转置与否都相同，所以可以这样写。

当遵从一元正态分布的随机变量 X 的概率密度函数改写为式（1.23）时，我们就可以将其推广，给出多元正态分布的定义。

定义 1.5　若 p 元随机向量 $\boldsymbol{X}=(X_1,\ X_2,\ \cdots,\ X_p)'$ 的概率密度函数为：

$$f(x_1,\ x_2,\ \cdots,\ x_p)=\frac{1}{(2\pi)^{p/2}|\boldsymbol{\Sigma}|^{1/2}}\exp\left\{-\frac{1}{2}(\boldsymbol{x}-\boldsymbol{\mu})'\boldsymbol{\Sigma}^{-1}(\boldsymbol{x}-\boldsymbol{\mu})\right\},\ \boldsymbol{\Sigma}>\boldsymbol{0} \tag{1.24}$$

则称 $\boldsymbol{X}=(X_1,\ X_2,\ \cdots,\ X_p)'$ 遵从 p 元正态分布，也称 $\boldsymbol{X}$ 为 p 元正态变量，记为：

$$\boldsymbol{X}\sim N_p(\boldsymbol{\mu},\boldsymbol{\Sigma})$$

$|\boldsymbol{\Sigma}|$ 为协方差阵 $\boldsymbol{\Sigma}$ 的行列式。

式（1.24）实际是在 $|\boldsymbol{\Sigma}|\neq 0$ 时定义的。若 $|\boldsymbol{\Sigma}|=0$，则不存在通常意义下的密度，但可以在形式上给出一个表达式，使有些问题可以利用这一形式对 $|\boldsymbol{\Sigma}|\neq 0$ 及 $|\boldsymbol{\Sigma}|=0$ 的情况给出统一的处理。

当 $p=2$ 时，可以得到二元正态分布的密度公式。

设 $\boldsymbol{X}=(X_1,\ X_2)'$ 遵从二元正态分布，则

$$\boldsymbol{\Sigma}=\begin{bmatrix}\sigma_{11} & \sigma_{12}\\ \sigma_{21} & \sigma_{22}\end{bmatrix}=\begin{bmatrix}\sigma_1^2 & \sigma_1\sigma_2 r\\ \sigma_2\sigma_1 r & \sigma_2^2\end{bmatrix},\quad r\neq\pm 1$$

这里 σ_1^2，σ_2^2 分别是 X_1 与 X_2 的方差，r 是 X_1 与 X_2 的相关系数。此时

$$|\boldsymbol{\Sigma}|=\sigma_1^2\sigma_2^2(1-r^2)$$

$$\boldsymbol{\Sigma}^{-1}=\frac{1}{\sigma_1^2\sigma_2^2(1-r^2)}\begin{bmatrix}\sigma_2^2 & -\sigma_1\sigma_2 r\\ -\sigma_2\sigma_1 r & \sigma_1^2\end{bmatrix}$$

故 X_1 与 X_2 的密度函数为：

$$f(x_1,\ x_2)=\frac{1}{2\pi\sigma_1\sigma_2(1-r^2)^{1/2}}\exp\left\{-\frac{1}{2(1-r^2)}\left[\frac{(x_1-\mu_1)^2}{\sigma_1^2}-2r\frac{(x_1-\mu_1)(x_2-\mu_2)}{\sigma_1\sigma_2}+\frac{(x_2-\mu_2)^2}{\sigma_2^2}\right]\right\}$$

这与我们学过的概率统计中的结果是一致的。

如果 $r=0$，那么 X_1 与 X_2 是独立的；若 $r>0$，则 X_1 与 X_2 趋于正相关；若 $r<0$，则 X_1 与 X_2 趋于负相关。

定理 1.1　设 $\boldsymbol{X}\sim N_p(\boldsymbol{\mu},\ \boldsymbol{\Sigma})$，则

$$E(\boldsymbol{X})=\boldsymbol{\mu}, \quad D(\boldsymbol{X})=\boldsymbol{\Sigma}$$

定理 1.1 将正态分布的参数 $\boldsymbol{\mu}$ 和 $\boldsymbol{\Sigma}$ 赋予了明确的统计意义。有关这个定理的证明可参见参考文献 [3]。

多元正态分布不止定义 1.5 一种形式，更广泛的可采用特征函数来定义，也可用一切线性组合均为正态的性质来定义等。有关这些定义的方式参见参考文献 [3]。

1.3.2 多元正态分布的性质

（1）如果正态随机向量 $\boldsymbol{X}=(X_1, X_2, \cdots, X_p)'$ 的协方差阵 $\boldsymbol{\Sigma}$ 是对角阵，则 $\boldsymbol{X}$ 的各分量是相互独立的随机变量。证明参见参考文献 [4]。

（2）多元正态随机向量 $\boldsymbol{X}$ 的任何一个分量子集（多变量 $(X_1, X_2, \cdots, X_p)'$ 中的一部分变量构成的集合）的分布（称为 $\boldsymbol{X}$ 的边缘分布）仍然遵从正态分布；反之，若一个随机向量的任何边缘分布均为正态分布，并不能导出它是多元正态分布。

例如，设 $\boldsymbol{X}=(X_1, X_2)'$ 有分布密度

$$f(x_1,x_2)=\frac{1}{2\pi}\mathrm{e}^{-\frac{1}{2}(x_1^2+x_2^2)}\left[1+x_1x_2\mathrm{e}^{-\frac{1}{2}(x_1^2+x_2^2)}\right]$$

容易验证，$X_1 \sim N(0, 1)$，$X_2 \sim N(0, 1)$，但 (X_1, X_2) 显然不遵从正态分布。

（3）多元正态向量 $\boldsymbol{X}=(X_1, X_2, \cdots, X_p)'$ 的任意线性变换仍然遵从多元正态分布。

即设 $\boldsymbol{X}\sim N_p(\boldsymbol{\mu}, \boldsymbol{\Sigma})$，$m$ 维随机向量 $\boldsymbol{Z}_{m\times 1}=\boldsymbol{AX}+\boldsymbol{b}$，其中 $\boldsymbol{A}=(a_{ij})$ 是 $m\times p$ 阶的常数矩阵，$\boldsymbol{b}$ 是 m 维的常向量，则 m 维随机向量 $\boldsymbol{Z}$ 也是正态的，且 $\boldsymbol{Z}\sim N_m(\boldsymbol{A\mu}+\boldsymbol{b}, \boldsymbol{A\Sigma A}')$，即 $\boldsymbol{Z}$ 遵从 m 元正态分布，其均值向量为 $\boldsymbol{A\mu}+\boldsymbol{b}$，协方差阵为 $\boldsymbol{A\Sigma A}'$。

（4）若 $\boldsymbol{X}\sim N_p(\boldsymbol{\mu}, \boldsymbol{\Sigma})$，则

$$d^2=(\boldsymbol{X}-\boldsymbol{\mu})'\boldsymbol{\Sigma}^{-1}(\boldsymbol{X}-\boldsymbol{\mu})\sim\chi^2(p)$$

d^2 若为定值，随着 $\boldsymbol{X}$ 的变化，其轨迹为一椭球面，是 $\boldsymbol{X}$ 的密度函数的等值面。若 $\boldsymbol{X}$ 给定，则 d^2 为 $\boldsymbol{X}$ 到 $\boldsymbol{\mu}$ 的马氏距离。

1.3.3 条件分布和独立性

设 $\boldsymbol{X}\sim N_p(\boldsymbol{\mu}, \boldsymbol{\Sigma})$，$p\geqslant 2$，将 $\boldsymbol{X}$，$\boldsymbol{\mu}$ 和 $\boldsymbol{\Sigma}$ 剖分如下：

$$\boldsymbol{X}=\begin{bmatrix}\boldsymbol{X}^{(1)}\\ \boldsymbol{X}^{(2)}\end{bmatrix}, \quad \boldsymbol{\mu}=\begin{bmatrix}\boldsymbol{\mu}^{(1)}\\ \boldsymbol{\mu}^{(2)}\end{bmatrix}, \quad \boldsymbol{\Sigma}=\begin{bmatrix}\boldsymbol{\Sigma}_{11} & \boldsymbol{\Sigma}_{12}\\ \boldsymbol{\Sigma}_{21} & \boldsymbol{\Sigma}_{22}\end{bmatrix} \tag{1.25}$$

其中，$\boldsymbol{X}^{(1)}$，$\boldsymbol{\mu}^{(1)}$ 为 $q\times 1$ 维，$\boldsymbol{\Sigma}_{11}$ 为 $q\times q$ 维，我们希望求给定 $\boldsymbol{X}^{(2)}$ 时 $\boldsymbol{X}^{(1)}$ 的条件分布，即 $(\boldsymbol{X}^{(1)} \mid \boldsymbol{X}^{(2)})$ 的分布。下一个定理指出：正态分布的条件分布仍为正态分布。

定理 1.2 设 $\boldsymbol{X}\sim N_p(\boldsymbol{\mu}, \boldsymbol{\Sigma})$，$\boldsymbol{\Sigma}>\boldsymbol{0}$，则

$$(\boldsymbol{X}^{(1)} \mid \boldsymbol{X}^{(2)})\sim N_q(\boldsymbol{\mu}_{1\cdot 2}, \boldsymbol{\Sigma}_{11\cdot 2})$$

其中

$$\boldsymbol{\mu}_{1\cdot 2}=\boldsymbol{\mu}^{(1)}+\boldsymbol{\Sigma}_{12}\boldsymbol{\Sigma}_{22}^{-1}(\boldsymbol{X}^{(2)}-\boldsymbol{\mu}^{(2)}) \tag{1.26}$$

$$\boldsymbol{\Sigma}_{11\cdot 2}=\boldsymbol{\Sigma}_{11}-\boldsymbol{\Sigma}_{12}\boldsymbol{\Sigma}_{22}^{-1}\boldsymbol{\Sigma}_{21} \tag{1.27}$$

证明参见参考文献［3］。

该定理告诉我们，$\boldsymbol{X}^{(1)}$ 的分布与（$\boldsymbol{X}^{(1)}\mid\boldsymbol{X}^{(2)}$）的分布均为正态，它们的协方差阵分别为 $\boldsymbol{\Sigma}_{11}$ 与 $\boldsymbol{\Sigma}_{11\cdot 2}=\boldsymbol{\Sigma}_{11}-\boldsymbol{\Sigma}_{12}\boldsymbol{\Sigma}_{22}^{-1}\boldsymbol{\Sigma}_{21}$。由于 $\boldsymbol{\Sigma}_{12}\boldsymbol{\Sigma}_{22}^{-1}\boldsymbol{\Sigma}_{21}\geqslant\boldsymbol{0}$，故 $\boldsymbol{\Sigma}_{11}\geqslant\boldsymbol{\Sigma}_{11\cdot 2}$，等号成立当且仅当 $\boldsymbol{\Sigma}_{12}=\boldsymbol{0}$。协差阵是用来描述指标之间关系及散布程度的，$\boldsymbol{\Sigma}_{11}\geqslant\boldsymbol{\Sigma}_{11\cdot 2}$，说明已知 $\boldsymbol{X}^{(2)}$ 的条件下，$\boldsymbol{X}^{(1)}$ 散布的程度比不知道 $\boldsymbol{X}^{(2)}$ 的情况下减小了，只有当 $\boldsymbol{\Sigma}_{12}=\boldsymbol{0}$ 时，两者相同。还可以证明，$\boldsymbol{\Sigma}_{12}=\boldsymbol{0}$，等价于 $\boldsymbol{X}^{(1)}$ 和 $\boldsymbol{X}^{(2)}$ 独立，这时，即使给出 $\boldsymbol{X}^{(2)}$，对 $\boldsymbol{X}^{(1)}$ 的分布也是没有影响的。

定理 1.3　设 $\boldsymbol{X}\sim N_p(\boldsymbol{\mu},\boldsymbol{\Sigma})$，$\boldsymbol{\Sigma}>\boldsymbol{0}$，将 $\boldsymbol{X}$，$\boldsymbol{\mu}$，$\boldsymbol{\Sigma}$ 剖分如下：

$$\boldsymbol{X}=\begin{bmatrix}\boldsymbol{X}^{(1)}\\ \boldsymbol{X}^{(2)}\\ \boldsymbol{X}^{(3)}\end{bmatrix}\begin{matrix}r\\ s,\\ t\end{matrix}\quad \boldsymbol{\mu}=\begin{bmatrix}\boldsymbol{\mu}^{(1)}\\ \boldsymbol{\mu}^{(2)}\\ \boldsymbol{\mu}^{(3)}\end{bmatrix}\begin{matrix}r\\ s,\\ t\end{matrix}\quad \boldsymbol{\Sigma}=\begin{bmatrix}\boldsymbol{\Sigma}_{11} & \boldsymbol{\Sigma}_{12} & \boldsymbol{\Sigma}_{13}\\ \boldsymbol{\Sigma}_{21} & \boldsymbol{\Sigma}_{22} & \boldsymbol{\Sigma}_{23}\\ \boldsymbol{\Sigma}_{31} & \boldsymbol{\Sigma}_{32} & \boldsymbol{\Sigma}_{33}\end{bmatrix}\begin{matrix}r\\ s\\ t\end{matrix} \tag{1.28}$$

则 $\boldsymbol{X}^{(1)}$ 有如下的条件均值和条件协方差阵的递推公式：

$$E(\boldsymbol{X}^{(1)}\mid\boldsymbol{X}^{(2)},\boldsymbol{X}^{(3)})=\boldsymbol{\mu}_{1\cdot 3}+\boldsymbol{\Sigma}_{12\cdot 3}\boldsymbol{\Sigma}_{22\cdot 3}^{-1}(\boldsymbol{X}^{(2)}-\boldsymbol{\mu}_{2\cdot 3}) \tag{1.29}$$

$$D(\boldsymbol{X}^{(1)}\mid\boldsymbol{X}^{(2)},\boldsymbol{X}^{(3)})=\boldsymbol{\Sigma}_{11\cdot 3}-\boldsymbol{\Sigma}_{12\cdot 3}\boldsymbol{\Sigma}_{22\cdot 3}^{-1}\boldsymbol{\Sigma}_{21\cdot 3} \tag{1.30}$$

其中

$$\boldsymbol{\Sigma}_{ij\cdot k}=\boldsymbol{\Sigma}_{ij}-\boldsymbol{\Sigma}_{ik}\boldsymbol{\Sigma}_{kk}^{-1}\boldsymbol{\Sigma}_{kj},\quad i,\ j,\ k=1,\ 2,\ 3$$

$$\boldsymbol{\mu}_{i\cdot 3}=\boldsymbol{E}(\boldsymbol{X}^{(i)}\mid\boldsymbol{X}^{(3)}),\quad i=1,\ 2$$

证明参见参考文献［3］。

定理 1.2 和定理 1.3 在 20 世纪 70 年代中期国家标准部门制定服装标准时有成功的应用（参见参考文献［3］）。在制定服装标准时需要抽样进行人体测量，现从某年龄段女性测量取出部分结果：

X_1：身高，X_2：胸围，X_3：腰围，X_4：上体长，X_5：臀围。已知它们遵从 $N_5(\boldsymbol{\mu},\boldsymbol{\Sigma})$，其中

$$\boldsymbol{\mu}=\begin{bmatrix}154.98\\ 83.39\\ 70.26\\ 61.32\\ 91.52\end{bmatrix},\quad \boldsymbol{\Sigma}=\begin{bmatrix}29.66 & & & & \\ 6.51 & 30.53 & & & \\ 1.85 & 25.54 & 39.86 & & \\ 9.36 & 3.54 & 2.23 & 7.03 & \\ 10.34 & 19.53 & 20.70 & 5.21 & 27.36\end{bmatrix}$$

若取 $\boldsymbol{X}^{(1)}=(X_1,\ X_2,\ X_3)'$，$\boldsymbol{X}^{(2)}=(X_4)$，$\boldsymbol{X}^{(3)}=(X_5)$，则由式（1.26）和式（1.27）得

$$E\left[\begin{matrix}X_1\\X_2\\X_3\\X_4\end{matrix}\middle| X_5\right]=\begin{bmatrix}154.98\\83.39\\70.26\\61.32\end{bmatrix}+\begin{bmatrix}10.34\\19.53\\20.70\\5.21\end{bmatrix}(27.36)^{-1}(X_5-91.52)$$

$$=\begin{bmatrix}154.98+0.38(X_5-91.52)\\83.39+0.71(X_5-91.52)\\70.26+0.76(X_5-91.52)\\61.32+0.19(X_5-91.52)\end{bmatrix}$$

$$D\left[\begin{matrix}X_1\\X_2\\X_3\\X_4\end{matrix}\middle| X_5\right]=\begin{bmatrix}29.66&6.51&1.85&9.36\\6.51&30.53&25.54&3.54\\1.85&25.54&39.86&2.23\\9.36&3.54&2.23&7.03\end{bmatrix}$$

$$-\begin{bmatrix}10.34\\19.53\\20.70\\5.21\end{bmatrix}(27.36)^{-1}(10.34,19.53,20.70,5.21)$$

$$=\begin{bmatrix}25.76&-0.86&-5.97&7.39\\-0.86&16.59&10.76&-0.18\\-5.97&10.76&24.19&-1.72\\7.39&-0.18&-1.72&6.04\end{bmatrix}$$

再利用式（1.30）得

$$D\left[\begin{matrix}X_1\\X_2\\X_3\end{matrix}\middle|\begin{matrix}X_4\\ \\X_5\end{matrix}\right]=\begin{bmatrix}25.76&-0.86&-5.97\\-0.86&16.59&10.76\\-5.97&10.76&24.19\end{bmatrix}$$

$$-\begin{bmatrix}7.39\\-0.18\\-1.72\end{bmatrix}(6.04)^{-1}(7.39,-0.18,-1.72)$$

$$=\begin{bmatrix}16.72&-0.64&-3.87\\-0.64&16.58&10.71\\-3.87&10.71&23.71\end{bmatrix}$$

此时看到

$$D(X_1|X_4,X_5)=16.72<29.66=D(X_1)$$
$$D(X_2|X_4,X_5)=16.58<30.53=D(X_2)$$
$$D(X_3|X_4,X_5)=23.71<39.86=D(X_3)$$

这说明，若已知一个人的上体长和臀围，则身高、胸围和腰围的条件方差比原来的方差大大减小。

在定理 1.2 中，我们给出了对 $\boldsymbol{X}$，$\boldsymbol{\mu}$ 和 $\boldsymbol{\Sigma}$ 做形如式（1.25）的剖分时条件协方差阵 $\boldsymbol{\Sigma}_{11\cdot 2}$的表达式及其与非条件协方差阵的关系。令 $\sigma_{ij\cdot q+1,\cdots,p}$表示 $\boldsymbol{\Sigma}_{11\cdot 2}$的元素，则可以定义偏相关系数的概念如下：

定义 1.6　当 $\boldsymbol{X}^{(2)}$给定时，X_i 与 X_j 的偏相关系数为：

$$\boldsymbol{r}_{ij\cdot q+1,\cdots,p}=\frac{\sigma_{ij\cdot q+1,\cdots,p}}{(\sigma_{ii\cdot q+1,\cdots,p}\sigma_{jj\cdot q+1,\cdots,p})^{1/2}}$$

在上面制定服装标准的例子中，给出 X_4 和 X_5 时，X_1 与 X_2，X_1 与 X_3，X_2 与 X_3 的偏相关系数为：

$$r_{12\cdot 45}=\frac{-0.643}{\sqrt{16.717\times 16.582}}=-0.038\,6$$

$$r_{13\cdot 45}=\frac{-3.873}{\sqrt{16.717\times 23.707}}=-0.195$$

$$r_{23\cdot 45}=\frac{10.707}{\sqrt{16.582\times 23.707}}=0.540$$

定理 1.4　设 $\boldsymbol{X}\sim N_p(\boldsymbol{\mu},\boldsymbol{\Sigma})$，将 $\boldsymbol{X}$，$\boldsymbol{\mu}$，$\boldsymbol{\Sigma}$ 按同样方式剖分为：

$$\boldsymbol{X}=\begin{bmatrix}\boldsymbol{X}^{(1)}\\ \vdots\\ \boldsymbol{X}^{(k)}\end{bmatrix},\quad \boldsymbol{\mu}=\begin{bmatrix}\boldsymbol{\mu}^{(1)}\\ \vdots\\ \boldsymbol{\mu}^{(k)}\end{bmatrix},\quad \boldsymbol{\Sigma}=\begin{bmatrix}\boldsymbol{\Sigma}_{11} & \cdots & \boldsymbol{\Sigma}_{1k}\\ \vdots & & \vdots\\ \boldsymbol{\Sigma}_{k1} & \cdots & \boldsymbol{\Sigma}_{kk}\end{bmatrix}$$

其中，$\boldsymbol{X}^{(j)}$：$S_j\times 1$，$\boldsymbol{\mu}^{(j)}$：$S_j\times 1$，$\boldsymbol{\Sigma}_{jj}$：$S_j\times S_j$（$j=1,2,\cdots,k$），则 $\boldsymbol{X}^{(1)}$，$\boldsymbol{X}^{(2)}$，…，$\boldsymbol{X}^{(k)}$相互独立当且仅当 $\boldsymbol{\Sigma}_{ij}=\boldsymbol{0}$，对一切 $i\neq j$。

证明参见参考文献［3］。

因为 $\boldsymbol{\Sigma}_{12}=\mathrm{cov}(\boldsymbol{X}^{(1)},\boldsymbol{X}^{(2)})$，该定理同时指出对多元正态分布而言，“$\boldsymbol{X}^{(1)}$ 和 $\boldsymbol{X}^{(2)}$不相关”等价于“$\boldsymbol{X}^{(1)}$和 $\boldsymbol{X}^{(2)}$独立”。

1.4　均值向量和协方差阵的估计

上节已经给出了多元正态分布的定义和有关的性质，在实际问题中，通常可以假定研究对象是多元正态分布，但分布中的参数 $\boldsymbol{\mu}$ 和 $\boldsymbol{\Sigma}$ 是未知的，一般的做法是通过样本来估计。

在一般情况下，如果样本资料阵为：

$$\boldsymbol{X}=\begin{bmatrix}x_{11} & x_{12} & \cdots & x_{1p}\\ x_{21} & x_{22} & \cdots & x_{2p}\\ \vdots & \vdots & & \vdots\\ x_{n1} & x_{n2} & \cdots & x_{np}\end{bmatrix}=(\boldsymbol{X}_1,\boldsymbol{X}_2,\cdots,\boldsymbol{X}_p)=\begin{bmatrix}\boldsymbol{X}'_{(1)}\\ \boldsymbol{X}'_{(2)}\\ \vdots\\ \boldsymbol{X}'_{(n)}\end{bmatrix}$$

设样品 $\boldsymbol{X}_{(1)}$，$\boldsymbol{X}_{(2)}$，…，$\boldsymbol{X}_{(n)}$相互独立，同遵从于 p 元正态分布 $N_p(\boldsymbol{\mu},\boldsymbol{\Sigma})$，而且$n>p$，$\boldsymbol{\Sigma}>\boldsymbol{0}$，则总体参数均值 $\boldsymbol{\mu}$ 的估计量为：

$$\hat{\boldsymbol{\mu}} = \overline{\boldsymbol{X}} = \frac{1}{n}\sum_{i=1}^{n}\boldsymbol{X}_{(i)} = \frac{1}{n}\begin{bmatrix}\sum_{i=1}^{n} x_{i1} \\ \sum_{i=1}^{n} x_{i2} \\ \vdots \\ \sum_{i=1}^{n} x_{ip}\end{bmatrix} = \begin{bmatrix}\overline{X}_1 \\ \overline{X}_2 \\ \vdots \\ \overline{X}_p\end{bmatrix} \tag{1.31}$$

即均值向量 $\boldsymbol{\mu}$ 的估计量就是样本均值向量。这可由极大似然法推导出来。显然，当样本资料选取的是 p 个指标的数据时，当然 $\hat{\boldsymbol{\mu}}=\overline{\boldsymbol{X}}$ 也是 p 维向量。

总体参数协方差阵 $\boldsymbol{\Sigma}$ 的极大似然估计为：

$$\hat{\boldsymbol{\Sigma}}_p = \frac{1}{n}\boldsymbol{L} = \frac{1}{n}\sum_{i=1}^{n}(\boldsymbol{X}_{(i)}-\overline{\boldsymbol{X}})(\boldsymbol{X}_{(i)}-\overline{\boldsymbol{X}})'$$

$$= \frac{1}{n}\begin{bmatrix}\sum_{i=1}^{n}(x_{i1}-\overline{X}_1)^2 & \cdots & \sum_{i=1}^{n}(x_{i1}-\overline{X}_1)(x_{ip}-\overline{X}_p) \\ & \sum_{i=1}^{n}(x_{i2}-\overline{X}_2)^2 \cdots & \sum_{i=1}^{n}(x_{i2}-\overline{X}_2)(x_{ip}-\overline{X}_p) \\ & & \vdots \\ & & \sum_{i=1}^{n}(x_{ip}-\overline{X}_p)^2\end{bmatrix}$$

其中，$\boldsymbol{L}$ 是离差阵，它是每一个样品（向量）与样本均值（向量）的离差积形成的 n 个 $p\times p$ 阶对称阵的和。同一元相似，$\hat{\boldsymbol{\Sigma}}_p$ 不是 $\boldsymbol{\Sigma}$ 的无偏估计。为了得到无偏估计，我们常用样本协方差阵 $\hat{\boldsymbol{\Sigma}}=\frac{1}{n-1}\boldsymbol{L}$ 作为总体协方差阵的估计。

可以证明，$\overline{\boldsymbol{X}}$ 是 $\boldsymbol{\mu}$ 的无偏估计，是极小极大估计，是强相合估计，$\overline{\boldsymbol{X}}$ 还是 $\boldsymbol{\mu}$ 的充分统计量；$\hat{\boldsymbol{\Sigma}}$ 是 $\boldsymbol{\Sigma}$ 的强相合估计，但用 $\hat{\boldsymbol{\Sigma}}$ 估计 $\boldsymbol{\Sigma}$ 是有偏的，$\frac{1}{n-1}\boldsymbol{L}$ 才是 $\boldsymbol{\Sigma}$ 的无偏估计。在实际应用中，当 n 不是很大时，人们常用 $\frac{1}{n-1}\boldsymbol{L}$ 来估计 $\boldsymbol{\Sigma}$，但当 n 比较大时，用 $\hat{\boldsymbol{\Sigma}}$ 或 $\frac{1}{n-1}\boldsymbol{L}$ 差别不大。关于估计量 $\overline{\boldsymbol{X}}$，$\hat{\boldsymbol{\Sigma}}$ 的统计性质的证明，有兴趣的读者可参见参考文献 [3]。

我们介绍一种基于欧氏距离的多元正态检验方法，该方法由 Szekely 和 Rizzo(2005) 提出，原假设是数据来自正态分布，令 $\boldsymbol{Y}_{(i)} = \hat{\boldsymbol{\Sigma}}^{-1}(\boldsymbol{X}_{(i)}-\overline{\boldsymbol{X}})$，则检验统计量是

$$\xi_n = n\left(\frac{2}{n}\sum_{i=1}^{n}E\|\boldsymbol{Y}_{(i)}-Z\| - E\|Z-Z'\| - \frac{1}{n^2}\sum_{i,k=1}^{n}E\|\boldsymbol{Y}_{(i)}-\boldsymbol{Y}_{(k)}\|\right)$$

其中，$\|\cdot\|$ 都是欧氏距离，Z 和 Z' 独立同分布，并且来自标准多元正态分布。由于该统计量的渐近分布不易得到，通常使用自助法计算 p 值。R 包 energy 的 mvnorm. test 函数可以实现该方法。

1.5　常用分布及抽样分布

多元统计研究的是多指标问题，为了解总体的特征，通过对总体抽样得到代表总体的样本，但因为信息是分散在每个样本上的，就需要对样本进行加工，把样本的信息浓缩到不包含未知量的样本函数中，这个函数称为统计量，如前面介绍的样本均值向量 $\bar{\boldsymbol{X}}$、样本离差阵 $\boldsymbol{L}$ 等都是统计量。统计量的分布称为抽样分布。

在数理统计中常用的抽样分布有 χ^2 分布、t 分布和 F 分布。在多元统计中，与之对应的分布分别为 Wishart 分布、T^2 分布和 Wilks 分布。

1.5.1　χ^2 分布与 Wishart 分布

在数理统计中，若 $X_i \sim N(0,\ 1)(i=1,\ 2,\ \cdots,\ n)$，且相互独立，则 $\sum\limits_{i=1}^{n} X_i^2$ 所遵从的分布为自由度为 n 的 χ^2 分布（chi-squared distribution），记为$\chi^2(n)$。

$\chi^2(n)$ 分布是刻画正态变量二次型的一个重要分布，在一元统计分析中有着十分重要的地位，在对有关样本均值、样本方差的假设检验或非参数检验中经常用到 χ^2 统计量。

$\chi^2(n)$ 分布的均值和方差分别为：

$$E(\chi^2(n))=n$$
$$D(\chi^2(n))=2n$$

$\chi^2(n)$ 分布有两个重要的性质：

(1) 若 $\chi_i^2 \sim \chi^2(n_i)(i=1,\ 2,\ \cdots,\ k)$，且相互独立，则

$$\sum_{i=1}^{k} \chi_i^2 \sim \chi^2\left(\sum_{i=1}^{k} n_i\right)$$

称为相互独立的 χ^2 变量具有可加性。

(2) 设 $X_i \sim N(0,\ 1)(i=1,\ 2,\ \cdots,\ n)$，且相互独立，$\boldsymbol{A}_j(j=1,\ 2,\ \cdots,\ m)$ 为 n 阶对称阵，且 $\sum\limits_{j=1}^{m} \boldsymbol{A}_j = \boldsymbol{I}_n$（$n$ 阶单位阵），记 $\boldsymbol{X}=(X_1,\ X_2,\ \cdots,\ X_n)'$，$Q_j=\boldsymbol{X}'\boldsymbol{A}_j\boldsymbol{X}$，则 Q_1，Q_2，…，Q_m 为相互独立的 χ^2 分布变量的充要条件为 $\sum\limits_{j=1}^{m} \mathrm{rank}(\boldsymbol{A}_j)=n$。此时 $Q_j \sim \chi^2(n_j)$，$n_j=\mathrm{rank}(\boldsymbol{A}_j)$。

这个性质称为 Cochran 定理，在方差分析和回归分析中起着重要作用。

从一元正态总体 $N(\mu,\ \sigma^2)$ 抽取容量为 n 的随机样本 X_1，X_2，…，X_n，其样本均值 $\bar{X}$ 和样本方差 $S^2=\dfrac{l_{xx}}{n-1}=\dfrac{1}{n-1}\sum\limits_{i=1}^{n}(X_i-\bar{X})^2$的抽样分布有如下结果：

(1) $\bar{X}$ 和 S^2 相互独立。

(2) $\bar{X}\sim N\left(\mu, \frac{\sigma^2}{n}\right)$和$\frac{(n-1)S^2}{\sigma^2}=\frac{l_{xx}}{\sigma^2}\sim\chi^2(n-1)$ 相互独立。

以上两个结论在数理统计中有着重要的应用。

在多元统计中，χ^2 分布发展为 Wishart 分布。Wishart 分布是由统计学家威沙特（Wishart）为研究多元样本离差阵 $\boldsymbol{L}$ 的分布于 1928 年推导出来的，有人就将这个时间作为多元分析诞生的时间。Wishart 分布在多元统计中的作用与 χ^2 分布在一元统计中类似，它可以由遵从多元正态分布的随机向量直接得到，同时它也是构成其他重要分布的基础。

定义 1.7 设 $\boldsymbol{X}_{(\alpha)}(\alpha=1, 2, \cdots, n)$ 相互独立，且 $\boldsymbol{X}_{(\alpha)}\sim N_p(\boldsymbol{0}, \boldsymbol{\Sigma})$，记 $\boldsymbol{X}=(\boldsymbol{X}_{(1)}, \boldsymbol{X}_{(2)}, \cdots, \boldsymbol{X}_{(n)})'$，则随机矩阵

$$\boldsymbol{W}=\boldsymbol{X}'\boldsymbol{X}=\sum_{\alpha=1}^{n}\boldsymbol{X}_{(\alpha)}\boldsymbol{X}'_{(\alpha)} \tag{1.32}$$

所遵从的分布称为自由度为 n 的 p 维中心 Wishart 分布，记为 $\boldsymbol{W}\sim \boldsymbol{W}_p(n, \boldsymbol{\Sigma})$。其中，$n\geqslant p$，$\boldsymbol{\Sigma}>\boldsymbol{0}$。

由 Wishart 分布的定义知，当 $p=1$ 时，$\boldsymbol{\Sigma}$ 退化为σ^2，此时中心 Wishart 分布就退化为 $\sigma^2\chi^2(n)$，由此可以看出，Wishart 分布实际上是 χ^2 分布在多维正态情形下的推广。

下面不加证明地给出 Wishart 分布的五条重要性质：

(1) 若 $\boldsymbol{X}_{(\alpha)}(\alpha=1, 2, \cdots, n)$是从 p 维正态总体 $N_p(\boldsymbol{\mu}, \boldsymbol{\Sigma})$ 中抽取的 n 个随机样本，$\bar{\boldsymbol{X}}$ 为样本均值，样本离差阵为 $\boldsymbol{L}=\sum_{\alpha=1}^{n}(\boldsymbol{X}_{(\alpha)}-\bar{\boldsymbol{X}})(\boldsymbol{X}_{(\alpha)}-\bar{\boldsymbol{X}})'$，则

1) $\bar{\boldsymbol{X}}$ 和 $\boldsymbol{L}$ 相互独立。

2) $\bar{\boldsymbol{X}}\sim N_p\left(\boldsymbol{\mu}, \frac{1}{n}\boldsymbol{\Sigma}\right)$，$\boldsymbol{L}\sim \boldsymbol{W}_p(n-1, \boldsymbol{\Sigma})$。

(2) 若 $\boldsymbol{W}_i\sim \boldsymbol{W}_p(n_i, \boldsymbol{\Sigma})(i=1, 2, \cdots, k)$且相互独立，则

$$\sum_{i=1}^{k}\boldsymbol{W}_i\sim \boldsymbol{W}_p\left(\sum_{i=1}^{k}n_i, \boldsymbol{\Sigma}\right)$$

(3) 若 $\boldsymbol{W}\sim \boldsymbol{W}_p(n, \boldsymbol{\Sigma})$，$\boldsymbol{C}_{q\times p}$为非奇异阵，则

$$\boldsymbol{CWC}'\sim \boldsymbol{W}_q(n, \boldsymbol{C\Sigma C}')$$

(4) 若 $\boldsymbol{W}\sim \boldsymbol{W}_p(n, \boldsymbol{\Sigma})$，$\boldsymbol{a}$ 为任一 p 元常向量，满足 $\boldsymbol{a}'\boldsymbol{\Sigma}\boldsymbol{a}\neq 0$，则$\frac{\boldsymbol{a}'\boldsymbol{W}\boldsymbol{a}}{\boldsymbol{a}'\boldsymbol{\Sigma}\boldsymbol{a}}\sim\chi^2(n)$。

(5) 若 $\boldsymbol{W}\sim \boldsymbol{W}_p(n, \boldsymbol{\Sigma})$，$\boldsymbol{a}$ 为任一 p 元非零常向量，比值

$$\frac{\boldsymbol{a}'\boldsymbol{\Sigma}^{-1}\boldsymbol{a}}{\boldsymbol{a}'\boldsymbol{W}^{-1}\boldsymbol{a}}\sim\chi^2(n-p+1)$$

特别地，设 w_{ii} 和 σ_{ii} 分别为 $\boldsymbol{W}^{-1}$ 和 $\boldsymbol{\Sigma}^{-1}$ 的第 i 个对角元，则

$$\frac{\sigma_{ii}}{w_{ii}}\sim\chi^2(n-p+1)$$

1.5.2　t 分布与 T^2 分布

在数理统计中，若 $\boldsymbol{X}\sim N(0,1)$，$\boldsymbol{Y}\sim\chi^2(n)$，且 $\boldsymbol{X}$ 与 $\boldsymbol{Y}$ 相互独立，则称 $T=\dfrac{\boldsymbol{X}}{\sqrt{\dfrac{\boldsymbol{Y}}{n}}}$ 遵从自由度为 n 的 t 分布，又称为学生分布（student distribution），记为 $T\sim t(n)$。如果将 T 平方，即 $T^2=n\dfrac{\boldsymbol{X}^2}{\boldsymbol{Y}}$，则 $T^2\sim F(1,n)$，即 $t(n)$ 分布变量的平方遵从第一自由度为 1、第二自由度为 n 的中心 F 分布。

将上述 F 分布的定义改写成

$$F=n\boldsymbol{X}'\boldsymbol{Y}^{-1}\boldsymbol{X}$$

式中，用 $\boldsymbol{X}'$ 表示 $\boldsymbol{X}$ 的转置。由于 $\boldsymbol{X}$ 为一维数字，转置与否都相同，所以可以这样写。

在多元统计中，仿照上式推广得到 T^2 分布的定义如下：

定义 1.8　设 $\boldsymbol{W}\sim\boldsymbol{W}_p(n,\boldsymbol{\Sigma})$，$\boldsymbol{X}\sim N_p(\boldsymbol{0},c\boldsymbol{\Sigma})$，$c>0$，$n\geqslant p$，$\boldsymbol{\Sigma}>\boldsymbol{0}$，$\boldsymbol{W}$ 与 $\boldsymbol{X}$ 相互独立，则称随机变量

$$T^2=\frac{n}{c}\boldsymbol{X}'\boldsymbol{W}^{-1}\boldsymbol{X} \tag{1.33}$$

所遵从的分布为第一自由度为 p、第二自由度为 n 的中心 T^2 分布，记为 $T^2\sim T^2(p,n)$。

T^2 分布是霍特林（Hotelling）于 1931 年由一元统计推广而来的，故 T^2 分布又称为 Hotelling T^2 分布。其作用相当于数理统计学中的 t 分布。

中心 T^2 分布可化为中心 F 分布，其关系可表示为：

$$\frac{n-p+1}{pn}T^2(p,n)=F(p,n-p+1)$$

显然，当 $p=1$ 时，有 $T^2(1,n)=F(1,n)$。

下面不加证明地给出 T^2 分布的两条重要性质：

(1) 设 $\boldsymbol{X}\sim N_p(\boldsymbol{\mu},\boldsymbol{\Sigma})$，$\boldsymbol{W}\sim\boldsymbol{W}_p(n,\boldsymbol{\Sigma})$，且 $\boldsymbol{X}$ 与 $\boldsymbol{W}$ 相互独立，则

$$n(\boldsymbol{X}-\boldsymbol{\mu})'\boldsymbol{W}^{-1}(\boldsymbol{X}-\boldsymbol{\mu})\sim T^2(p,n)$$

推论　设 $\boldsymbol{X}_{(\alpha)}=(X_{\alpha1},X_{\alpha2},\cdots,X_{\alpha p})'(\alpha=1,2,\cdots,n)$ 是从 p 维正态总体 $N_p(\boldsymbol{\mu},\boldsymbol{\Sigma})$ 中抽取的 n 个随机样本，$\bar{\boldsymbol{X}}$ 为样本均值，样本离差阵为 $\boldsymbol{L}=\sum\limits_{\alpha=1}^{n}(\boldsymbol{X}_{(\alpha)}-\bar{\boldsymbol{X}})(\boldsymbol{X}_{(\alpha)}-\bar{\boldsymbol{X}})'$，则

$$n(n-1)(\bar{\boldsymbol{X}}-\boldsymbol{\mu})'\boldsymbol{L}^{-1}(\bar{\boldsymbol{X}}-\boldsymbol{\mu})\sim T^2(p,n-1)$$

或

$$n(\bar{\boldsymbol{X}}-\boldsymbol{\mu})'\boldsymbol{S}^{-1}(\bar{\boldsymbol{X}}-\boldsymbol{\mu})\sim T^2(p,n-1)$$

其中，$\boldsymbol{S}=\dfrac{1}{n-1}\boldsymbol{L}$，为样本的协方差矩阵。

(2) 设 $\boldsymbol{X}_i\sim N_p(\boldsymbol{\mu}_i,\boldsymbol{\Sigma})(i=1,2)$，从总体 X_1，X_2 中取得容量分别为 n_1，n_2 的两个

随机样本，若 $\boldsymbol{\mu}_1=\boldsymbol{\mu}_2$，则

$$\frac{n_1n_2}{n_1+n_2}(\bar{\boldsymbol{X}}_1-\bar{\boldsymbol{X}}_2)'\boldsymbol{S}_p^{-1}(\bar{\boldsymbol{X}}_1-\bar{\boldsymbol{X}}_2)\sim T^2(p,n_1+n_2-2)$$

或

$$(\bar{\boldsymbol{X}}_1-\bar{\boldsymbol{X}}_2)'\boldsymbol{S}_p^{-1}(\bar{\boldsymbol{X}}_1-\bar{\boldsymbol{X}}_2)\sim\frac{n_1+n_2}{n_1n_2}T^2(p,n_1+n_2-2)$$

其中，$\bar{\boldsymbol{X}}_1$，$\bar{\boldsymbol{X}}_2$ 为两样本的均值向量；$\boldsymbol{S}_p=\dfrac{(n_1-1)\boldsymbol{S}_1+(n_2-1)\boldsymbol{S}_2}{n_1+n_2-2}$；$\boldsymbol{S}_1$，$\boldsymbol{S}_2$ 分别为两样本的协方差阵。

这个性质在下章的假设检验中有重要应用。

1.5.3　中心 *F* 分布与 Wilks 分布

在一元统计中，若 $\boldsymbol{X}\sim\chi^2(m)$，$\boldsymbol{Y}\sim\chi^2(n)$，且 $\boldsymbol{X}$ 与 $\boldsymbol{Y}$ 相互独立，则称 $F=\dfrac{\boldsymbol{X}/m}{\boldsymbol{Y}/n}$所遵从的分布为第一自由度为 m、第二自由度为 n 的中心 F 分布，记为 $F\sim F(m，n)$。F 分布本质上是从正态总体 $N(\boldsymbol{\mu}，\sigma^2)$ 中随机抽取的两个样本方差的比。

F 分布能否推广到多元呢？由于 F 分布由两个方差比构成，多元总体$N_p(\boldsymbol{\mu}，\boldsymbol{\Sigma})$的变异由协方差阵确定，它不是一个数字，这就产生了如何用一个与协方差阵 $\boldsymbol{\Sigma}$ 有关的量来描述总体 $N_p(\boldsymbol{\mu}，\boldsymbol{\Sigma})$的变异的问题，它是将 F 分布推广到多元情形的关键。

描述 $N_p(\boldsymbol{\mu}，\boldsymbol{\Sigma})$的变异度的统计参数称为广义方差。围绕这一问题产生了许多方法，有的用行列式，有的用迹，主要的方法有以下几种：

(1) 广义方差$\triangleq|\boldsymbol{\Sigma}|$；

(2) 广义方差$\triangleq$ $\mathrm{tr}(\boldsymbol{\Sigma})=\sum\limits_{i=1}^{p}\sigma_i^2=\sigma_1^2+\sigma_2^2+\cdots+\sigma_p^2$，其中 $\mathrm{tr}(\boldsymbol{\Sigma})$ 为 $\boldsymbol{\Sigma}$ 的迹，等于 $\boldsymbol{\Sigma}$ 主对角线元素之和；

(3) 广义方差$\triangleq$ $\mathrm{tr}(\boldsymbol{\Sigma})=\prod\limits_{i=1}^{p}\sigma_i^2$；

(4) 广义方差$\triangleq$ $|\boldsymbol{\Sigma}|^{\frac{1}{p}}$；

(5) 广义方差$\triangleq$ $(\mathrm{tr}(\boldsymbol{\Sigma}))^{\frac{1}{2}}=\sqrt{\sigma_1^2+\sigma_2^2+\cdots+\sigma_p^2}$；

(6) 广义方差$\triangleq\max\{\lambda_i\}$，其中 λ_i 为 $\boldsymbol{\Sigma}$ 的特征根；

(7) 广义方差$\triangleq\min\{\lambda_i\}$，其中 λ_i 为 $\boldsymbol{\Sigma}$ 的特征根。

在以上各种广义方差的定义中，目前使用最多的是第一种，它是 T. W. 安德森（T. W. Anderson）于 1958 年提出的。

下面根据第一种广义方差，仿照 F 分布的定义给出多元统计中两个广义方差之比的统计量，称为 Wilks Λ 分布。

定义 1.9　设$\boldsymbol{W}_1\sim W_p(n_1，\boldsymbol{\Sigma})$，$\boldsymbol{W}_2\sim W_p(n_2，\boldsymbol{\Sigma})$，$\boldsymbol{\Sigma}>\boldsymbol{0}$，$n_1>p$，且$\boldsymbol{W}_1$ 与$\boldsymbol{W}_2$ 相互独立，则

$$\Lambda=\frac{|\boldsymbol{W}_1|}{|\boldsymbol{W}_1+\boldsymbol{W}_2|} \tag{1.34}$$

所遵从的分布称为维数为 p，第一自由度为 n_1，第二自由度为 n_2 的 Wilks Λ 分布，记为 $\Lambda \sim \Lambda(p, n_1, n_2)$。

由上述定义，Λ 分布为两个广义方差之比。

由于 Λ 分布在多元统计中的重要性，关于它的近似分布和精确分布不断有学者进行研究。当 p 和 n_2 中的一个比较小时，Λ 分布可化为 F 分布，表 1-2 列举了常见的情况。

表 1-2　$\Lambda \sim \Lambda(p, n_1, n_2)$ 与 F 分布的关系，$n_1>p$

p	n_2	统计量 F	F 的自由度
任意	1	$\frac{1-\Lambda}{\Lambda}\frac{n_1-p+1}{p}$	p, n_1-p+1
任意	2	$\frac{1-\sqrt{\Lambda}}{\sqrt{\Lambda}}\frac{n_1-p}{p}$	$2p, 2(n_1-p)$
1	任意	$\frac{1-\Lambda}{\Lambda}\frac{n_1}{n_2}$	n_2, n_1
2	任意	$\frac{1-\sqrt{\Lambda}}{\sqrt{\Lambda}}\frac{n_1-1}{n_2}$	$2n_2, 2(n_1-1)$

当 p，n_2 不属于表 1-2 所列举的情况时，巴特莱特（Bartlett）指出可用 χ^2 分布来近似表示，即

$$V=-\left(n_1+n_2-\frac{p+n_2+1}{2}\right)\ln\Lambda(p, n_1, n_2)$$

近似遵从 $\chi^2(pn_2)$。

拉奥（Rao）后来又研究用 F 分布来近似，即

$$R=\frac{1-\Lambda^{\frac{1}{s}}}{\Lambda^{\frac{1}{s}}}\frac{ts-2\lambda}{pn_2}$$

近似遵从 $F(pn_2, ts-2\lambda)$，其中

$$\begin{cases} t=n_1+n_2-\dfrac{p+n_2+1}{2} \\ s=\sqrt{\dfrac{p^2n_2^2-4}{p^2+n_2^2-5}} \\ \lambda=\dfrac{pn_2-2}{4} \end{cases}$$

$ts-2\lambda$ 不一定是整数，用与它最近的整数来作为 F 分布的第二自由度。

若 $n_2<p$，有 $\Lambda(p, n_1, n_2)=\Lambda(n_2, p, n_1+n_2-p)$。该结论说明，在使用 Λ 统计量时也可考虑 $n_2>p$ 的情形，有关 Λ 统计量的其他性质参见参考文献［1］。

参考文献

［1］张尧庭，方开泰．多元统计分析引论．北京：科学出版社，1982.

[2] Robb J. Muirhead. Aspects of Multivariate Statistical Theory. John Wiley, 1982.

[3] 方开泰. 实用多元统计分析. 上海：华东师范大学出版社，1989.

[4] 王学仁. 地质数据的多变量统计分析. 北京：科学出版社，1986.

[5] 王国梁，何晓群. 多变量经济数据统计分析. 西安：陕西科学技术出版社，1993.

[6] G. A. F. Seber. Multivariate Observations. John Wiley & Sons，Inc.，1984.

[7] 王静龙. 多元统计分析. 北京：科学出版社，2008.

[8] Szekely，G. J. Rizzo，M. L. A New Test for Multivariate Normality，Journal of Multivariate Analysis，2005，93 (1)：58-80.

思考与练习

1. 在数据处理时，为什么通常要进行标准化处理？

2. 欧氏距离与马氏距离的优缺点是什么？

3. 当变量 X_1 和 X_2 方向上的变差相等，且 X_1 与 X_2 互相独立时，采用欧氏距离与统计距离是否一致？

4. 如果正态随机向量 $\boldsymbol{X}=(x_1, x_2, \cdots, x_p)'$ 的协方差阵 $\boldsymbol{\Sigma}$ 是对角阵，证明 $\boldsymbol{X}$ 的分量是相互独立的随机变量。

5. y_1 与 y_2 是相互独立的随机变量，且 $y_1 \sim N(0, 1)$，$y_2 \sim N(3, 4)$。

(a) 求 y_1^2 的分布。

(b) 如果 $\boldsymbol{y}=\begin{bmatrix} y_1 \\ (y_2-3)/2 \end{bmatrix}$，写出 $\boldsymbol{y}'\boldsymbol{y}$ 关于 y_1 与 y_2 的表达式，并写出 $\boldsymbol{y}'\boldsymbol{y}$ 的分布。

(c) 如果 $\boldsymbol{y}=\begin{bmatrix} y_1 \\ y_2 \end{bmatrix}$ 且 $\boldsymbol{y} \sim N(\boldsymbol{\mu}, \boldsymbol{\Sigma})$，写出 $\boldsymbol{y}'\boldsymbol{\Sigma}^{-1}\boldsymbol{y}$ 关于 y_1 与 y_2 的表达式，并写出 $\boldsymbol{y}'\boldsymbol{\Sigma}^{-1}\boldsymbol{y}$ 的分布。

第2章 Chapter 2 均值向量和协方差阵的检验

学习目标

1. 掌握均值向量及协方差阵的检验方法；
2. 能够用R软件实现均值向量及协方差阵的检验，并正确理解输出结果。

在一元统计中，关于正态总体 $N(\boldsymbol{\mu}, \sigma^2)$ 的均值 μ 和方差 σ^2 的各种检验已给出了常用的 z 检验、t 检验、F 检验和 χ^2 检验等。对于包含多个指标的正态总体 $N_p(\boldsymbol{\mu}, \boldsymbol{\Sigma})$，各种实际问题同样要求对 $\boldsymbol{\mu}$ 和 $\boldsymbol{\Sigma}$ 进行统计推断。例如，要考察某工业行业的生产经营状况、今年与去年相比指标的平均水平有无显著差异，以及各生产经营指标间的波动是否有显著差异，需要做检验 H_0：$\boldsymbol{\mu}=\boldsymbol{\mu}_0$，$H_1$：$\boldsymbol{\mu}\neq\boldsymbol{\mu}_0$，或 $H_0:\boldsymbol{\Sigma}=\boldsymbol{\Sigma}_0$，$H_1:\boldsymbol{\Sigma}\neq\boldsymbol{\Sigma}_0$ 等。关于 $\boldsymbol{\mu}$ 和 $\boldsymbol{\Sigma}$ 的各种形式的假设检验构成了本章的内容。本章的很多内容是一元的直接推广，但由于多指标问题的复杂性，本章将只列出检验用的统计量，主要详细介绍如何使用这些统计量做检验，对有关检验问题的理论推证则全部略去。本章最后还将介绍有关检验的上机实现。

2.1 均值向量的检验

2.1.1 一个指标检验的回顾

设从总体 $N(\boldsymbol{\mu}, \sigma^2)$ 中抽取一个样本 $x_1, x_2, \cdots, x_n$，我们要检验假设

$$H_0:\boldsymbol{\mu}=\boldsymbol{\mu}_0,\quad H_1:\boldsymbol{\mu}\neq\boldsymbol{\mu}_0$$

当 σ^2 已知时，用统计量

$$z=\frac{\bar{x}-\boldsymbol{\mu}_0}{\sigma}\sqrt{n} \tag{2.1}$$

式中，$\bar{x}=\frac{1}{n}\sum_{i=1}^{n}x_i$ 为样本均值。当假设成立时，统计量 z 遵从正态分布，$z\sim N(0,1)$，从而拒绝域为 $|z|>z_{\alpha/2}$，$z_{\alpha/2}$ 为 $N(0,1)$ 的上 $\alpha/2$ 分位点。

当 σ^2 未知时，将

$$S^2=\sum_{i=1}^{n}\frac{(x_i-\bar{x})^2}{n-1}$$

作为 σ^2 的估计，用统计量

$$t=\frac{\bar{x}-\boldsymbol{\mu}_0}{S}\sqrt{n} \tag{2.2}$$

来做检验。当假设成立时，t 统计量遵从自由度为 $n-1$ 的 t 分布，$t\sim t_{n-1}$，拒绝域为 $|t|>t_{n-1}(\alpha/2)$，$t_{n-1}(\alpha/2)$ 为 t_{n-1} 的上 $\alpha/2$ 分位点。式（2.2）中的统计量也可改写成如下形式：

$$t^2=n(\bar{x}-\boldsymbol{\mu}_0)'(S^2)^{-1}(\bar{x}-\boldsymbol{\mu}_0) \tag{2.3}$$

当假设为真时，统计量 t^2 遵从第一自由度为 1、第二自由度为 $n-1$ 的 F 分布，简写成 $t^2\sim F_{1,n-1}$，其拒绝域为：

$$t^2>F_{1,n-1}(\alpha)$$

$F_{1,n-1}(\alpha)$ 为 $F_{1,n-1}$ 的上 α 分位点。

2.1.2 多元均值检验

某工业行业的管理机构想要掌握所属企业的生产经营活动情况，选取了 p 个指标进行考察。根据历史资料的记载，将 p 个指标的历史平均水平记作 $\boldsymbol{\mu}_0$。今年的 p 个指标平均值与历史资料记载的平均值有无显著差异？若有差异，进一步分析差异主要在哪些指标上。类似这样的问题，就是要对下面的假设

$$H_0:\boldsymbol{\mu}=\boldsymbol{\mu}_0,\quad H_1:\boldsymbol{\mu}\neq\boldsymbol{\mu}_0$$

做检验。检验的思想和步骤与一元相似，可归纳如下：

（1）根据问题的要求提出统计假设 H_0 及 H_1；

（2）选取一个合适的统计量，并求出它的抽样分布；

（3）指定 α 风险值（即显著性水平 α 值），并在零假设 H_0 为真的条件下求出能使风险值控制在 α 的临界值 W；

（4）建立判别准则；

（5）由样本观测值计算统计量值，再由准则做统计判断，最后对统计判断做出具体的解释。

设 $\boldsymbol{X}_{(\alpha)}=(X_{\alpha1}, X_{\alpha2}, \cdots, X_{\alpha p})'(\alpha=1, 2, \cdots, n)$ 是容量为 n 的一个样本，它们来自均值向量为 $\boldsymbol{\mu}$，协方差阵为 $\boldsymbol{\Sigma}$（$\boldsymbol{\Sigma}>\boldsymbol{0}$ 是正定阵）的 p 元正态总体，对于指定向量 $\boldsymbol{\mu}_0$，要对下面的假设

$$H_0: \boldsymbol{\mu}=\boldsymbol{\mu}_0, \quad H_1: \boldsymbol{\mu}\neq\boldsymbol{\mu}_0 \tag{2.4}$$

做检验。检验的方法与一元相似，将分两种情况讨论。

（1）协方差阵 $\boldsymbol{\Sigma}$ 已知。

类似于式（2.3）的统计量（注意式（2.3）的形式）是

$$\chi_0^2=n(\bar{\boldsymbol{X}}-\boldsymbol{\mu}_0)'\boldsymbol{\Sigma}^{-1}(\bar{\boldsymbol{X}}-\boldsymbol{\mu}_0) \tag{2.5}$$

可以证明，在假设 H_0 为真时，统计量 χ_0^2 遵从自由度为 p 的 χ^2 分布；事实上由 1.5 节 $\bar{\boldsymbol{X}}-\boldsymbol{\mu}\sim N_p(\boldsymbol{0}, \frac{1}{n}\boldsymbol{\Sigma})$ 知，当 H_0：$\boldsymbol{\mu}=\boldsymbol{\mu}_0$ 成立时，由多元正态分布的性质（4），有

$$(\bar{\boldsymbol{X}}-\boldsymbol{\mu}_0)'(\frac{1}{n}\boldsymbol{\Sigma})^{-1}(\bar{\boldsymbol{X}}-\boldsymbol{\mu}_0)=n(\bar{\boldsymbol{X}}-\boldsymbol{\mu}_0)'\boldsymbol{\Sigma}^{-1}(\bar{\boldsymbol{X}}-\boldsymbol{\mu}_0)\sim\chi^2(p)$$

统计量 χ_0^2 实质上是样本均值 $\bar{\boldsymbol{X}}$ 与已知平均水平 $\boldsymbol{\mu}_0$ 之间的马氏距离的 n 倍，这个值越大，$\boldsymbol{\mu}$ 与 $\boldsymbol{\mu}_0$ 相等的可能性就越小，因而在备择假设 H_1 成立时，χ_0^2 有变大的趋势，所以拒绝域应取 χ_0^2 值较大的右侧部分。式中，$\bar{\boldsymbol{X}}$ 为样本均值；n 为样本容量。

当给定显著性水平 α 后，由样本值可以计算出 χ_0^2 的值。当

$$\chi_0^2=n(\bar{\boldsymbol{X}}-\boldsymbol{\mu}_0)'\boldsymbol{\Sigma}^{-1}(\bar{\boldsymbol{X}}-\boldsymbol{\mu}_0)\geqslant\chi_p^2(\alpha)$$

时，便拒绝零假设 H_0，说明均值 $\boldsymbol{\mu}$ 不等于 $\boldsymbol{\mu}_0$，其中 $\chi_p^2(\alpha)$ 是自由度为 p 的 χ^2 分布的上 α 分位点。即

$$P\{\chi_0^2>\chi_p^2(\alpha)\}=\alpha$$

（2）协方差阵 $\boldsymbol{\Sigma}$ 未知。

此时 $\boldsymbol{\Sigma}$ 的无偏估计是 $\hat{\boldsymbol{\Sigma}}=\dfrac{\boldsymbol{L}}{(n-1)}$，类似于式（2.3）的统计量是

$$\begin{aligned}T^2&=n(\bar{\boldsymbol{X}}-\boldsymbol{\mu}_0)'\hat{\boldsymbol{\Sigma}}^{-1}(\bar{\boldsymbol{X}}-\boldsymbol{\mu}_0)\\&=n(n-1)(\bar{\boldsymbol{X}}-\boldsymbol{\mu}_0)'\boldsymbol{L}^{-1}(\bar{\boldsymbol{X}}-\boldsymbol{\mu}_0)\end{aligned} \tag{2.6}$$

可以证明，统计量 T^2 遵从参数为 p，$n-1$ 的 T^2 分布，即 $T^2\sim T_{p,n-1}^2$。统计量 T^2 实际上也是样本均值 $\bar{\boldsymbol{X}}$ 与已知均值向量 $\boldsymbol{\mu}_0$ 之间的马氏距离，这个值越大，$\boldsymbol{\mu}$ 与 $\boldsymbol{\mu}_0$ 相等的可能性就越小。因而在备择假设成立时，T^2 的值有变大的趋势，所以拒绝域可取 T^2 值较大的右侧部分。因此，在给定显著性水平 α 后，由样本的数值可以计算出 T^2 值。当

$$T^2>T_{p,n-1}^2(\alpha) \tag{2.7}$$

时，便拒绝零假设 H_0。$T_{p,n-1}^2(\alpha)$ 为 $T_{p,n-1}^2$ 的上 α 分位点。

T^2 分布的 5%及 1%的分位点已列成专表，可从网上下载。

由 1.5 节内容可知，将 T^2 统计量乘上一个适当的常数后，便成为 F 统计量，也可用

F 分布表获得零假设的拒绝域，即

$$\left\{\frac{n-p}{(n-1)p}T^2>F_{p,n-p}(\alpha)\right\} \tag{2.8}$$

关于 χ_0^2，T^2 的合理性及推证见参考文献 [3]。

在实际工作中，一元检验与多元检验可以联合使用，多元检验具有概括和全面考察的特点，一元检验容易发现各指标之间的关系和差异，能帮助我们找出存在差异的侧重面，提供了更多的统计分析信息。

2.1.3 两总体均值的比较

在许多实际问题中，往往要比较两个总体的平均水平之间有无差异。例如，两所大学新生录取成绩是否有明显差异。研究职工工资总额的构成情况，若按国民经济行业分组，就是要研究工业与建筑业这两个行业之间是否有明显的不同；同理，可按工业领导关系（中央、省、市、县属工业）分组，也可按工业行业分组。组与组之间的工资总额构成有无显著差异，本质上就是两个总体的均值向量是否相等，这类问题通常也称为两样本问题。两总体均值的比较问题又可分为两总体协方差阵相等与两总体协方差阵不相等两种情形。

1. 协方差阵相等的情形

设 $\boldsymbol{X}_{(\alpha)}=(X_{\alpha1}, X_{\alpha2}, \cdots, X_{\alpha p})'(\alpha=1, 2, \cdots, n_1)$ 为来自 p 元正态总体 $N_p(\boldsymbol{\mu}_1, \boldsymbol{\Sigma})$ 的容量为 n_1 的样本，$\boldsymbol{Y}_{(\alpha)}=(Y_{\alpha1}, Y_{\alpha2}, \cdots, Y_{\alpha p})'(\alpha=1, 2, \cdots, n_2)$ 为来自 p 元正态总体 $N_p(\boldsymbol{\mu}_2, \boldsymbol{\Sigma})$ 的容量为 n_2 的样本，且两样本相互独立，$n_1>p$，$n_2>p$，假定两总体协方差阵相等但未知，现对假设

$$H_0: \boldsymbol{\mu}_1=\boldsymbol{\mu}_2, \quad H_1: \boldsymbol{\mu}_1\neq\boldsymbol{\mu}_2 \tag{2.9}$$

进行检验。与前面类似的统计量的形式为：

$$T^2=\frac{n_1n_2}{n_1+n_2}(\bar{\boldsymbol{X}}-\bar{\boldsymbol{Y}})'\hat{\boldsymbol{\Sigma}}^{-1}(\bar{\boldsymbol{X}}-\bar{\boldsymbol{Y}}) \tag{2.10}$$

式中，$\bar{\boldsymbol{X}}=\frac{1}{n_1}\sum_{\alpha=1}^{n_1}\boldsymbol{X}_{(\alpha)}$，$\bar{\boldsymbol{Y}}=\frac{1}{n_2}\sum_{\alpha=1}^{n_2}\boldsymbol{Y}_{(\alpha)}$；$n_1$，$n_2$ 为样本容量；$\hat{\boldsymbol{\Sigma}}=\frac{\boldsymbol{L}_x+\boldsymbol{L}_y}{n_1+n_2-2}$，为协方差阵 $\boldsymbol{\Sigma}$ 的估计量；$\boldsymbol{L}_x=\sum_{\alpha=1}^{n_1}(\boldsymbol{X}_{(\alpha)}-\bar{\boldsymbol{X}})(\boldsymbol{X}_{(\alpha)}-\bar{\boldsymbol{X}})'$，$\boldsymbol{L}_y=\sum_{\alpha=1}^{n_2}(\boldsymbol{Y}_{(\alpha)}-\bar{\boldsymbol{Y}})(\boldsymbol{Y}_{(\alpha)}-\bar{\boldsymbol{Y}})'$。

当假设 H_0：$\boldsymbol{\mu}_1=\boldsymbol{\mu}_2$ 成立时，$T^2\sim T^2_{p,n_1+n_2-2}$，从而

$$\frac{n_1+n_2-p-1}{(n_1+n_2-2)p}T^2\sim F_{p,n_1+n_2-p-1} \tag{2.11}$$

当备择假设 H_1：$\boldsymbol{\mu}_1\neq\boldsymbol{\mu}_2$ 成立时，$\frac{n_1+n_2-p-1}{(n_1+n_2-2)p}T^2=F^*$ 有变大的趋势，因为 T^2 的值与总体均值的马氏距离 $(\bar{\boldsymbol{X}}-\bar{\boldsymbol{Y}})'\hat{\boldsymbol{\Sigma}}^{-1}(\bar{\boldsymbol{X}}-\bar{\boldsymbol{Y}})$ 成正比，T^2 的值越大，说明两总体的均值很接近的可能性越小，因而拒绝域可以取 F^* 值较大的右侧区域，即当给定显著性水平 α

的值时，若

$$F^* > F_{p,n_1+n_2-p-1}(\alpha) \tag{2.12}$$

拒绝 H_0，否则没有足够理由拒绝 H_0。

其对应的 R 代码如下：

```r
hotelT2.sam <- function(x, y){
x <- as.matrix(x)
y <- as.matrix(y)
p<- ncol(x)
n1 <- nrow(x)
n2 <- nrow(y)
n<- n1 + n2
xbar1 <- apply(x, 2, mean)
xbar2 <- apply(y, 2, mean)
dbar <- xbar2 - xbar1
sigmahat <- ((n1 - 1) * var(x) + (n2 - 1) * var(y)) /(n - 2)
T2 <-(n1 * n2 * dbar %*% solve( sigmahat) %*% dbar)/n
T2_adj <- as.vector(((n - p - 1) * T2 )/((n - 2) * p))
pvalue <- 1 - pf(T2_adj, p, n - p - 1)
return(list(T2adj = T2_adj, p.value = pvalue))
}
```

2. 协方差阵不相等的情形

设从两个总体 $N_p(\boldsymbol{\mu}_1, \boldsymbol{\Sigma}_1)$ 和 $N_p(\boldsymbol{\mu}_2, \boldsymbol{\Sigma}_2)$ 中分别抽取容量为 n_1 和 n_2 的两个样本，$\boldsymbol{X}_{(\alpha)}=(X_{\alpha 1}, X_{\alpha 2}, \cdots, X_{\alpha p})'(\alpha=1, 2, \cdots, n_1)$，$\boldsymbol{Y}_{(\alpha)}=(Y_{\alpha 1}, Y_{\alpha 2}, \cdots, Y_{\alpha p})'(\alpha=1, 2, \cdots, n_2)$，$n_1>p$，$n_2>p$，假定两总体协方差阵不相等，我们考虑对假设式（2.9）做检验，这是著名的 Behrens-Fisher 问题。长期以来，统计学家用许多方法试图解决这个问题。当 $\boldsymbol{\Sigma}_1$ 与 $\boldsymbol{\Sigma}_2$ 相差很大时，T^2 统计量的形式为：

$$\begin{aligned}T^2 &= (\bar{\boldsymbol{X}}-\bar{\boldsymbol{Y}})'\left[\frac{\boldsymbol{L}_x}{n_1(n_1-1)}+\frac{\boldsymbol{L}_y}{n_2(n_2-1)}\right]^{-1}(\bar{\boldsymbol{X}}-\bar{\boldsymbol{Y}}) \\ &= (\bar{\boldsymbol{X}}-\bar{\boldsymbol{Y}})'\boldsymbol{S}_*^{-1}(\bar{\boldsymbol{X}}-\bar{\boldsymbol{Y}})\end{aligned} \tag{2.13}$$

式中，$\bar{\boldsymbol{X}}$，$\bar{\boldsymbol{Y}}$，$\boldsymbol{L}_x$ 和 $\boldsymbol{L}_y$ 的统计含义与前相同，$\boldsymbol{S}_*=\dfrac{\boldsymbol{L}_x}{n_1(n_1-1)}+\dfrac{\boldsymbol{L}_y}{n_2(n_2-1)}$。再令

$$\begin{aligned}f^{-1} &= (n_1^3-n_1^2)^{-1}\left[(\bar{\boldsymbol{X}}-\bar{\boldsymbol{Y}})'\boldsymbol{S}_*^{-1}\left(\frac{\boldsymbol{L}_x}{n_1-1}\right)\boldsymbol{S}_*^{-1}(\bar{\boldsymbol{X}}-\bar{\boldsymbol{Y}})\right]^2 T^{-4} \\ &\quad +(n_2^3-n_2^2)^{-1}\left[(\bar{\boldsymbol{X}}-\bar{\boldsymbol{Y}})'\boldsymbol{S}_*^{-1}\frac{\boldsymbol{L}_y}{(n_2-1)}\boldsymbol{S}_*^{-1}(\bar{\boldsymbol{X}}-\bar{\boldsymbol{Y}})\right]^2 T^{-4}\end{aligned}$$

当假设式（2.9）的 H_0 成立时，可以证明（见参考文献［3］）$\left(\dfrac{f-p+1}{fp}\right)T^2$ 近似遵

从第一自由度为 p、第二自由度为 $f-p+1$ 的 F 分布，即

$$\left(\frac{f-p+1}{fp}\right)T^2 \sim F_{p,f-p+1}$$

当 $\min(n_1, n_2)\to\infty$ 时，T^2 近似于 χ_p^2。

另外，Krishnamoorthy 和 Yu（2004）进一步修订了渐近分布，提出

$$\left(\frac{f-p+1}{fp}\right)T^2 \sim F_{p,f-p+1} \tag{2.14}$$

其中

$$f=\frac{p+p^2}{\frac{1}{n_1}\left\{\operatorname{tr}\left[\left(\frac{\boldsymbol{L}_x}{n_1(n_1-1)}\boldsymbol{S}_*^{-1}\right)^2\right]+\operatorname{tr}\left[\frac{\boldsymbol{L}_x}{n_1(n_1-1)}\boldsymbol{S}_*^{-1}\right]^2\right\}+\frac{1}{n_2}\left\{\operatorname{tr}\left[\left(\frac{\boldsymbol{L}_y}{n_2(n_2-1)}\boldsymbol{S}_*^{-1}\right)^2\right]+\operatorname{tr}\left[\frac{\boldsymbol{L}_y}{n_2(n_2-1)}\boldsymbol{S}_*^{-1}\right]^2\right\}}$$

Krishnamoorthy 和 Yu（2004）的 R 代码是：

```
hotelT2.dif <- function(x, y){
x <- as.matrix(x)
y <- as.matrix(y)
p<- ncol(x)
n1 <- nrow(x)
n2 <- nrow(y)
n<- n1 + n2
xbar <- apply(x, 2, mean)
ybar <- apply(y, 2, mean)
dbar <- xbar - ybar
Sx_star <- cov(x)/n1
Sy_star <- cov(y)/n2
S_star <- Sx_star + Sy_star
SS_star <- solve(S_star)
T2 <- as.numeric(dbar %*% SS_star %*% dbar)
SxS_star <- Sx_star %*% SS_star
SyS_star <- Sy_star %*% SS_star
f0 <- (sum(diag(SxS_star %*% SxS_star)) + sum(diag(SxS_star))^2)/n1 +
(sum(diag(SyS_star %*% SyS_star)) + sum(diag(SyS_star))^2)/n2
f <- (p + p^2)/ f0
T2_adj <- as.vector((f - p + 1)/(f * p) * T2 )
pvalue <- 1 - pf(T2_adj, p, f - p - 1)
return(list(T2adj = T2_adj, p.value = pvalue))
}
```

2.1.4　多总体均值的检验

在许多实际问题中，我们要研究的总体往往不止两个。例如，要对全国工业行业的生产经营状况做比较时，一个行业可以看成一个总体，此时要研究的总体多达几十甚至几百个，就需要运用多元方差分析的知识。多元方差分析是一元方差分析的直接推广。为了便于理解多元方差分析的方法，我们先回顾一元方差分析。

设有 r 个总体 G_1，G_2，…，G_r，它们的分布分别是一元正态 $N(\mu_1, \sigma^2)$，$N(\mu_2, \sigma^2)$，…，$N(\mu_r, \sigma^2)$，从各个总体中抽取的样本如下：

$$
\begin{aligned}
&X_1^{(1)}, X_2^{(1)}, \cdots, X_{n_1}^{(1)} \sim N(\mu_1, \sigma^2)\\
&X_1^{(2)}, X_2^{(2)}, \cdots, X_{n_2}^{(2)} \sim N(\mu_2, \sigma^2)\\
&\qquad\qquad\vdots\\
&X_1^{(r)}, X_2^{(r)}, \cdots, X_{n_r}^{(r)} \sim N(\mu_r, \sigma^2)
\end{aligned}
$$

假设 r 个总体的方差相等，要检验的假设就是

$$H_0: \mu_1 = \cdots = \mu_r, \quad H_1: \text{至少存在 } i \neq j \text{，使得 } \mu_i \neq \mu_j$$

这个检验的统计量与下列平方和密切相关：

$$\text{组间平方和 } SS(TR) = \sum_{k=1}^{r} n_k (\bar{\boldsymbol{X}}_k - \bar{\boldsymbol{X}})^2$$

$$\text{组内平方和 } SSE = \sum_{k=1}^{r} \sum_{j=1}^{n_k} (\boldsymbol{X}_j^{(k)} - \bar{\boldsymbol{X}}_k)^2$$

$$\text{总平方和 } SST = \sum_{k=1}^{r} \sum_{j=1}^{n_k} (\boldsymbol{X}_j^{(k)} - \bar{\boldsymbol{X}})^2$$

式中，$\bar{\boldsymbol{X}}_k = \dfrac{1}{n_k} \sum_{j=1}^{n_k} \boldsymbol{X}_j^{(k)}$，为第 k 组的均值；$\bar{\boldsymbol{X}} = \dfrac{1}{n} \sum_{k=1}^{r} \sum_{j=1}^{n_k} X_j^{(k)}$，为总均值；$n = n_1 + n_2 + \cdots + n_r$。

一元统计中，构造 F 统计量的方法是

$$\frac{\text{组间平方和/自由度}}{\text{组内平方和/自由度}}$$

即
$$F = \frac{SS(TR)/(r-1)}{SSE/(n-r)}$$

当假设为真时，F 统计量遵从自由度为 $(r-1, n-r)$ 的 F 分布，记为$F \sim F_{r-1,n-r}$，零假设的拒绝域为：

$$F > F_{r-1,n-r}(\alpha)$$

将上述方法推广到多元，就是设有 r 个总体 G_1，G_2，…，G_r，从这 r 个总体中抽取独立样本如下：

$$X_1^{(1)}, X_2^{(1)}, \cdots, X_{n_1}^{(1)} \sim N_p(\boldsymbol{\mu}_1, \boldsymbol{\Sigma})$$

$$X_1^{(2)},\ X_2^{(2)},\ \cdots,\ X_{n_2}^{(2)} \sim N_p(\boldsymbol{\mu}_2, \boldsymbol{\Sigma})$$
$$\vdots$$
$$X_1^{(r)},\ X_2^{(r)},\ \cdots,\ X_{n_r}^{(r)} \sim N_p(\boldsymbol{\mu}_r, \boldsymbol{\Sigma})$$

样本 $\{\boldsymbol{X}_j^{(k)}\}(k=1,\ 2,\ \cdots,\ r;\ j=1,\ 2,\ \cdots,\ n_k)$ 相互独立，要检验的假设就是

$$H_0:\ \boldsymbol{\mu}_1=\boldsymbol{\mu}_2=\cdots=\boldsymbol{\mu}_r, \qquad H_1:\ \text{至少存在 } i\neq j, \text{使得 } \boldsymbol{\mu}_i\neq\boldsymbol{\mu}_j \tag{2.15}$$

用类似于一元方差分析的办法，前面所述的三个平方和就变成了矩阵，形式如下：

$$\begin{aligned} \boldsymbol{B} &= SS(TR) = \sum_{k=1}^{r} n_k(\bar{\boldsymbol{X}}_k - \bar{\boldsymbol{X}})(\bar{\boldsymbol{X}}_k - \bar{\boldsymbol{X}})' \\ \boldsymbol{E} &= SSE = \sum_{k=1}^{r}\sum_{j=1}^{n_k} (\boldsymbol{X}_j^{(k)} - \bar{\boldsymbol{X}}_k)(\boldsymbol{X}_j^{(k)} - \bar{\boldsymbol{X}}_k)' \\ \boldsymbol{W} &= SST = \sum_{k=1}^{r}\sum_{j=1}^{n_k} (\boldsymbol{X}_j^{(k)} - \bar{\boldsymbol{X}})(\boldsymbol{X}_j^{(k)} - \bar{\boldsymbol{X}})' \end{aligned} \tag{2.16}$$

显然，$\boldsymbol{W}=\boldsymbol{B}+\boldsymbol{E}$。

Johnson 和 Wichern（2008）总结了常见的四种方法，Wilks Λ 检验统计量：

$$\Lambda=\frac{|\boldsymbol{B}|}{|\boldsymbol{B}+\boldsymbol{E}|}$$

该统计量的精确分布只能在某些情况下得到（具体参考参考文献［8］），当 n 比较大时，

$$-\left(n-1-\frac{p+r}{2}\right)\log\Lambda\sim\chi^2_{p(r-1)}$$

Law-Hotelling 统计量 $\mathrm{tr}(\boldsymbol{B}\boldsymbol{E}^{-1})$、Pillai 统计量 $\mathrm{tr}[\boldsymbol{B}(\boldsymbol{B}+\boldsymbol{E})^{-1}]$ 和 Roy 统计量 $\boldsymbol{B}\boldsymbol{E}^{-1}$ 的最大特征值。当样本量比较大时，这四种方法几乎等价。前三种检验方法比较接近。当组之间差异比较大时，Roy 统计量的功效较高，其他情况，前三者比较好。R 中的函数 manova 和 summary. manova 实现上面方法，其中通过 summary(test = c("Pillai", "Wilks", "Hotelling-Lawley", "Roy") 中的“test”设置参数。

2.2　协方差阵的检验

上面讨论了多元正态分布均值的检验，但这仅研究了问题的一个方面，倘若要深究不同总体的平均水平（均值）的波动幅度，前面介绍的方法就无能为力了。本节所介绍的协方差阵的检验可以解决该类问题。

2.2.1　检验 $\boldsymbol{\Sigma}=\boldsymbol{\Sigma}_0$

设 $\boldsymbol{X}_1$，$\boldsymbol{X}_2$，…，$\boldsymbol{X}_n$ 是来自正态总体 $N_p(\boldsymbol{\mu},\ \boldsymbol{\Sigma})$ 的一个样本，$\boldsymbol{\Sigma}_0$ 是已知的正定矩阵，

要检验

$$H_0：\boldsymbol{\Sigma}=\boldsymbol{\Sigma}_0， \quad H_1：\boldsymbol{\Sigma}\neq\boldsymbol{\Sigma}_0 \tag{2.17}$$

检验假设式（2.17）所用的统计量是

$$M=(n-1)[\ln|\boldsymbol{\Sigma}_0|-p-\ln|\hat{\boldsymbol{\Sigma}}|+\mathrm{tr}(\hat{\boldsymbol{\Sigma}}\boldsymbol{\Sigma}_0^{-1})] \tag{2.18}$$

式中，$\hat{\boldsymbol{\Sigma}}=\frac{\boldsymbol{L}}{n-1}$，为样本协方差阵。关于统计量 M 的推证过程见参考文献 [1]。柯林（Korin，1968）已导出 M 的极限分布和近似分布，并对小的 n 给出了表，即当 $p\leqslant 10$，$n\leqslant 75$，$\alpha=0.05$ 及 $\alpha=0.01$ 时 M 的 α 分位点表。当 $p>10$ 或 $n>75$ 时，M 近似于 $bF(f_1,f_2)$，记作

$$M\approx bF(f_1,f_2) \tag{2.19}$$

其中，$D_1=\frac{2p+1-\frac{2}{p+1}}{6(n-1)}$；$D_2=\frac{(p-1)(p+2)}{6(n-1)^2}$；$f_1=\frac{p(p+1)}{2}$；$f_2=\frac{f_1+2}{D_2-D_1^2}$；$b=\frac{f_1}{1-D_1-\frac{f_1}{f_2}}$。

我们可以利用似然比检验得到统计量

$$-2\log\lambda=n\mathrm{tr}(\boldsymbol{\Sigma}_0^{-1}\hat{\boldsymbol{\Sigma}})-n\log|\boldsymbol{\Sigma}_0^{-1}\hat{\boldsymbol{\Sigma}}|-np$$

其渐近分布是自由度为 $p(p+1)/2$ 的卡方分布，对应的 R 代码如下：

```
ocov.test <- function(x, Sigma0){
x <- as.matrix(x)
Sigma0 <- as.matrix(Sigma0)
p <- ncol(x)
n <- nrow(x)
Sigma_hat <- cov(x)
SSS <- solve(Sigma0) %*% Sigma_hat
m2log <- n * sum(diag(SSS)) - n * log(det(SSS)) - n * p
df <- p * (p + 1) / 2
pvalue <- 1 - pchisq(m2log, df)
return(list(m2kog = m2log, p.value = pvalue))
}
```

2.2.2　检验 $\boldsymbol{\Sigma}_1=\boldsymbol{\Sigma}_2=\cdots=\boldsymbol{\Sigma}_r$

上面讨论的检验 $\boldsymbol{\Sigma}=\boldsymbol{\Sigma}_0$ 是帮助我们分析当前的波动幅度与过去的波动情形有无显著差异，但在实际问题中我们往往面临多个总体，需要了解这多个总体之间的波动幅度有无明显的差异。例如在研究职工工资构成时，若按工业行业分组，就有采掘业、制造业、文化教育、金融保险等，不同行业间工资总额的构成存在波动，研究波动是否存在显著的差

异，就是做行业间协方差阵相等性的检验。用统计理论来描述就是：

设有 r 个总体，从各个总体中抽取样品如下：

$$\boldsymbol{X}_1^{(1)}, \boldsymbol{X}_2^{(1)}, \cdots, \boldsymbol{X}_{n_1}^{(1)} \sim N_p(\boldsymbol{\mu}_1, \boldsymbol{\Sigma}_1)$$
$$\boldsymbol{X}_1^{(2)}, \boldsymbol{X}_2^{(2)}, \cdots, \boldsymbol{X}_{n_2}^{(2)} \sim N_p(\boldsymbol{\mu}_2, \boldsymbol{\Sigma}_2)$$
$$\vdots$$
$$\boldsymbol{X}_1^{(r)}, \boldsymbol{X}_2^{(r)}, \cdots, \boldsymbol{X}_{n_r}^{(r)} \sim N_p(\boldsymbol{\mu}_r, \boldsymbol{\Sigma}_r)$$
$$n = n_1 + n_2 + \cdots + n_r$$

此时要检验的假设是

$$H_0: \boldsymbol{\Sigma}_1 = \boldsymbol{\Sigma}_2 = \cdots = \boldsymbol{\Sigma}_r, \quad H_1: \{\boldsymbol{\Sigma}_i\}\ \text{不全相等} \tag{2.20}$$

检验所用的统计量为：

$$M = (n-r)\ln\left|\frac{\boldsymbol{L}}{(n-r)}\right| - \sum_{i=1}^{r}(n_i-1)\ln\left|\frac{\boldsymbol{L}_i}{(n_i-1)}\right| \tag{2.21}$$

其中

$$\boldsymbol{L}_k = \sum_{i=1}^{n_k}(\boldsymbol{X}_i^{(k)} - \bar{\boldsymbol{X}}_k)(\boldsymbol{X}_i^{(k)} - \bar{\boldsymbol{X}}_k)'$$
$$\bar{\boldsymbol{X}}_k = \frac{1}{n_k}\sum_{i=1}^{n_k}\boldsymbol{X}_i^{(k)}, \quad k = 1, 2, \cdots, r$$
$$\boldsymbol{L} = \sum_{k=1}^{r}\boldsymbol{L}_i$$

当 r，p，n 不大且 $n_1 = n_2 = \cdots = n_r = n_0$ 时，本书附表中列出了 M 的上 α 分位点；当 r，p，n 较大且 $\{n_i\}$ 互不相等时，该表中未列出对应的临界值，此时可用 F 分布去近似，M 近似于 $bF(f_1, f_2)$，记作

$$M \approx bF(f_1, f_2) \tag{2.22}$$

其中

$$f_1 = \frac{p(p+1)(r-1)}{2}, \quad f_2 = \frac{f_1+2}{d_2 - d_1^2}, \quad b = \frac{f_1}{1 - d_1 - \frac{f_1}{f_2}}$$

$$d_1 = \begin{cases} \dfrac{2p^2+3p-1}{6(p+1)(r-1)}\left(\displaystyle\sum_{i=1}^{r}\frac{1}{n_i-1} - \frac{1}{n-r}\right), & \text{至少有一对 } n_i \neq n_j \\ \dfrac{(2p^2+3p-1)(r+1)}{6(p+1)(n-r)}, & n_1 = n_2 = \cdots = n_r \end{cases}$$

$$d_2 = \begin{cases} \dfrac{(p-1)(p+2)}{6(r-1)}\left[\displaystyle\sum_{i=1}^{r}\frac{1}{(n_i-1)^2} - \frac{1}{(n-r)^2}\right], & \text{至少有一对 } n_i \neq n_j \\ \dfrac{(p-1)(p+2)(r^2+r+1)}{6(n-r)^2}, & n_1 = n_2 = \cdots = n_r \end{cases}$$

关于协方差阵检验的具体例子可参见参考文献［4］。具体 R 代码如下：

```
mcov.test = function(x, group){
x <- as.matrix(x)
p <- ncol(x)
n <- nrow(x)
group.index <- unique(group)
r<- length(group.index)
ni <- as.vector(table(group))
Li <- array(dim = c(p,p, r))
for (i in 1:r)Li[ , , i] <- (ni[i] - 1) * cov(x[group = = i,])
L <- apply(Li,1:2,sum)
nrL <- (n - r) * log( det(L/(n - r)) )
niL <- 0
for(k in 1:r){
niL <- niL + (ni[k] - 1) * log(det( Li[ , , k]/(ni[k] - 1) ))
}
M <- nrL - niL
if(length(unique(ni)) = = 1){
d1 <- (2 * p^2 + 3 * p - 1) * (r + 1) / (6 * (p + 1) * (n - r))
d2 <- (p - 1) * (p + 2) * (r^2 + r + 1)/ (6 * (n - r)^2)
}else{
d1 <- (2 * p^2 + 3 * p - 1)/ (6 * (p + 1) * (r - 1)) * (sum(1/(ni - 1)) - 1/(n - r))
d2 <- (p - 1) * (p + 2)/ (6 * (r - 1)) * (sum(1/(ni - 1)^2) - 1/(n - r)^2)
}
f1 <- p * (p + 1) * (r - 1) / 2
f2 <- (f1 + 2) / (d2 - d1 ^ 2)
b<- f1 / (1 - d1 - f1 / f2)
MDb <- M / b
pvalue = 1 - pf(MDb, df1 = f1, df2 = f2)
return(list(M = M, df1 = f1, df2 = f2, p.value = pvalue))
}
```

2.3 有关检验的上机实现

鸢尾花为法国的国花，Setosa，Versicolor，Virginica 是三种有名的鸢尾花，其萼片是绚丽多彩的，和向上的花瓣不同，花萼是下垂的。数据给出 150 朵鸢尾花的萼片长 (Sepal. length)、萼片宽 (Sepal. width)、花瓣长 (Petal. length)、花瓣宽 (Petal. width)

以及这些花分别属于的种类（Species）共五个变量。萼片和花瓣的长宽为四个定量变量，种类为分类变量（取三个值：Setosa，Versicolor，Virginica）。这里三种鸢尾花各有 50 个观测值。

```
> data(iris)# 加载数据
> head(iris)# 查看数据的前 6 行
  Sepal.Length Sepal.Width Petal.Length Petal.Width Species
1          5.1         3.5          1.4         0.2  setosa
2          4.9         3.0          1.4         0.2  setosa
3          4.7         3.2          1.3         0.2  setosa
4          4.6         3.1          1.5         0.2  setosa
5          5.0         3.6          1.4         0.2  setosa
6          5.4         3.9          1.7         0.4  setosa
> # summary(iris)# 数据摘要
> x <- iris[, 1:4]
> group <- as.numeric(iris$Species)
```

我们对三组数据进行多元正态分布检验。首先加载 R 包 energy，如果没有安装，可以使用 install.packages("energy") 安装。energy::mvnorm.test 中间两个冒号表示使用 energy 包中函数 mvnorm.test。从输入的结果来看，在显著性水平 0.05 下，组 1 的数据不是来自多元正态分布，因为其 p 值为 0.025 13，小于 0.05。

```
> library(energy)# 加载包
>energy::mvnorm.test(x[group==1,1:4], R = 199)
Energy test of multivariate normality: estimated parameters
data:x, sample size 50, dimension 4, replicates 199
E-statistic = 1.2034, p-value = 0.02513
>energy::mvnorm.test(x[group==2,1:4], R = 199)
Energy test of multivariate normality: estimated parameters
data:x, sample size 50, dimension 4, replicates 199
E-statistic = 1.084, p-value = 0.1608
>energy::mvnorm.test(x[group==3,1:4], R = 199)
Energy test of multivariate normality: estimated parameters
data:x, sample size 50, dimension 4, replicates 199
E-statistic = 1.0219, p-value = 0.3618
```

下面检验组 2 和组 3 的协方差矩阵是否相等。数据首先去掉第 1 组的样本点。输出结果显示 p 值为 0.000 123 967 7，在显著性水平 0.05 下，拒绝原假设，从而组 2 和组 3 的协方差矩阵不相等。

```
> index1 <- which(group == 1)
>dat_new <- iris[-index1 , ]
>group_new <- as.numeric(dat_new[, 5]) -1
>mcov.test(x = dat_new[, 1:4], group = group_new)
$M
[1] 36.64452
$df1
[1] 10
$df2
[1] 45915.54
$p.value
[1] 0.0001239677
```

由于协方差矩阵不相等，我们使用 hotelT2.dif 函数检验组 2 和组 3 的均值是否相等。首先使用 which 函数整理得到两组数据 xx 和 yy，然后使用 apply 函数输出两组均值，最后检验 xx 和 yy 的均值是否相等。两组的 Pepal. Width 和 Petal. Length 均值相差不大，但其他两个变量的均值相差比较大。检验的 p 值是 0，说明这两组的均值不相等。

```
> index1_new <- which(group_new == 1)
> xx <- dat_new[index1_new, 1:4]
> index2_new <- which(group_new == 2)
>yy <- dat_new[index2_new, 1:4]
>apply(xx, 2, mean)
Sepal.Length  Sepal.Width Petal.Length  Petal.Width
       5.936        2.770        4.260        1.326
>apply(yy, 2, mean)
Sepal.Length  Sepal.Width Petal.Length  Petal.Width
       6.588        2.974        5.552        2.026
>hotelT2.dif(x = xx, y = yy)
$T2adj
[1]86.04038
$p.value
[1] 0
```

参考文献

[1] 张尧庭，方开泰. 多元统计分析引论. 北京：科学出版社，1982.

[2] 王国梁，何晓群. 多变量经济数据统计分析. 西安：陕西科学技术出版社，1993.

[3] 方开泰. 实用多元统计分析. 上海：华东师范大学出版社，1989.

[4] 袁志发，宋世德. 多元统计分析. 第 2 版. 北京：科学出版社，2009.

[5] M. S. Srivastava，E. M. Carter. 应用之多变量统计学. 北京：世界图书出版公司，1989.

[6] James H. Bray，Scott E. Maxwell. Multivariate Analysis of Variance. Beverly Hills：Sage Publications，1985.

[7] Krishnamoorthy，K.，Yu，J. Modified Nel and Van der Merwe Test for the Multivariate Behrens-Fisher Problem. Statistics & Probability Letters，2004，66 (2)：161-169.

[8] Johnson，R. A.，Wichern，D. W. Applied Multivariate Statistical Analysis. Upper Saddle River，NJ：Prentice hall，2008.

思考与练习

1. 试举出两个可以运用多元均值检验的实际问题。

2. 试谈 Wilks 统计量在多元方差分析中的重要意义。

3. 现选取内蒙古、广西、贵州、云南、西藏、宁夏、新疆、甘肃和青海 9 个内陆边远省区。选取人均 GDP、第三产业比重、人均消费支出、人口自然增长率及文盲半文盲人口占 15 岁以上人口的比例 5 项能够较好地说明各地区社会经济发展水平的指标，验证边远及少数民族聚居区的社会经济发展水平与全国平均水平有无显著差异。

边远及少数民族聚居区社会经济发展水平的指标数据

地区	人均 GDP (元)	第三产业比重 (%)	人均消费支出 (元)	人口自然增长率 (‰)	文盲半文盲人口占比 (%)
内蒙古	5 068	31.1	2 141	8.23	15.83
广西	4 076	34.2	2 040	9.01	13.32
贵州	2 342	29.8	1 551	14.26	28.98
云南	4 355	31.1	2 059	12.10	25.48
西藏	3 716	43.5	1 551	15.90	57.97
宁夏	4 270	37.3	1 947	13.08	25.56
新疆	6 229	35.4	2 745	12.81	11.44
甘肃	3 456	32.8	1 612	10.04	28.65
青海	4 367	40.9	2 047	14.48	42.92

资料来源：国家统计局. 中国统计年鉴：1998. 北京，中国统计出版社，1998.

5 项指标的全国平均水平为：

$$\boldsymbol{\mu}_0 = (6\,212.01, 32.87, 2\,972, 9.5, 15.78)'$$

4. 试针对某一实际问题具体运用多元方差分析方法。

第 3 章 聚类分析

Chapter 3

学习目标

1. 了解适合用聚类分析解决的问题；
2. 理解对象之间的相似性是如何测量的；
3. 区别不同的距离；
4. 区分不同的聚类方法及其相应的应用；
5. 理解如何选择类的个数；
6. 简述聚类分析的局限。

人们往往会碰到通过划分同种属性的对象很好地解决问题的情形而不论这些对象是个体、公司、产品甚至行为。如果没有一种客观的方法，基于在总体内区分群体的战略选择比如市场细分将不可能。其他领域如从自然科学领域（比如为多种动物群体——昆虫、哺乳动物和爬行动物——的区分建立生物分类学）到社会科学领域（比如分析不同精神病的特征），也会遇到类似的问题。所有情况下，研究者都在基于一个多维剖面的观测中寻找某种“自然”结构。

对此最常用的技巧是聚类分析。聚类分析将个体或对象分类，使得同一类的对象之间的相似性比与其他类的对象的相似性更强。其目的在于使类内对象的同质性最大化和类与类间对象的异质性最大化。本章将介绍聚类分析的性质和目的，并且引导研究者使用各种聚类分析方法。

3.1 聚类分析的基本思想

3.1.1 导言

在古老的分类学中，人们主要靠经验和专业知识，很少利用统计学方法。随着生产技术和科学的发展，分类越来越细，有时仅凭经验和专业知识不能进行确切分类，于是统计这个有用的工具逐渐引入分类学，形成了数值分类学。近年来，数理统计的多元分析方法有了迅速的发展，多元分析的技术被引入分类学中，于是从数值分类学中逐渐分离出聚类分析这个新的分支。

我们认为，所研究的样品或指标（变量）之间存在程度不同的相似性（亲疏关系），于是根据一批样品的多个观测指标，具体找出一些能够度量样品或指标之间相似程度的统计量，以这些统计量作为划分类型的依据，把一些相似程度较大的样品（或指标）聚合为一类，把另外一些彼此之间相似程度较大的样品（或指标）聚合为另外一类……关系密切的聚合到一个小的分类单位，关系疏远的聚合到一个大的分类单位，直到把所有的样品（或指标）都聚合完毕，把不同的类型一一划分出来，形成一个由小到大的分类系统，最后把整个分类系统画成一张分群图（又称谱系图），用它把所有的样品（或指标）间的亲疏关系表示出来。

在社会、经济、人口研究中，存在着大量分类研究、构造分类模式的问题。例如在经济研究中，为了研究不同地区城镇居民的收入及消费状况，往往需要划分不同的类型去研究；在人口研究中，需要构造人口生育分类模式、人口死亡分类函数，以此来研究人口的生育和死亡规律。过去，人们主要靠经验和专业知识做定性分类处理，导致许多分类带有主观性和任意性，不能很好地揭示客观事物内在的本质差别和联系，特别是对于多因素、多指标的分类问题，定性分类更难以实现准确分类。

聚类分析不仅可以用来对样品进行分类，而且可以用来对变量进行分类。对样品的分类常称为 Q 型聚类分析，对变量的分类常称为 R 型聚类分析。与多元分析的其他方法相比，聚类分析的方法还是比较粗糙的，理论上也不算完善，但由于它能解决许多实际问题，所以很受实际研究者重视，同回归分析、判别分析一起称为多元分析的三大方法。

3.1.2 聚类的目的

在一些社会、经济问题中，我们面临的往往是比较复杂的研究对象，如果能把相似的样品（或指标）归成类，处理起来就大为方便，如前所述，聚类分析的目的就是把相似的研究对象归成类。首先来看一个简单的例子。

【例 3-1】本例收集了 2015 年北上广和江浙地区批发零售、交通运输、住宿餐饮、金融、房地产、水利环境这 6 个服务业的就业人员年平均工资数据（数据来源于 2016 年

《中国劳动统计年鉴》)，如表 3－1 所示。依据这 6 个主要服务行业就业人员的平均工资、单位所属地区和单位类型进行分类，以分析我国经济发达地区（北上广、江浙地区）的城镇服务业单位就业人员的平均工资水平。

表 3－1　2015 年城镇服务业单位就业人员的年平均工资

X_1　批发和零售业（元/人）
X_2　交通运输、仓储和邮政业（元/人）
X_3　住宿和餐饮业（元/人）
X_4　金融业（元/人）
X_5　房地产业（元/人）
X_6　水利、环境和公共设施管理业（元/人）
X_7　单位所属地区
X_8　单位类型

序号	X_1	X_2	X_3	X_4	X_5	X_6	X_7	X_8
1	53 918	31 444	47 300	38 959	47 123	35 375	北京	集体
2	61 149	39 936	45 063	116 756	48 572	47 389	上海	集体
3	34 046	47 754	39 653	111 004	46 593	37 562	江苏	集体
4	50 269	51 772	39 072	125 483	56 055	43 525	浙江	集体
5	27 341	43 153	40 554	79 899	44 936	42 788	广东	集体
6	129 199	90 183	59 309	224 305	80 317	74 290	北京	国有
7	89 668	100 042	64 674	208 343	88 977	77 464	上海	国有
8	69 904	72 784	45 581	105 894	65 904	59 963	江苏	国有
9	108 473	86 648	51 239	163 834	69 972	56 899	浙江	国有
10	63 247	76 359	52 359	138 830	54 179	47 487	广东	国有
11	93 769	80 563	50 984	248 919	87 522	73 048	北京	其他
12	118 433	99 719	52 295	208 705	82 743	73 241	上海	其他
13	63 340	65 300	42 071	126 708	67 070	50 145	江苏	其他
14	61 801	71 794	41 879	125 875	66 284	52 655	浙江	其他
15	62 271	80 955	43 174	145 913	68 469	52 324	广东	其他

例 3－1 中的 8 个指标，前 6 个是定量的，后 2 个是定性的。如果分得更细一些，指标的类型有三种尺度。

(1) 间隔尺度。变量用连续的量来表示，如各种奖金、各种津贴等。

(2) 有序尺度。指标用有序的等级来表示，如文化程度分为文盲、小学、中学、中学以上等，有次序关系，但没有数量表示。

(3) 名义尺度。指标用一些类来表示，这些类之间既没有等级关系，也没有数量关系，如例 3－1 中的单位所属地区和单位类型都是名义尺度指标。

不同类型的指标，在聚类分析中，处理的方式是大不一样的。总的来说，处理间隔尺度指标的方法较多，另两种尺度的变量的处理方法不多。

聚类分析根据实际需要有两个方向：一是对样品（如例 3－1 中不同地区不同类型的服务业单位）聚类；一是对指标聚类。第一个重要的问题是“什么是类”。简单地讲，相似样品（或指标）的集合称为类。由于经济问题的复杂性，要给类下一个严格的定义是困难的，在 3.3 节中，我们将给出一些待探讨的定义。

将例 3－1 抽象化，就得到如表 3－2 所示的数据矩阵，其中 x_{ij} 表示第 i 个样品的第 j 个指标的值。我们的目的是从这些数据出发，将样品（或指标）进行分类。

表 3－2 数据矩阵

No.	$\boldsymbol{x}_1$	$\boldsymbol{x}_2$	…	$\boldsymbol{x}_p$
1	x_{11}	x_{12}	…	x_{1p}
2	x_{21}	x_{22}	…	x_{2p}
⋮	⋮	⋮		⋮
n	x_{n1}	x_{n2}	…	x_{np}

聚类分析提供了丰富多样的分类方法，这些方法大致可归纳为：

(1) 系统聚类法。首先，将 n 个样品看成 n 类（一类包含一个样品），然后将性质最接近的两类合并成一个新类，得到 $n-1$ 类，再从中找出最接近的两类加以合并，变成 $n-2$ 类，如此下去，最后所有的样品均在一类，将上述并类过程画成一张图（称为聚类图）便可决定分多少类，每类各有哪些样品。

(2) 模糊聚类法。将模糊数学的思想观点用到聚类分析中产生的方法。该方法多用于定性变量的分类。

(3) K-均值法。K-均值法是一种非谱系聚类法，它是把样品聚集成 k 个类的集合。类的个数 k 可以预先给定或者在聚类过程中确定。该方法可应用于比系统聚类法适用的大得多的数据组。

(4) 有序样品的聚类。n 个样品按某种原因（时间、地层深度等）排成次序，必须是次序相邻的样品才能聚成一类。

(5) 分解法。它的程序正好和系统聚类法相反，首先所有的样品均在一类，然后用某种最优准则将它分为两类，再试图用同种准则将这两类各自分裂为两类，从中选一个使目标函数较好者，这样由两类变成三类，如此下去，一直分裂到每类只有一个样品为止（或采用其他停止规则），将上述分裂过程画成图，由图便可求得各个类。

(6) 加入法。将样品依次加入，每次加入后将它放到当前聚类图的应在位置上，全部加入后，即可得到聚类图。

本书将重点介绍系统聚类法和 K-均值法。对其他方法有兴趣的读者可参阅参考文献 [1] ～ [5]。

3.2 相似性度量

从一组复杂数据产生一个相当简单的类结构，必然要求进行相关性或相似性度量。在相似性度量的选择中，常常包含许多主观上的考虑，但最重要的考虑是指标性质（包括离散的、连续的）或观测的尺度（名义的、有序的、间隔的）以及有关的知识。

当对样品进行聚类时，“靠近”往往用某种距离来刻画。当对指标聚类时，根据相关系数或某种关联性度量来聚类。

在表 3－2 中，每个样品有 p 个指标，故每个样品可以看成 p 维空间中的一个点，n

个样品就组成p维空间中的n个点，此时自然想用距离来度量样品之间的接近程度。

用x_{ij}表示第i个样品的第j个指标，数据矩阵如表3-2所示，第j个指标的均值和标准差记作$\bar{x}_j$和S_j。用d_{ij}表示第i个样品与第j个样品之间的距离，作为距离当然满足1.2节中的四条公理。

最常见、最直观的距离是：

$$d_{ij}(1)=\sum_{k=1}^{p}|x_{ik}-x_{jk}| \tag{3.1}$$

$$d_{ij}(2)=\left[\sum_{k=1}^{p}(x_{ik}-x_{jk})^2\right]^{1/2} \tag{3.2}$$

前者称为绝对值距离，后者称为欧氏距离，这两个距离统一成

$$d_{ij}(q)=\left[\sum_{k=1}^{p}|x_{ik}-x_{jk}|^q\right]^{1/q} \tag{3.3}$$

它称为明考斯基（Minkowski）距离。当$q=1$和$q=2$时就是上述两个距离，当q趋于无穷时

$$d_{ij}(\infty)=\max_{1\leqslant k\leqslant p}|x_{ik}-x_{jk}| \tag{3.4}$$

称为切比雪夫距离。

可以验证，$d_{ij}(q)$满足距离的四条公理。

$d_{ij}(q)$在实际中应用广泛，但是有一些缺点，例如距离的大小与各指标的观测单位有关，具有一定的人为性；另外，它没有考虑指标之间的相关性。通常的改进办法有下面两种：

（1）当各指标的测量值相差较大时，先将数据标准化，然后用标准化后的数据计算距离。

令$\bar{X}_j$，R_j和S_j分别表示第j个指标的样本均值、样本极差和样本标准差，即

$$\bar{X}_j=\frac{1}{n}\sum_{i=1}^{n}x_{ij}$$

$$R_j=\max_{1\leqslant i\leqslant n}\{x_{ij}\}-\min_{1\leqslant i\leqslant n}\{x_{ij}\}$$

$$S_j=\left[\frac{1}{n-1}\sum_{i=1}^{n}(x_{ij}-\bar{X}_j)^2\right]^{1/2}$$

则标准化后的数据为：

$$x'_{ij}=\frac{x_{ij}-\bar{X}_j}{S_j}$$

或　$$x^*_{ij}=\frac{x_{ij}-\bar{X}_j}{S_j},\quad i=1,2,\cdots,n;\ j=1,2,\cdots,p$$

当$x_{ij}>0$（$i=1,2,\cdots,n$；$j=1,2,\cdots,p$）时，有人采用

$$d_{ij}(LW)=\frac{1}{p}\sum_{k=1}^{p}\frac{|x_{ik}-x_{jk}|}{x_{ik}+x_{jk}} \tag{3.5}$$

它最早是由兰斯（Lance）和威廉姆斯（Williams）提出的，称为兰氏距离。这个距离有助于克服 $d_{ij}(q)$ 的第一个缺点，但没有考虑指标间的相关性。

（2）一种改进的距离就是前面讨论过的马氏距离。

$$d_{ij}^2(M)=(\boldsymbol{x}_{(i)}-\boldsymbol{x}_{(j)})'\boldsymbol{\Sigma}^{-1}(\boldsymbol{x}_{(i)}-\boldsymbol{x}_{(j)}) \tag{3.6}$$

式中，$\boldsymbol{x}_{(i)}$ 为数据矩阵行向量的转置；$\boldsymbol{\Sigma}$ 为数据矩阵的协方差阵。可以证明，它对一切线性变换是不变的，故不受指标量纲的影响。它对指标的相关性也做了考虑，我们仅用一个例子来说明。

【例 3-2】 已知一个二维正态总体 G 的分布为：

$$N_2\left(\begin{pmatrix}0\\0\end{pmatrix},\begin{pmatrix}1 & 0.9\\0.9 & 1\end{pmatrix}\right)$$

求点 $\boldsymbol{A}=\begin{bmatrix}1\\1\end{bmatrix}$ 和点 $\boldsymbol{B}=\begin{bmatrix}1\\-1\end{bmatrix}$ 至均值 $\boldsymbol{\mu}=\begin{bmatrix}0\\0\end{bmatrix}$ 的距离。

由假设可算得

$$\boldsymbol{\Sigma}^{-1}=\frac{1}{0.19}\begin{bmatrix}1 & -0.9\\-0.9 & 1\end{bmatrix}$$

从而

$$d_{A\mu}^2(M)=(1,1)\boldsymbol{\Sigma}^{-1}\begin{bmatrix}1\\1\end{bmatrix}=0.2/0.19$$

$$d_{B\mu}^2(M)=(1,-1)\boldsymbol{\Sigma}^{-1}\begin{bmatrix}1\\-1\end{bmatrix}=3.8/0.19$$

如果用欧氏距离，则有

$$d_{A\mu}^2(2)=2,\quad d_{B\mu}^2(2)=2$$

两者相等，但按马氏距离两者差 18 倍之多。由第 1 章讨论我们知道，本例的分布密度是

$$f(y_1,y_2)=\frac{1}{2\pi\sqrt{0.19}}\exp\left\{-\frac{1}{0.38}[y_1^2-1.8y_1y_2+y_2^2]\right\}$$

A 和 **B** 两点的密度分别是

$$f(1,1)=0.215\,7 \text{ 和 } f(1,-1)=0.000\,016\,58$$

说明前者应当离均值近，后者离均值远，马氏距离正确地反映了这一情况，欧氏距离则不然。这个例子告诉我们，正确地选择距离是非常重要的。

但是，在聚类分析之前，我们对研究对象有多少个不同类型的情况一无所知，马氏距离公式中的 $\boldsymbol{\Sigma}$ 如何计算呢？如果用全部数据计算的均值和协方差阵来计算马氏距离，效果

也不是很理想，因此，通常人们还是喜欢应用欧氏距离聚类。

以上几种距离均适用于间隔尺度变量，如果指标是有序尺度或名义尺度的，也有一些定义距离的方法。下面通过一个实例来说明定义距离的较灵活的方法。

【例 3-3】欧洲各国的语言有许多相似之处。为了研究这些语言的历史关系，也许通过比较它们数字的表达比较恰当。表 3-3 列举了英语、挪威语、丹麦语、荷兰语、德语、法语、西班牙语、意大利语、波兰语、匈牙利语和芬兰语中 1，2，…，10 的拼法，希望计算这 11 种语言之间的距离。

表 3-3　11 种欧洲语言的数词

英语 (English)	挪威语 (Norwegian)	丹麦语 (Danish)	荷兰语 (Dutch)	德语 (German)	法语 (French)
one	en	en	een	eins	un
two	to	to	twee	zwei	deux
three	tre	tre	drie	drei	trois
four	fire	fire	vier	vier	quatre
five	fem	fem	vijf	fünf	cinq
six	seks	seks	zes	sechs	six
seven	sju	syv	zeven	sieben	sept
eight	tte	otte	acht	acht	huit
nine	ni	ni	negen	neun	neuf
ten	ti	ti	tien	zehn	dix

西班牙语 (Spanish)	意大利语 (Italian)	波兰语 (Polish)	匈牙利语 (Hungarian)	芬兰语 (Finnish)
uno	uno	jeden	egy	yksi
dos	due	dwa	kettö	kaksi
tres	tre	trzy	három	kolme
cuatro	quattro	cztery	négy	neljä
cinco	cinque	pieć	öt	viisi
seis	sei	sześć	hat	kuusi
siete	sette	siedem	hét	seitseman
ocho	otto	osiem	nyolc	kahdeksan
nueve	nove	dziewieć	kilenc	yhdeksan
diez	dieci	dziesieć	tíz	kymmenen

显然，此例无法直接用上述公式来计算距离。仔细观察表 3-3 发现前三种语言（英、挪、丹）很相似，尤其是每个单词的第一个字母，于是产生一种定义距离的办法：用两种语言的 10 个数词中的第一个字母不相同的个数来定义两种语言之间的距离，例如英语和挪威语中只有 1 和 8 的第一个字母不同，故它们之间的距离为 2。11 种语言两两之间的距离如表 3-4 所示。

表 3-4　11 种欧洲语之间的距离

	E	N	Da	Du	G	Fr	Sp	I	P	H	Fi
E	0										
N	2	0									
Da	2	1	0								
Du	7	5	6	0							
G	6	4	5	5	0						
Fr	6	6	6	9	7	0					
Sp	6	6	5	9	7	2	0				
I	6	6	5	9	7	1	1	0			
P	7	7	6	10	8	5	3	4	0		
H	9	8	8	8	9	10	10	10	10	0	
Fi	9	9	9	9	9	9	9	9	9	8	0

当 p 个指标都是名义尺度时，例如 $p=5$，有两个样品的取值为：

$$\boldsymbol{X}_1=(V, Q, S, T, K)'$$
$$\boldsymbol{X}_2=(V, M, S, F, K)'$$

这两个样品的第一个指标都取 V，称为配合的；第二个指标一个取 Q，另一个取 M，称为不配合的。记配合的指标数为 m_1，不配合的指标数为 m_2，定义它们之间的距离为：

$$d_{12}=\frac{m_2}{m_1+m_2} \tag{3.7}$$

在聚类分析中不仅需要将样品分类，而且需要将指标分类。在指标之间也可以定义距离，更常用的是相似系数，用 C_{ij} 表示指标 i 和指标 j 之间的相似系数。C_{ij} 的绝对值越接近 1，表示指标 i 和指标 j 的关系越密切；C_{ij} 的绝对值越接近 0，表示指标 i 和指标 j 的关系越疏远。对于间隔尺度，常用的相似系数有夹角余弦和相关系数。

(1) 夹角余弦。这是受相似形的启发而来。图 3-1 中的曲线 AB 和 CD 尽管长度不一，但形状相似。当长度不是主要矛盾时，应定义一种相似系数使 AB 和 CD 呈现出比较密切的关系，夹角余弦适合这一要求。它的定义是：

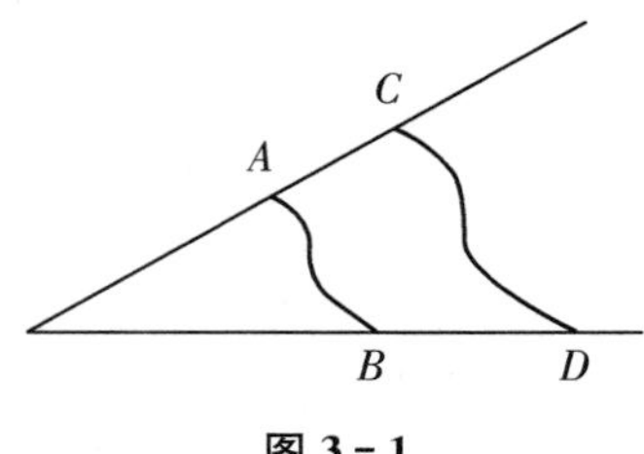

图 3-1

$$C_{ij}(1)=\frac{\sum_{k=1}^{n}x_{ki}x_{kj}}{\left[\left(\sum_{k=1}^{n}x_{ki}^{2}\right)\left(\sum_{k=1}^{n}x_{kj}^{2}\right)\right]^{1/2}} \tag{3.8}$$

它是指标向量（x_{1i}，x_{2i}，…，x_{ni}）和（x_{1j}，x_{2j}，…，x_{nj}）之间的夹角余弦。

（2）相关系数。这是大家最熟悉的统计量，它是将数据标准化后的夹角余弦。相关系数常用 r_{ij} 表示，为了和其他相似系数记号统一，这里记为$C_{ij}(2)$。它的定义是：

$$C_{ij}(2)=\frac{\sum_{k=1}^{n}(x_{ki}-\overline{X}_i)(x_{kj}-\overline{X}_j)}{\left[\sum_{k=1}^{n}(x_{ki}-\overline{X}_i)^2\sum_{k=1}^{n}(x_{kj}-\overline{X}_j)^2\right]^{1/2}} \tag{3.9}$$

名义尺度指标之间也可以定义相似系数，本书不做介绍，详见参考文献［6］、［7］。

有时也可用距离来描述指标之间的接近程度。实际上，距离和相似系数之间可以互相转化。若 d_{ij} 为一个距离，则 $C_{ij}=1/(1+d_{ij})$ 为相似系数。若 C_{ij} 为相似系数且非负，则 $d_{ij}=1-C_{ij}^2$ 可以看成距离（不一定符合距离的定义），或把 $d_{ij}=[2(1-C_{ij})]^{1/2}$ 看成距离。

如果指标均为仅有两个取值的名义尺度指标，也可定义相关系数，参见参考文献［8］。

3.3　类和类的特征

我们的目的是聚类，那么什么叫作类呢？由于客观事物千差万别，在不同的问题中类的含义是不尽相同的，因此企图给类下一个严格的定义，绝非一件容易的事情。下面给出类的几个定义，不同的定义适用于不同的场合。

用 G 表示类，设 G 中有 k 个元素，这些元素用 i，j 等表示。

定义 3.1　T 为一给定的阈值，如果对任意的 i，$j\in G$，有 $d_{ij}\leqslant T$（d_{ij} 为 i 和 j 的距离），则称 G 为一个类。

定义 3.2　对阈值 T，如果对每个 $i\in G$，有

$$\frac{1}{k-1}\sum_{j\in G}d_{ij}\leqslant T \tag{3.10}$$

则称 G 为一个类。

定义 3.3　对阈值 T，V，如果

$$\frac{1}{k(k-1)}\sum_{i\in G}\sum_{j\in G}d_{ij}\leqslant T \tag{3.11}$$

$d_{ij}\leqslant V$，对一切 i，$j\in G$，则称 G 为一个类。

定义 3.4　对阈值 T，若对任意一个 $i\in G$，一定存在 $j\in G$，使得 $d_{ij}\leqslant T$，则称 G 为

一个类。

易见，定义 3.1 的要求是最高的，凡符合它的类，一定也是符合后三种定义的类。此外，凡符合定义 3.2 的类，也一定是符合定义 3.3 的类。

现在类 G 的元素用 $\boldsymbol{x}_1$，$\boldsymbol{x}_2$，…，$\boldsymbol{x}_m$ 表示，m 为 G 内的样品数（或指标数），可以从不同的角度来刻画 G 的特征。常用的特征有下面三种。

（1）均值 $\bar{\boldsymbol{x}}_G$（或称为 G 的重心）：

$$\bar{\boldsymbol{x}}_G = \frac{1}{m}\sum_{i=1}^{m}\boldsymbol{x}_i$$

（2）样本离差阵及协方差阵：

$$\boldsymbol{L}_G = \sum_{i=1}^{m}(\boldsymbol{x}_i - \bar{\boldsymbol{x}}_G)(\boldsymbol{x}_i - \bar{\boldsymbol{x}}_G)'$$

$$\boldsymbol{\Sigma}_G = \frac{1}{n-1}\boldsymbol{L}_G$$

（3）G 的直径。它有多种定义，例如

(a) $D_G = \sum_{i=1}^{m}(\boldsymbol{x}_i - \bar{\boldsymbol{x}}_G)'(\boldsymbol{x}_i - \bar{\boldsymbol{x}}_G) = \mathrm{tr}(\boldsymbol{L}_G)$

(b) $D_G = \max_{i,j\in G} d_{ij}$

在聚类分析中，不仅要考虑各个类的特征，而且要计算类与类之间的距离。由于类的形状是多种多样的，所以类与类之间的距离也有多种计算方法。令 G_p 和 G_q 中分别有 k 个和 m 个样品，它们的重心分别为 $\bar{\boldsymbol{x}}_p$ 和 $\bar{\boldsymbol{x}}_q$，它们之间的距离用 $D(p, q)$ 表示。下面是一些常用的定义。

（1）最短距离法（nearest neighbor 或 single linkage method）。

$$D_k(p,q) = \min\{d_{jl} \mid j \in G_p,\ l \in G_q\} \tag{3.12}$$

它等于类 G_p 与类 G_q 中最邻近的两个样品的距离。该准则下的类间距离如图 3-2 所示。

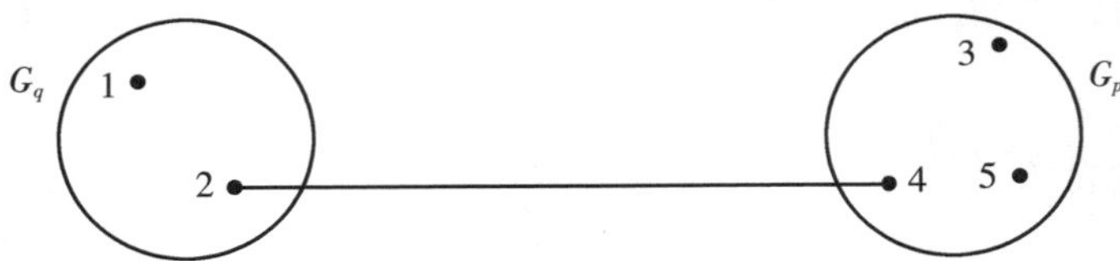

图 3-2 类间距离示意图——类群距离 $D_k(p, q) = d_{24}$

（2）最长距离法（farthest neighbor 或 complete linkage method）。

$$D_s(p,q) = \max\{d_{jl} \mid j \in G_p,\ l \in G_q\} \tag{3.13}$$

它等于类 G_p 与类 G_q 中最远的两个样品的距离。该准则下的类间距离如图 3-3 所示。

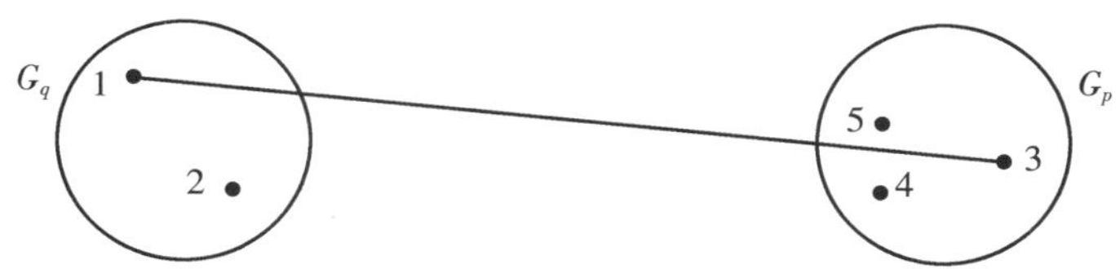

图 3-3　类间距离示意图——类群距离 $D_s(p, q)=d_{13}$

(3) 类平均法 (group average method)。

$$D_G(p,q)=\frac{1}{lk}\sum_{i\in G_p}\sum_{j\in G_q}d_{ij} \tag{3.14}$$

它等于类 G_p 和类 G_q 中任两个样品距离的平均，式中的 l 和 k 分别为类 G_p 和类 G_q 中的样品数。该准则下的类间距离如图 3-4 所示。

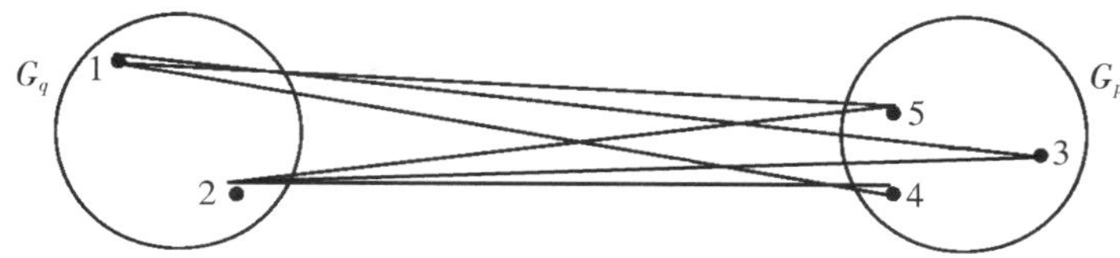

图 3-4　类间距离示意图——类群距离 $D_G(p, q)=\dfrac{d_{13}+d_{14}+d_{15}+d_{23}+d_{24}+d_{25}}{6}$

(4) 重心法 (centroid method)。

$$D_c(p,q)=d_{\bar{x}_p\bar{x}_q} \tag{3.15}$$

它等于两个重心 $\bar{\boldsymbol{x}}_p$ 和 $\bar{\boldsymbol{x}}_q$ 间的距离。

(5) 离差平方和法 (sum of squares method)。若采用直径的第一种定义方法，用 D_p，D_q 分别表示类 G_p 和类 G_q 的直径，用 D_{p+q} 表示大类 D_{p+q} 的直径，则

$$D_p=\sum_{i\in G_p}(\boldsymbol{x}_i-\bar{\boldsymbol{x}}_p)'(\boldsymbol{x}_i-\bar{\boldsymbol{x}}_p)$$

$$D_q=\sum_{j\in G_q}(\boldsymbol{x}_j-\bar{\boldsymbol{x}}_q)'(\boldsymbol{x}_j-\bar{\boldsymbol{x}}_q)$$

$$D_{p+q}=\sum_{j\in G_p\cup G_q}(\boldsymbol{x}_j-\bar{\boldsymbol{x}})'(\boldsymbol{x}_j-\bar{\boldsymbol{x}})$$

式中　$\bar{\boldsymbol{x}}=\dfrac{1}{k+m}\displaystyle\sum_{i\in G_p\cup G_q}\boldsymbol{x}_i$

用离差平方和法定义 G_p 和 G_q 之间的距离平方为：

$$D_w^2(p,q)=D_{p+q}-D_p-D_q \tag{3.16}$$

可以证明这种定义是有意义的。证明参见参考文献 [7]。如果样品间的距离采用欧氏距离，同样可以证明下式成立：

$$D_w^2(p,q) = \frac{km}{k+m} D_c^2(p,q) \tag{3.17}$$

这表明，离差平方和法定义的类间距离 $D_w(p, q)$ 与重心法定义的距离$D_c(p, q)$只差一个常数倍，这个倍数与两类的样品数有关。

3.4 系统聚类法

系统聚类法（hierarchical clustering method）是聚类分析诸方法中使用最多的。它包含下列步骤（见图 3-5）。

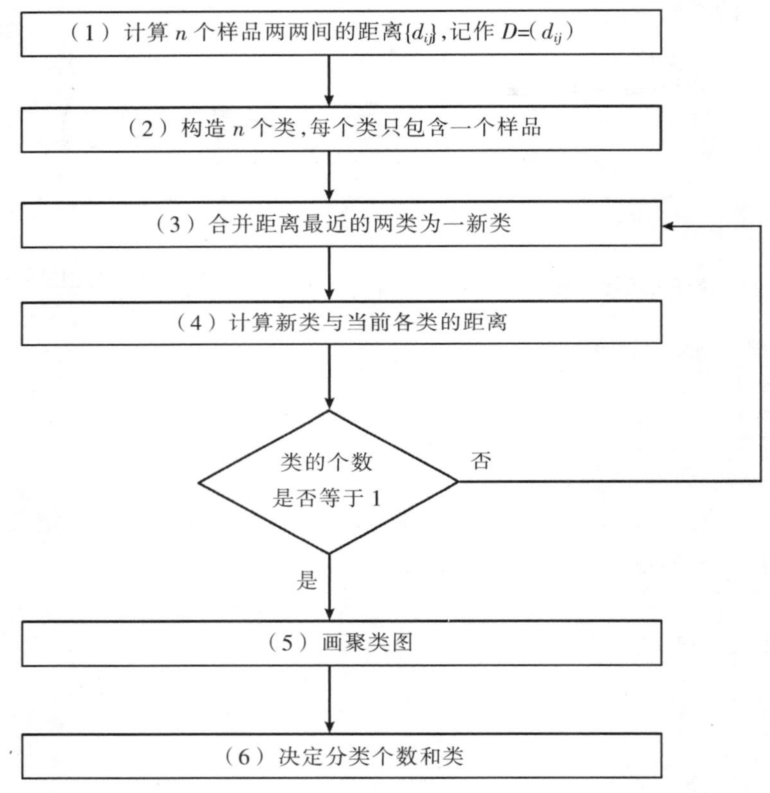

图 3-5　系统聚类法的过程

上节我们曾给出类与类之间的五种距离的定义，每一种定义用到上述系统聚类程序中，就得到一种系统聚类法。我们现在通过一个简单的例子来说明各种系统聚类法。

【例 3-4】 为了研究辽宁、浙江等 5 个省份 2016 年城镇居民消费支出的结构和水平，并根据消费支出的结构和水平对省份进行聚类，现收集这 5 个省份城镇居民在食品、衣着、居住等 8 个方面的人均消费支出数据（数据来源于 2017 年《中国统计年鉴》），具体如表 3-5 所示。

表 3-5　2016 年 5 个省份城镇居民人均消费支出　　单位：元

X_1　食品烟酒支出　　X_2　衣着支出　　X_3　居住支出　　X_4　生活用品及服务支出
X_5　交通通信支出　　X_6　教育文化娱乐支出　　X_7　医疗保健支出　　X_8　其他用品及服务支出

	X_1	X_2	X_3	X_4	X_5	X_6	X_7	X_8
辽宁	6 901.6	2 321.3	4 632.8	1 558.2	3 447.0	3 018.5	2 313.6	802.8
浙江	8 467.3	1 903.9	7 385.4	1 420.7	5 100.9	3 452.3	1 691.9	645.3
河南	5 067.7	1 746.6	3 753.4	1 430.2	1 993.8	2 078.8	1 524.5	492.8
甘肃	5 777.3	1 776.9	3 752.6	1 329.1	2 517.9	2 322.1	1 583.4	479.9
青海	5 975.7	1 963.5	3 809.4	1 322.1	3 064.3	2 352.9	1 750.4	614.9

现将表 3-5 中的每个省份看成一个样品，先计算 5 个省份之间的欧氏距离，用 $\boldsymbol{D}_0$ 表示相应的矩阵（由于矩阵对称，故只写出下三角部分）。

$$\boldsymbol{D}_0=\begin{bmatrix} & 1 & 2 & 3 & 4 & 5 \\ \text{辽宁 } 1 & 0 & & & & \\ \text{浙江 } 2 & 3\,681.88 & 0 & & & \\ \text{河南 } 3 & 2\,863.01 & 6\,030.37 & 0 & & \\ \text{甘肃 } 4 & 2\,091.25 & 5\,333.50 & 923.14 & 0 & \\ \text{青海 } 5 & 1\,631.27 & 4\,936.59 & 1\,474.24 & 650.44 & 0 \end{bmatrix}$$

距离矩阵 $\boldsymbol{D}_0$ 中的各元素数值的大小反映了 5 个省份间消费水平的接近程度。例如青海省和甘肃省之间的欧氏距离最小，为 650.44，反映了这两个省份城镇居民的消费水平最接近。

系统聚类可以用 R 中的 hclust 函数实现。例 3-4 代码如下：

```
rm(list = ls())
ex3.4 <- read.table("表 3-5.txt", head = TRUE, fileEncoding = "utf8")
dat34 <- ex3.4[, -1]
rownames(dat34) <- ex3.4[, 1]
head(dat34)
#计算欧式矩阵
dat34_dist <dist(dat34, method = "euclidean", diag = TRUE, upper = FALSE)
print(dat34_dist, digits = 5)
#图 3-6
dat34_single <- hclust(dat34_dist, method = "single")
plot(dat34_single)
#图 3-7
dat34_complete <- hclust(dat34_dist, method = "complete")
plot(dat34_complete)
#图 3-8
```

```
dat34_centroid <- hclust(dat34_dist, method = "centroid")
plot(dat34_centroid)
# 图 3-9
dat34_average <- hclust(dat34_dist, method = "average")
plot(dat34_average)
# 图 3-10
dat34_ward <- hclust(dat34_dist, method = "ward.D")
plot(dat34_ward)
```

3.4.1　最短距离法和最长距离法

最短距离法是类与类之间的距离采用式（3.12）计算的系统聚类法。

初始例 3-4 有 5 类：$G_1=\{$辽宁1$\}$，$G_2=\{$浙江 2$\}$，$G_3=\{$河南 3$\}$，$G_4=\{$甘肃 4$\}$，$G_5=\{$青海5$\}$，由最短距离法的定义，

$$D_k(i,\ j)=d_{ij},\quad i,\ j=1,\ 2,\ \cdots,\ 5$$

即这 5 类之间的距离等于 5 个样品之间的距离。为了简化记号，下面用 $D(i,\ j)$ 代替 $D_k(i,\ j)$。我们发现 $\boldsymbol{D}_0$ 中最小的元素是 $D(4,\ 5)=650.44$，故将类 G_4 和类 G_5 合并成一个新类 $G_6=\{4,\ 5\}$，然后计算 G_6 与 G_1，G_2，G_3 之间的距离。利用

$$D(6,\ i)=\min\{D(4,\ i),\ D(5,\ i)\},\quad i=1,\ 2,\ 3$$

其最近相邻的距离是：

$$d_{(4,5)1}=\min\{d_{14},\ d_{15}\}=\min\{2\,091.25,\ 1\,631.27\}=1\,631.27$$
$$d_{(4,5)2}=\min\{d_{24},\ d_{25}\}=\min\{5\,333.50,\ 4\,936.59\}=4\,936.59$$
$$d_{(4,5)3}=\min\{d_{34},\ d_{35}\}=\min\{923.14,\ 1\,474.24\}=923.14$$

在距离矩阵 $\boldsymbol{D}_0$ 中消去 4，5 所对应的行和列，并加入 {4，5} 这一新类对应的一行一列，得到新的距离矩阵为：

$$\boldsymbol{D}_1=\begin{bmatrix} & G_1 & G_2 & G_3 & G_6 \\ G_1 & 0 & & & \\ G_2 & 3\,681.88 & 0 & & \\ G_3 & 2\,863.01 & 6\,030.37 & 0 & \\ G_6 & 1\,631.27 & 4\,936.59 & 923.14 & 0 \end{bmatrix}$$

然后，在 $\boldsymbol{D}_1$ 中发现类间最小距离是 $d_{63}=d_{(4,5)3}=923.14$，合并类 {4，5} 和 G_3 得到新类 $G_7=\{3,\ 4,\ 5\}$。再利用

$$D(7,\ i)=\min\{D(3,\ i),\ D(6,\ i)\},\quad i=1,\ 2$$

计算得

$$d_{(3,4,5)1}=\min\{d_{13},\ d_{16}\}=\min\{2\,863.01,\ 1\,631.27\}=1\,631.27$$
$$d_{(3,4,5)2}=\min\{d_{23},\ d_{26}\}=\min\{6\,030.37,\ 4\,936.59\}=4\,936.59$$

故得下一层次聚类的距离矩阵为：

$$\boldsymbol{D}_2=\begin{bmatrix} & G_1 & G_2 & G_7 \\ G_1 & 0 & & \\ G_2 & 3\,681.88 & 0 & \\ G_7 & 1\,631.27 & 4\,936.59 & 0 \end{bmatrix}$$

类间最小距离是 $d_{17}=1\,631.27$，合并类 G_1 和类 G_7 得到新类 $G_8=\{1,\ 3,\ 4,\ 5\}$。此时，我们有两个不同的类 $G_8=\{1,\ 3,\ 4,\ 5\}$ 和 G_2。最后，合并类 G_8 和 G_2 形成一个大的聚类系统，上述合并类的过程所对应的谱系图见图 3－6。

最后，决定类的个数与类。若用类的定义 3.1，分两类较为合适，这时，阈值 $T=10$，这等价于在图 3－6 上距离为 10 处切一刀，得到两类分别为｛甘肃、青海、河南、辽宁｝与｛浙江｝。

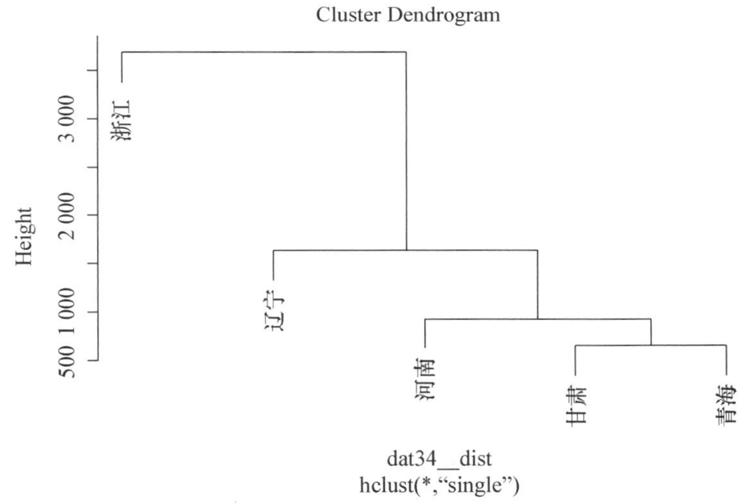

图 3－6　最短距离法的谱系聚类图（欧氏距离）

所谓最长距离法，是类与类之间的距离采用式（3.13）计算的系统聚类法。

上述两种方法中，主要的不同是计算新类与其他类的距离的递推公式不同。设某步将类 G_p 和 G_q 合并为 G_r，则 G_r 与其他类 G_l 的距离为：

$$D_k(r,\ l)=\min\{D_k(p,\ l),\ D_k(q,\ l)\} \tag{3.18}$$

$$D_s(r,\ l)=\max\{D_s(p,\ l),\ D_s(q,\ l)\} \tag{3.19}$$

也就是说，在最长距离法中，选择最大的距离作为新类与其他类之间的距离，然后将类间距离最小的两类进行合并，一直合并到只有一类为止。

最短距离法也可用于对指标的分类，分类时可以用距离，也可以用相似系数。用相似系数时应找最大的元素并类，计算新类与其他类的距离应使用式（3.19）。

最短距离法的主要缺点是它有链接聚合的趋势，因为类与类之间的距离为所有距离中的最短者，两类合并以后，它与其他类的距离缩小了，这样容易形成一个比较大的类，大部分样品都被聚在一类中，在树状聚类图中会看到一个延伸的链状结构，所以最短距离法的聚类效果并不好，实践中不提倡使用。

最长距离法克服了最短距离法链接聚合的缺陷，两类合并以后与其他类的距离是原来两个类中的距离最大者，加大了合并后的类与其他类的距离（见图 3－7）。

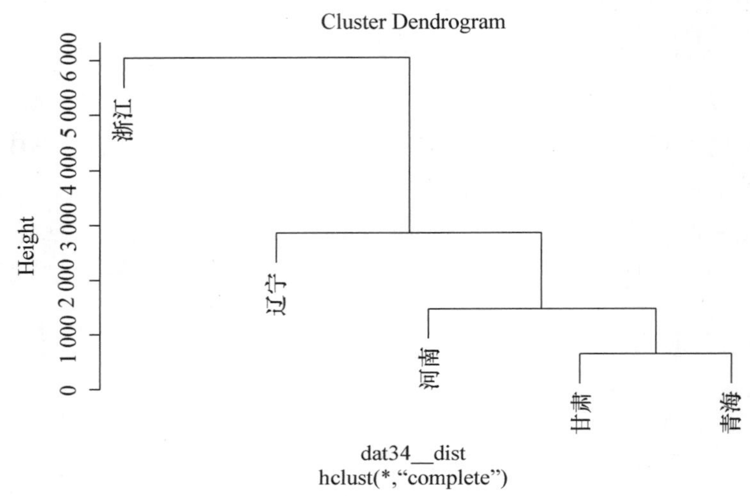

图 3－7　最长距离法的谱系聚类图（欧氏距离）

我们看到，本例中最短距离法与最长距离法得到的结果是相同的。

3.4.2　重心法和类平均法

从物理的观点看，一个类用它的重心（该类样品的均值）做代表比较合理，类与类之间的距离就用重心之间的距离来代表。若样品之间采用欧氏距离，设某一步将类 G_p 与 G_q 合并成 G_r，它们各有 n_p，n_q，n_r（$n_r=n_p+n_q$）个样品，它们的重心用 $\overline{\boldsymbol{X}}_p$，$\overline{\boldsymbol{X}}_q$ 和 $\overline{\boldsymbol{X}}_r$ 表示，显然

$$\overline{\boldsymbol{X}}_r=\frac{1}{n_r}(n_p\overline{\boldsymbol{X}}_p+n_q\overline{\boldsymbol{X}}_q) \tag{3.20}$$

某一类 G_k 的重心为 $\overline{\boldsymbol{X}}_k$，它与新类 G_r 的距离是：

$$D_c^2(k,r)=(\overline{\boldsymbol{X}}_k-\overline{\boldsymbol{X}}_r)'(\overline{\boldsymbol{X}}_k-\overline{\boldsymbol{X}}_r) \tag{3.21}$$

可以证明（参见参考文献［6］），$D_c^2(k,r)$ 是如下的形式：

$$D_c^2(k, r) = \frac{n_p}{n_r} D_c^2(k, p) + \frac{n_q}{n_r} D_c^2(k, q) - \frac{n_p}{n_r} \frac{n_q}{n_r} D_c^2(p, q) \tag{3.22}$$

这就是重心法的距离递推公式。

重心法虽有很好的代表性，但并未充分利用各样本的信息。有学者将两类之间的距离平方定义为这两类元素两两之间的平均平方距离，即

$$D_G^2(k, r) = \frac{1}{n_k n_r} \sum_{i \in G_k} \sum_{j \in G_r} d_{ij}^2 \tag{3.23}$$

如果将 G_p 和 G_q 合并成为 $G_r = \{Gp, Gq\}$，且 $n_r = n_p + n_q$，则 G_r 与其他类 G_k 类距离开方：

$$D_G^2(k, r) = \frac{n_p}{n_r} D_G^2(k, p) + \frac{n_q}{n_r} D_G^2(k, q), k \neq p, q \tag{3.24}$$

这就是类平均法的递推公式。类平均法是聚类效果较好、应用比较广泛的一种聚类方法。

有人认为，类平均法是系统聚类法中比较好的方法之一。

在类平均法的递推公式中没有反映 D_{pq} 的影响，有学者将递推公式改为：

$$D_{kr}^2 = \frac{n_p}{n_r}(1-\beta) D_{kp}^2 + \frac{n_q}{n_r}(1-\beta) D_{kq}^2 + \beta D_{pq}^2 \tag{3.25}$$

式中，$\beta<1$。对应于式（3.25）的聚类法称为可变类平均法。

可变类平均法的分类效果与 β 的选择关系极大，有一定的人为性，因此在实践中使用尚不多。β 如果接近 1，一般分类效果不好，故 β 常取负值。重心法的谱系聚类图如图 3-8 所示。类平均法（组内联结法）的谱系聚类图（欧氏距离）如图 3-9 所示。

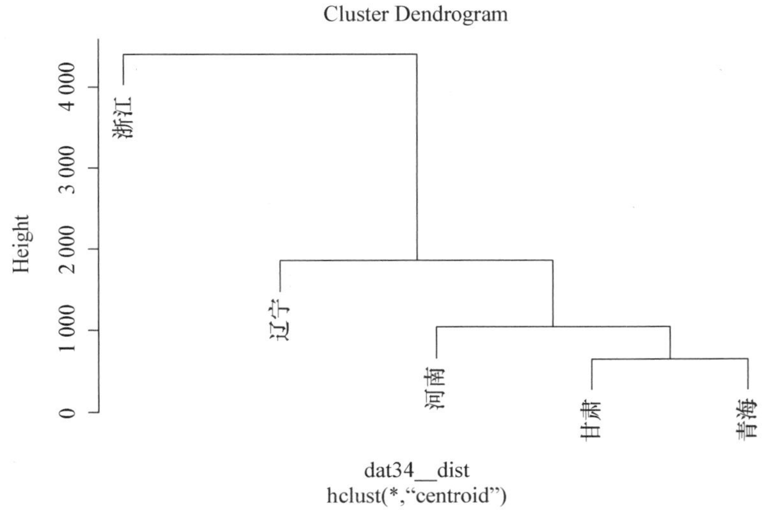

图 3-8　重心法的谱系聚类图

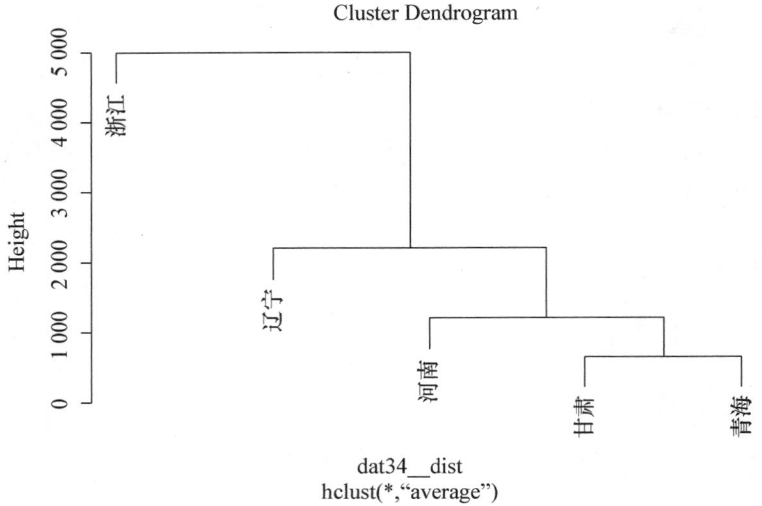

图 3－9　类平均法（组内联结法）的谱系聚类图

3.4.3　离差平方和法（或称 Ward 方法）

离差平方和法是由沃德（Ward）提出的，许多文献中称为 Ward 法。它的思想源于方差分析，即如果类分得正确，同类样品的离差平方和应当较小，类与类之间的离差平方和应当较大。

设将 n 个样品分成 k 类 G_1，G_2，…，G_k，用 $\boldsymbol{x}_{it}$ 表示类 G_t 中的第 i 个样品（注意 $\boldsymbol{x}_{it}$ 是 p 维向量），n_t 表示类 G_t 中的样品个数，$\bar{\boldsymbol{x}}_t$ 是类 G_t 的重心，则在类 G_t 中的样品的离差平方和为：

$$\boldsymbol{L}_t=\sum_{i=1}^{n_t}(\boldsymbol{x}_{it}-\bar{\boldsymbol{x}}_t)'(\boldsymbol{x}_{it}-\bar{\boldsymbol{x}}_t)$$

整个类内平方和为：

$$\boldsymbol{L}=\sum_{t=1}^{k}\sum_{i=1}^{n_t}(\boldsymbol{x}_{it}-\bar{\boldsymbol{x}}_t)'(\boldsymbol{x}_{it}-\bar{\boldsymbol{x}}_t)=\sum_{t=1}^{k}\boldsymbol{L}_t$$

当 k 固定时，要选择使 $\boldsymbol{L}$ 达到极小的分类，n 个样品分成 k 类，一切可能的分法有：

$$R(n,k)=\frac{1}{k}\sum_{i=0}^{k}(-1)^{k-i}\binom{k}{i}i^n \tag{3.26}$$

式（3.26）的证明见参考文献[6]。例如，当 $n=21$，$k=2$ 时，$R(21,2)=2^{21}-1=2\ 097\ 151$。当 n，k 更大时，$R(n,k)$ 就达到了天文数字。因此，要比较这么多分类来选择最小的 $\boldsymbol{L}$，即使高速计算机也难以完成。于是，只好放弃在一切分类中求 $\boldsymbol{L}$ 的极小值的要求，而是设计出某种规格：找到一个局部最优解。Ward 法就是寻找局部最优解的一种方法。其思想是先让 n 个样品各自成一类，然后每次缩小一类，每缩小一类，离差平方和就要增大，选择使 $\boldsymbol{L}$ 增加最小的两类合并，直到所有的样品归为一类为止。

若将某类 G_p 和 G_q 合并为 G_r，则类 G_k 与新类 G_r 的距离递推公式为：

$$D_w^2(k,r)=\frac{n_p+n_k}{n_r+n_k}D_w^2(k,p)+\frac{n_q+n_k}{n_r+n_k}D_w^2(k,q)-\frac{n_k}{n_r+n_k}D_w^2(p,q) \quad (3.27)$$

需要指出的是，离差平方和法只能得到局部最优解（见图 3-10）。至今还没有很好的办法以较少的计算求得精确最优解。

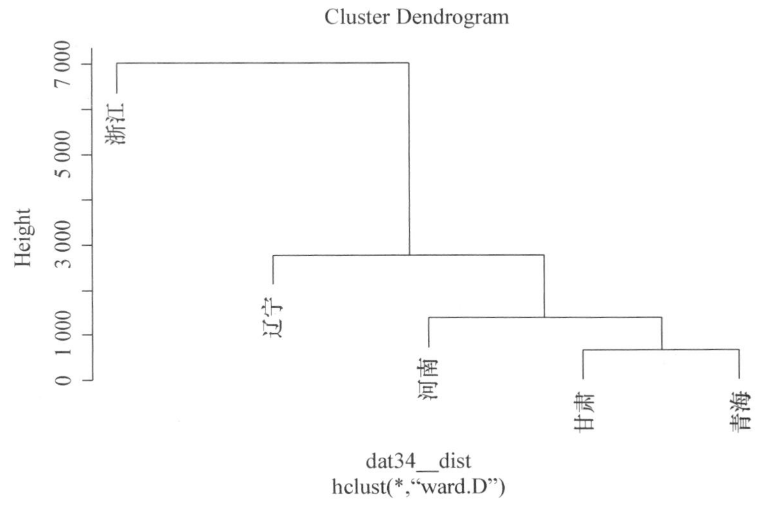

图 3-10　离差平方和法的谱系聚类图

3.4.4　分类数的确定

到目前为止，我们还没有讨论过如何确定分类数，聚类分析的目的是要对研究对象进行分类，因此，如何选择分类数成为各种聚类方法中的主要问题之一。在 K-均值聚类法中聚类之前需要指定分类数，谱系聚类法（系统聚类法）中我们最终得到的只是一个树状结构图，从图中可以看出存在很多类，但问题是如何确定类的最佳个数。

确定分类数是聚类分析中迄今为止尚未完全解决的问题之一，主要的障碍是对类的结构和内容很难给出一个统一的定义，这样就不能给出在理论上和实践中都可行的虚无假设。实际应用中人们主要根据研究的目的，从实用的角度出发，选择合适的分类数。德穆曼（Demirmen）曾提出根据树状结构图来分类的准则。

准则 1：任何类都必须在邻近各类中是突出的，即各类重心之间距离必须大。

准则 2：各类所包含的元素都不应过多。

准则 3：分类的数目应该符合使用的目的。

准则 4：若采用几种不同的聚类方法处理，则在各自的聚类图上应发现相同的类。

系统聚类中每次合并的类与类之间的距离也可以作为确定分类数的一个辅助工具。在系统聚类过程中，首先把离得近的类合并，因此在并类过程中聚合系数（agglomeration coefficients）呈增大趋势，聚合系数小，表示合并的两类的相似程度较大，两个差异很大的类合并到一起，会使该系数很大。如果以 y 轴为聚合系数，x 轴为分类数，画出聚合系数随分类数的变化曲线，会得到类似于因子分析中的碎石图，可以在曲线开始变得平缓的点选择合适的分类数。

另外，Charrad 等（2014）总结了 CH 和 Hartigand 指标等 30 种方法。我们简单介绍如下两种，其他可参见参考文献［16］。NbClust 包可以实现这些方法。

CH 指标：假设 m 为类的个数，定义如下指标

$$CH(k)=\frac{\operatorname{tr}(B_k)/(k-1)}{\operatorname{tr}(W_k)/(n-k)}$$

其中

$$B_k=\sum_{t=1}^{k}\sum_{i\in C_j}(x_{it}-\bar{x}_t)(x_{it}-\bar{x}_t)'$$

和

$$W_k=\sum_{t=1}^{k}n_t(\bar{x}_t-\bar{x})(\bar{x}_t-\bar{x})'$$

W_k 随着类的数目增大而减小，其越小说明类比较紧凑；另外，B_k 随着类的数目增大而增大，其越大说明类与类之间界限越清晰。最优类的数目是

$$\hat{k}=\operatorname{argmax}CH(k)$$

Hartigan 指标，其定义如下：

$$HA(k)=\left(\frac{\operatorname{tr}(W_k)}{\operatorname{tr}(W_{k+1})}-1\right)(n-k-1)$$

最优类的数目是最大化上式的值。

3.4.5 系统聚类法的统一

上面介绍的五种系统聚类法，并类的原则和步骤是完全一样的，所不同的是类与类之间的距离有不同的定义，从而得到不同的递推公式。如果能将它们统一为一个公式，将大大有利于编制计算机程序。兰斯和威廉姆斯于 1967 年给出了一个统一的公式：

$$\begin{aligned}D^2(k,r)=&\alpha_pD^2(k,p)+\alpha_qD^2(k,q)+\beta D^2(p,q)\\&+\gamma\left|D^2(k,p)-D^2(k,q)\right|\end{aligned}\tag{3.28}$$

式中，α_p，α_q，β，γ 对于不同的方法有不同的取值，表 3－6 列出了不同方法中这四个参数的取值。表中除了上述五种方法外，还列举了另外三种系统聚类法，由于它们用得较少，这里不再详述，可参见参考文献［6］。

表 3-6　系统聚类法参数表

方法	α_p	α_q	β	γ
最短距离法	1/2	1/2	0	−1/2
最长距离法	1/2	1/2	0	1/2
中间距离法	1/2	1/2	−1/4	0
重心法	n_p/n_r	n_q/n_r	$-\alpha_p\alpha_q$	0
类平均法	n_p/n_r	n_q/n_r	0	0
可变类平均法	$(1-\beta)n_p/n_r$	$(1-\beta)n_q/n_r$	$\beta<1$	0
可变法	$(1-\beta)/2$	$(1-\beta)/2$	$\beta<1$	0
离差平方和法	$(n_k+n_p)/(n_k+n_r)$	$(n_k+n_p)/(n_k+n_r)$	$-n_k/(n_k+n_r)$	0

一般而言，不同聚类方法的结果不完全相同。最短距离法适用于条形的类。最长距离法、重心法、类平均法、离差平方和法适用于椭圆形的类。

现在许多统计软件都包含系统聚类法的程序，只要将数据输入，即可很方便地将上述八种方法定义的距离全部算出并画出聚类图。本书将介绍采用 R 软件实现聚类分析的过程。

由于上述聚类方法得到的结果不完全相同，于是产生一个问题：选择哪一个结果为好？为了解决这个问题，需要研究系统聚类法的性质，现简要介绍如下。

(1) 单调性。令 D_r 为系统聚类法中第 r 次并类时的距离，如例 3-4，用最短距离时，有 $D_1=650.44$，$D_2=923.14$，$D_3=1\ 631.27$，$D_4=3\ 681.88$，此时$D_1<D_2<D_3<\cdots$。一种系统聚类法若能保证 $\{D_r\}$ 是严格单调上升的，则称它具有单调性。由单调性画出的聚类图符合系统聚类的思想，先结合的类关系较近，后结合的类关系较疏远。显然，最短距离法和最长距离法具有并类距离的单调性。可以证明，类平均法、离差平方和法、可变法和可变类平均法都具有单调性，只有重心法和中间距离法不具有单调性（证明见参考文献[6]）。

(2) 空间的浓缩与扩张。对同一问题作聚类图时，横坐标（并类距离）的范围相差很远。最短距离法的范围较小，最长距离法的范围较大，类平均法则介于二者之间。范围小的方法区分类的灵敏度差，范围太大的方法灵敏度又过高，会使支流淹没主流，这与收音机的灵敏度有相似之处。灵敏度太低的收音机接收的台少，灵敏度太高，台与台之间容易干扰，适中为好。按这一直观的想法引进如下概念。

定义 3.5　设两个同阶矩阵 $\boldsymbol{A}=(a_{ij})$ 和 $\boldsymbol{B}=(b_{ij})$ 的元素非负，如果 $\boldsymbol{A}$ 的每一个元素不小于 $\boldsymbol{B}$ 相应的元素，$a_{ij}\geqslant b_{ij}(\forall i, j)$，则记作 $\boldsymbol{A}\geqslant\boldsymbol{B}$（请勿与非负定阵 $\boldsymbol{A}\geqslant\boldsymbol{B}$ 的意义相混淆，这个记号仅在本节中使用）。由定义推知，$\boldsymbol{A}\geqslant\boldsymbol{0}$，表示 $\boldsymbol{A}$ 的元素非负。

设有 A，B 两种系统聚类法，第 k 步的距离阵记作 $\boldsymbol{A}_k$ 和 $\boldsymbol{B}_k(k=0, 1, \cdots, n-1)$，若 $\boldsymbol{A}_k\geqslant\boldsymbol{B}_k(k=1, 2, \cdots, n-1)$，则称 $\boldsymbol{A}$ 比 $\boldsymbol{B}$ 扩张或者 $\boldsymbol{B}$ 比 $\boldsymbol{A}$ 浓缩。对系统聚类法有如下的结论（参见参考文献[6]）：

$$(K)\leqslant(G)\leqslant(S)$$
$$(C)\leqslant(G)\leqslant(W)$$

式中，(K) 是最短距离法；(S) 是最长距离法；(C) 是重心法；(W) 是离差平方和法；(G) 是类平均法。归纳起来说，与类平均法相比，最短距离法、重心法使空间浓缩；最长距离法、离差平方和法使空间扩张。太浓缩的方法不够灵敏，太扩张的方法在样本大时容易失真。类平均法比较适中，相比其他方法，类平均法不太浓缩也不太扩张，故许多书籍推荐这种方法。

有关系统聚类法的性质，学者们还从其他角度提出了比较优劣的原则。欲将 n 个样品分为 k 类，有人定义一个分类函数（或叫损失函数），然后寻找这个函数的最优解，在某些条件下，最短距离法的解是最优的，系统聚类法的其他方法都不具有这个性质（参见参考文献［6］、［7］），故最短距离法在实践中也很受推崇。系统聚类法的各种方法的比较仍是一个值得研究的课题，例如，有学者用随机模拟做了研究，发现最长距离法并不可取。

3.5　*K*-均值聚类和有序样品的聚类

3.5.1　*K*-均值法（快速聚类法）

非谱系聚类法是把样品（而不是变量）聚集成 K 个类的集合。类的个数 K 可以预先给定，或者在聚类过程中确定。因为在计算机计算过程中无须确定距离（或相似系数矩阵），也无须存储数据，所以非谱系方法可应用于比系统聚类法大得多的数据组。

非谱系聚类法或者一开始就对元素分组，或者从一个构成各类核心的“种子”集合开始。选择好的初始构形将能消除系统的偏差。一种方法是从所有项目中随机地选择“种子”点或者随机地把元素分成若干初始类。

这里讨论一种更特殊的非谱系过程，即 K-均值法，又叫快速聚类法。

麦克奎因（Macqueen）于 1967 年提出了 K-均值法（参见参考文献［10］）。这种聚类方法的思想是把每个样品聚集到其最近形心（均值）类中。在它的最简单说明中，这个过程由下列三步组成：

（1）把样品粗略分成 K 个初始类。

（2）进行修改，逐个分派样品到其最近均值类中（通常用标准化数据或非标准化数据计算欧氏距离）。重新计算接受新样品的类和失去样品的类的形心（均值）。

（3）重复第 2 步，直到各类无元素进出。

若不在一开始就粗略地把样品分到 K 个预先指定的类（第（1）步），也可以指定 K 个最初形心（“种子”点），然后进行第 2 步。

样品的最终聚类在某种程度上依赖于最初的划分或种子点的选择。

为了检验聚类的稳定性，可用一个新的初始分类重新检验整个聚类算法。如果最终分类与原来一样，则不必再行计算；否则，须另行考虑聚类算法。参见参考文献［10］。

关于 K-均值法，对其预先不固定类数 K 这一点有很大的争论，其中包括下面几点：

（1）如果有两个或多个“种子”点无意中跑到一个类内，则其聚类结果将很难区分。

（2）局外干扰的存在将至少产生一个样品非常分散的类。

（3）即使已知总体由 K 个类组成，抽样方法也可造成属于最稀疏类的数据不出现在样本中。强行把这些数据分成 K 个类会导致无意义的聚类。

许多聚类算法都要求给定 K，选择几种算法进行反复检验，对于结果的分析也许是有好处的。其他非谱系聚类过程的讨论可参见参考文献［10］。

3.5.2　有序样品的聚类

在前几节的讨论中，分类的样品是相互独立的，分类时彼此是平等的，但在有些实际问题中，要研究的现象与时间的顺序密切相关。例如我们想要研究 1949—2018 年国民收入可以划分为几个阶段。阶段的划分必须以年份顺序为依据，总的想法是要将国民收入接近的年份划分到一个段内。要完成类似这样问题的研究，用前几节分类的方法显然是不行的。对于这类有序样品的分类，实质上需要找出一些分点，将它们划分成几个分段，每个分段看作一类，称这种分类为分割。显然，分点在不同位置可以得到不同的分割。这样就存在一个如何决定分点，使其达到所谓最优分割的问题，即要求一个分割能使各段内部样品间的差异最小而各段之间样品的差异最大，这就是决定分割点的依据。

假设用 x_1，x_2，…，x_n 表示 n 个有顺序的样品，有序样品的分类结果要求每一类必须呈：$\{x_i, x_{i+1}, \cdots, x_{i+j}\}$（$i\geqslant 1$，$j\geqslant 0$）。增加了有序这个约束条件，会给分类带来哪些影响呢？

1. 可能的分类数目

n 个样品分成 k 类，如果样品是彼此平等的，则一切可能的分法有：

$$R(n, k)=\sum_{\substack{i_1+i_2+\cdots+i_k=n \\ i_j\geqslant 1,\ j=1,2,\cdots,k}} \frac{n!}{i_1!i_2!\cdots i_k!} \tag{3.29}$$

对于有序样品，n 个样品分成 k 类的一切可能的分法有：

$$R'(n, k)=\binom{n-1}{k-1} \tag{3.30}$$

这是容易证明的。n 个有序样品有（$n-1$）个间隔，分成两类就是在这（$n-1$）个间隔中插上一根“棍子”，故有 $(n-1)=\binom{n-1}{1}$ 种可能；若要分成三类，就是在这 $(n-1)$ 个间隔中任意插上两根“棍子”，故有 $\binom{n-1}{2}$ 种可能；要分成 k 类，就是插上 $k-1$ 根“棍子”，故有 $\binom{n-1}{k-1}$ 种可能。容易证明，$R(n, k)=o(k^n)$，$R'(n, k)=o(nk)$，当 n 较大时，$R'(n, k) \ll R(n, k)$，故有序样品的聚类问题要简单一些。

2. 最优分割法

这种方法的分类依据是离差平方和，但由于 $R'(n, k)$ 比 $R(n, k)$ 小得多，因此与系统聚类法中的离差平方和法又有所不同，前者可以求得精确最优解，后者只能求得局部最优解。这种方法首先是由费歇（Fisher）提出的，又称为 Fisher 算法。

设样品依次是 $\boldsymbol{x}_1$，$\boldsymbol{x}_2$，…，$\boldsymbol{x}_n$（每个是 m 维向量），最优分割法的步骤大致如下。

(1) 定义类的直径。设某一类 G_{ij} 是 $\{\boldsymbol{x}_i, \boldsymbol{x}_{i+1}, \cdots, \boldsymbol{x}_j\}$ $(j>i)$，它们的均值记成 $\bar{\boldsymbol{x}}_{ij}$：

$$\bar{\boldsymbol{x}}_{ij}=\frac{1}{j-i+1}\sum_{l=i}^{j}\boldsymbol{x}_l$$

G_{ij} 的直径用 $D(i, j)$ 表示，常用的直径是：

$$D(i, j)=\sum_{l=i}^{j}(\boldsymbol{x}_l-\bar{\boldsymbol{x}}_{ij})'(\boldsymbol{x}_l-\bar{\boldsymbol{x}}_{ij}) \tag{3.31}$$

当 $m=1$ 时，有时用直径

$$D(i, j)=\sum_{l=i}^{j}\left|(x_l-\tilde{x}_{ij})\right| \tag{3.32}$$

式中，$\tilde{x}_{ij}$ 是 $(x_i, x_{i+1}, \cdots, x_j)$ 的中位数。

(2) 定义目标函数。将 n 个样品分成 k 类，设某一种分法是 $P(n, k)$：$\{\boldsymbol{x}_{i_1}, \boldsymbol{x}_{i_1+1}, \cdots, \boldsymbol{x}_{i_2-1}\}$，$\{\boldsymbol{x}_{i_2}, \boldsymbol{x}_{i_2+1}, \cdots, \boldsymbol{x}_{i_3-1}\}$，…，$\{\boldsymbol{x}_{i_k}, \boldsymbol{x}_{i_k+1}, \cdots, \boldsymbol{x}_n\}$，或简记成

$$P(n, k):\{i_1, i_1+1, \cdots, i_2-1\}, \{i_2, i_2+1, \cdots, i_3-1\}, \cdots, \{i_k, i_k+1, \cdots, n\} \tag{3.33}$$

其中，分点 $1=i_1<i_2<\cdots<i_k\leqslant i_{k+1}=n+1$。定义这种分类的目标函数为：

$$e[P(n, k)]=\sum_{j=1}^{k}D(i_j, i_{j+1}-1) \tag{3.34}$$

当 n，k 固定时，$e[P(n, k)]$ 越小表示各类的离差平方和越小，分类是合理的。因此要寻找一种分法 $P(n, k)$ 使目标函数达到极小，以下 $P(i, j)$ 一般表示使 $e[P(n, k)]$ 达到极小的分类。

(3) 精确最优解的求法。容易验证有如下递推公式：

$$e[P(n,2)] = \min_{2\leqslant j\leqslant n}\{D(1,j-1)+D(j,n)\} \tag{3.35}$$

$$e[P(n,k)] = \min_{k\leqslant j\leqslant n}\{e[P(j-1,k-1)]+D(j,n)\} \tag{3.36}$$

当我们要分 k 类时，首先找 j_k 使式（3.36）达到最小，即

$$e[P(n,k)] = e[P(j_k-1,k-1)]+D(j_k,n)$$

于是 $G_k=\{j_k, j_k+1, \cdots, n\}$，然后找 j_k-1 使它满足

$$e[P(j_k-1,k-1)] = e[P(j_{k-1}-1,k-2)]+D(j_{k-1},j_k-1)$$

得到类 $G_{k-1}=\{j_{k-1},\cdots,j_k-1\}$。采用类似的方法得到所有类 G_1，G_2，…，G_k，这就是我们要求的最优解。

3.6　模糊聚类分析

模糊集的理论是在 20 世纪 60 年代中期由美国的自动控制专家查德（*L. A. Zadeh*）教授首先提出的，该理论已广泛应用于许多领域，将模糊集概念应用于聚类分析便产生了模糊聚类分析。模糊聚类分析中得到广泛应用的经典方法是模糊 C-均值聚类（*Fuzzy C-means clustering*，*FCM* 聚类），也可称作模糊 K-均值聚类。该方法的一种特殊情况首先由邓恩（*J. C. Dunn*）开创性地提出，同时期贝兹德克（*J. C. Bezdek*）提出了更一般化的 *FCM*（参见参考文献 [11]、[12]）。

3.6.1　模糊聚类的几个基本概念

（1）特征函数。对于一个普通集合 A，空间中任一元素 x，要么 $x\in A$，要么 $x\notin A$，二者必居其一，这一特征用一个函数表示为：

$$A(x)=\begin{cases}1, & x\in A\\ 0, & x\notin A\end{cases}$$

则称 A(x) 为集合 A 的特征函数。

如某工业企业完成年计划利润定义为 1，没有完成年计划利润则定义为 0，用特征函数来描述即为：

$$A(x)=\begin{cases}1, & x\in A \quad \text{完成}\\ 0, & x\notin A \quad \text{没完成}\end{cases}$$

（2）隶属函数。当我们要了解某企业完成年计划利润程度的大小时，仅用特征函数就不够了。模糊数学把它推广到 [0，1] 闭区间，即用 [0，1] 区间的一个数去度量它，这个数叫隶属度。当用函数表示隶属度的变化规律时，就叫作隶属函数。即

$0 \leqslant A(x) \leqslant 1$

如果某企业完成年计划利润的 90%，可以说，这个企业完成年计划利润的隶属度是 0.9。显然，隶属度概念是特征函数概念的拓广。特征函数描述空间的元素之间是否有关联，隶属度描述了元素之间的关联是多少。

用集合语言来描述隶属函数的概念就为：设 x 为全域，若 A 为 x 上取值 [0，1] 的一个函数，则称 A 为模糊集。

若一个矩阵元素取值于 [0，1] 范围内，则称该矩阵为模糊矩阵。

(3) 模糊矩阵的运算法则。如果 $\boldsymbol{A}$ 和 $\boldsymbol{B}$ 是 $n \times p$ 和 $p \times m$ 的模糊矩阵，则乘积 $\boldsymbol{C} = \boldsymbol{A} \cdot \boldsymbol{B}$ 为 $n \times m$ 阵，其元素为：

$$C_{ij} = \bigvee_{k=1}^{p} (a_{ik} \wedge b_{kj}), \quad i = 1, 2, \cdots, n;\ j = 1, 2, \cdots, m$$

符号“V”和“Λ”的含义为：

$$a \vee b = \max(a, b)$$
$$a \wedge b = \min(a, b)$$

3.6.2 FCM 聚类方法

假设将 n 个样本 $\{\boldsymbol{x}_1, \boldsymbol{x}_2, \cdots, \boldsymbol{x}_n\}$ 划分为 c 类，其中 $\boldsymbol{x}_i = (x_{i1}, x_{i2}, \cdots, x_{ip})'$ $(i = 1, 2, \cdots, n)$。记样本 $\boldsymbol{x}_i$ 属于 g 类的模糊隶属度为 u_{ig}，由隶属度构成的矩阵记作 $\boldsymbol{U} = (u_{ig})_{n \times c}$，将各类的类中心记作 $\boldsymbol{V} = (\boldsymbol{v}_1, \boldsymbol{v}_2, \cdots, \boldsymbol{v}_c) \in R^{pc}$，其中矩阵 $\boldsymbol{U}$ 需要满足条件：$\boldsymbol{U} \in M = \{U \mid 0 \leqslant u_{ig} \leqslant 1, \sum_{g=1}^{c} u_{ig} = 1, \forall i\}$。

FCM 聚类方法的核心是求解如下优化问题：

$$\min_{\boldsymbol{U},\boldsymbol{V}} \sum_{i=1}^{n} \sum_{g=1}^{c} (u_{ig})^m \|\boldsymbol{x}_i - \boldsymbol{v}_g\|_A^2$$
$$m \geqslant 1; \sum_{g=1}^{c} u_{ig} = 1, \forall i; \|\boldsymbol{x}_i - \boldsymbol{v}_g\|_A^2 = (\boldsymbol{x}_i - \boldsymbol{v}_g)'\boldsymbol{A}(\boldsymbol{x}_i - \boldsymbol{v}_g)$$

以求得使目标函数达到最小的 $\boldsymbol{U}$ 和 $\boldsymbol{V}$。当 $m = 2$ 时，上式为邓恩提出的模糊聚类方法，贝兹德克将 m 的取值范围予以扩展并进行理论推导和证明，使其更一般化为 $m \geqslant 1$。

邓恩和贝兹德克均使用交替优化（alternating optimization，AO）方法求解上述优化问题，AO 方法是一种迭代的算法。贝兹德克在 1981 年给出了具体的 FCM 算法（参见参考文献 [13]），具体如下所示：

FCM 算法

(1) 存储样本数据 $\boldsymbol{X} = \{\boldsymbol{x}_1, \boldsymbol{x}_2, \cdots, \boldsymbol{x}_n\} \subset R^p$。

(2) 设定类的个数 c 和 m 的取值、最大迭代次数 T、停止迭代的界限 ε、矩阵 $\boldsymbol{A}$ 的形式，定义 $E_t = \| \boldsymbol{V}_t - \boldsymbol{V}_{t-1} \|$ 的范数形式。

(3) 初始化矩阵 $\boldsymbol{V}$，即设定迭代的初始值 $\boldsymbol{V}_0 = (\boldsymbol{v}_{1,0}, \boldsymbol{v}_{2,0}, \cdots, \boldsymbol{v}_{c,0}) \in R^{pc}$。

(4) 迭代，从 $t=1$ 到 $t=T$：

a. 由 $\boldsymbol{V}_{t-1}$ 计算 $\boldsymbol{U}_t = (u_{ig,t})$

$$u_{ig,t} = \left[\sum_{j=1}^{c} \left(\frac{\| \boldsymbol{x}_i - \boldsymbol{v}_{g,t-1} \|_A}{\| \boldsymbol{x}_i - \boldsymbol{v}_{j,t-1} \|_A} \right)^{\frac{1}{m-1}} \right]^{-1}, \ i = 1, 2, \cdots, n; \ g = 1, 2, \cdots, c$$

b. 由 $\boldsymbol{U}_t$ 计算 $\boldsymbol{V}_t = (\boldsymbol{v}_{1,t}, \boldsymbol{v}_{2,t}, \cdots, \boldsymbol{v}_{c,t})$：

$$v_{g,t} = \frac{\sum_{i=1}^{n} (u_{ig,t})^m \boldsymbol{x}_i}{\sum_{i=1}^{n} (u_{ig,t})^m}, \quad g = 1, 2, \cdots, c$$

c. 如果 $E_t = \| \boldsymbol{V}_t - \boldsymbol{V}_{t-1} \| \leqslant \varepsilon$，停止迭代；否则继续。

(5) 输出最后迭代的计算结果 $\boldsymbol{U}_t$，$\boldsymbol{V}_t$。

当样本量较大时，上述算法的计算代价会显著增大，计算速度也会变慢，因此，后来研究者们对该算法进行改进或对目标函数进行改进以优化算法，或提出新的模糊聚类分析方法。鲁斯皮尼（Ruspini）、贝兹德克和凯勒（Keller）对模糊聚类的发展进行了简要综述，感兴趣的读者可以参阅参考文献［14］。

3.7　计算步骤与上机实现

本书以 R 软件来说明前面讲述的几种聚类法的实现过程。具体步骤如下：

(1) 分析需要研究的问题，确定聚类分析所需的多元变量；

(2) 选择对样品聚类还是对指标聚类；

(3) 选择合适的聚类方法；

(4) 选择所需的输出结果。

我们将实现过程用逻辑框图表示，如图 3-11 所示。

3.7.1　系统聚类法

为了研究亚洲部分国家和地区的经济水平及相应的人口状况，并对亚洲部分国家和地区进行聚类分析，现选取人均国内生产总值、粗死亡率、粗出生率、城镇人口比重、平均

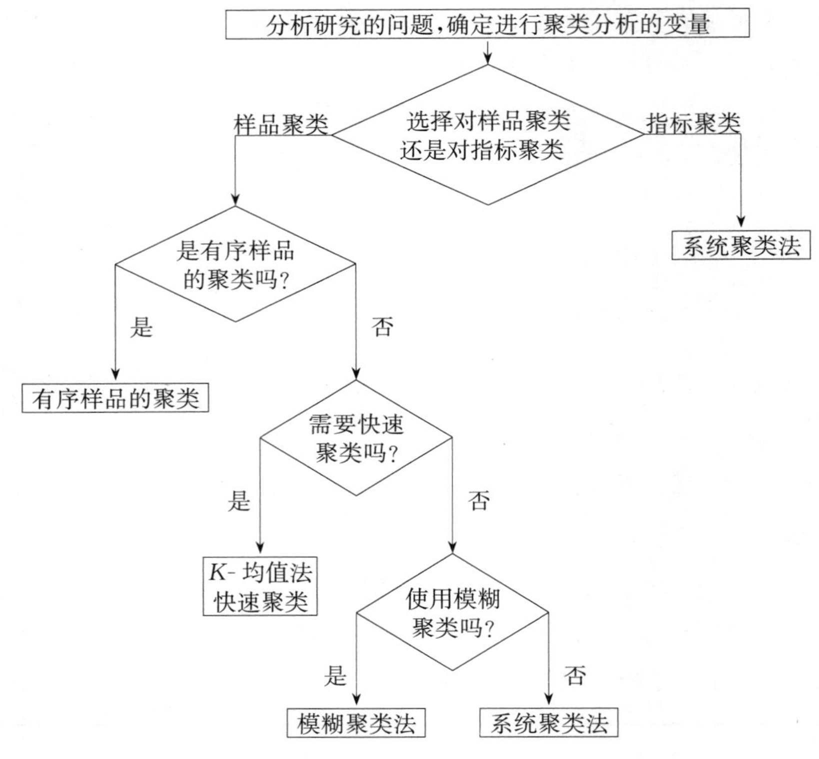

图 3-11　聚类分析流程图

预期寿命和 65 岁及以上人口比重作为衡量亚洲部分国家和地区经济水平及人口状况的指标，原始数据如表 3-7 所示（数据来源于世界银行）。

表 3-7　2015 年 15 个亚洲国家和地区经济水平及人口状况

国家和地区	人均国内生产总值（国际元/人）	粗死亡率（‰）	粗出生率（‰）	城镇人口比重（%）	平均预期寿命（年）	65 岁及以上人口比重（%）
阿富汗	1 925.17	8.03	33.31	26.7	60.72	2.47
中国内地	14 246.86	7.11	12.07	55.61	75.25	9.68
中国香港	56 923.49	6.30	8.20	100.00	84.28	15.06
印度	6 104.58	7.31	19.66	32.75	68.35	5.62
印度尼西亚	11 057.56	7.17	19.58	53.74	69.07	5.17
以色列	36 575.94	5.30	21.30	92.14	82.05	11.24
日本	40 763.40	10.20	7.90	93.50	83.84	26.34
老挝	5 691.26	6.63	26.27	38.61	66.54	3.81
中国澳门	111 496.60	4.82	11.68	100.00	80.77	8.99
马来西亚	26 950.34	4.98	16.79	74.71	74.88	5.89

续表

国家和地区	人均国内生产总值（国际元/人）	粗死亡率（‰）	粗出生率（‰）	城镇人口比重（%）	平均预期寿命（年）	65 岁及以上人口比重（%）
菲律宾	7 387.32	6.77	23.32	44.37	68.41	4.58
沙特阿拉伯	53 538.79	3.42	19.69	83.13	74.49	2.86
新加坡	85 382.30	4.80	9.70	100.00	82.60	11.68
韩国	34 647.07	5.40	8.60	82.47	82.16	13.13
泰国	16 340.03	8.03	10.53	50.37	74.60	10.47

第 1 步：读入数据。由于数据差异比较大，我们将数据进行标准化。

```
> rm(list = ls())
> ex3.7 <- read.table("表 3-7.txt", head = TRUE, fileEncoding = "utf8")
> dat37 <- ex3.7[, -1]
> rownames(dat37) <- ex3.7[, 1]
> head(dat37)
                  x1    x2    x3     x4    x5    x6
阿富汗        1925.17  8.03 33.31  26.70 60.72  2.47
中国内地     14246.86  7.11 12.07  55.61 75.25  9.68
中国香港     56923.49  6.30  8.20 100.00 84.28 15.06
印度          6104.58  7.31 19.66  32.75 68.35  5.62
印度尼西亚   11057.56  7.17 19.58  53.74 69.07  5.17
以色列       36575.94  5.30 21.30  92.14 82.05 11.24
> # 数据标准化
> dat37_scale <- scale(dat37, center = TRUE, scale = TRUE)
```

第 2 步，计算距离矩阵，并且用图显示（见图 3-12）。图形的右侧列出了一个柱状图，颜色越深说明两个地方的相似度越高。距离越接近 0，说明两个国家或地区越接近。印度和印度尼西亚比较相似。老挝和菲律宾之间的距离比较近。

```
> # 计算欧氏矩阵
> dat37_dist <- dist(dat37_scale, method = "euclidean", diag = TRUE, upper = FALSE)
> library(lattice)
> # 相似矩阵的图形
> lattice::levelplot(as.matrix(dat37_dist), xlab = "", ylab = "")
```

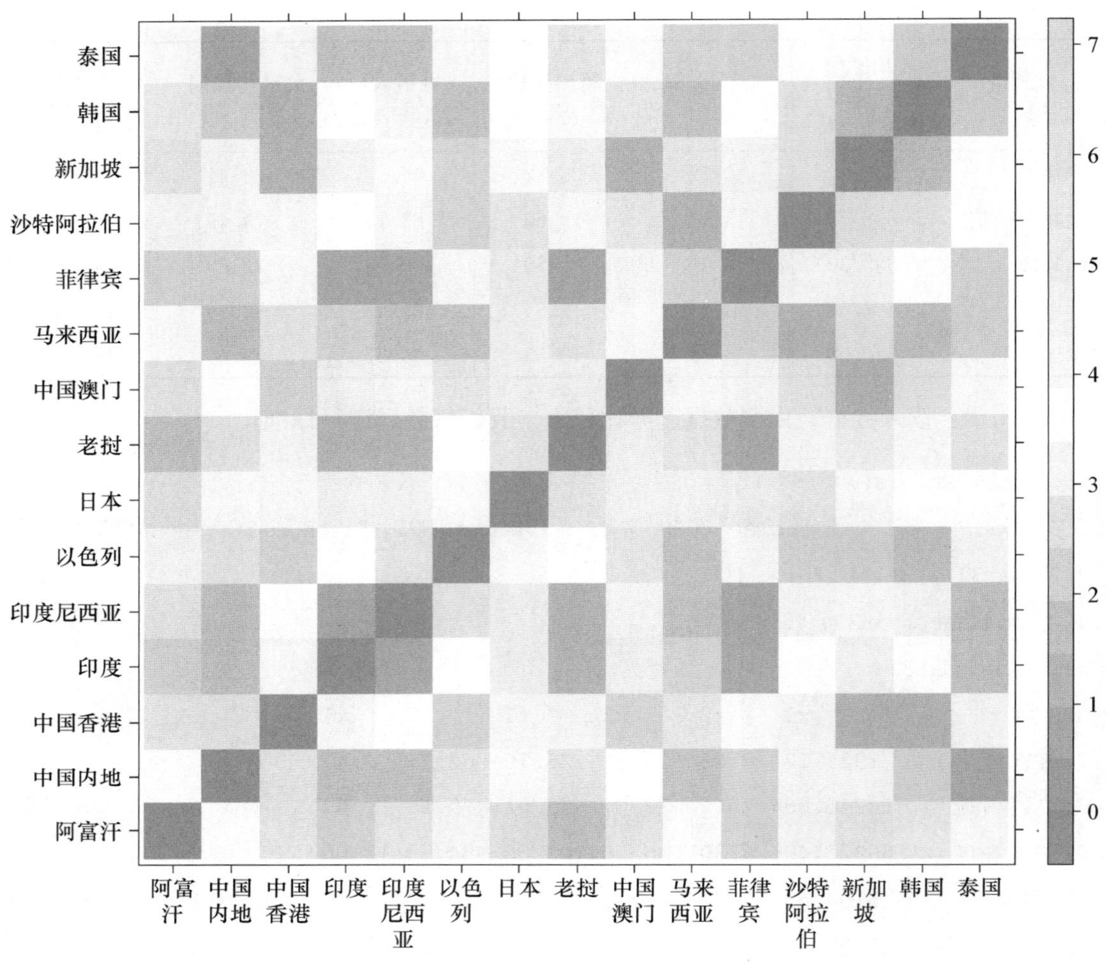

图 3-12　距离矩阵

第 3 步，采用类平均法对数据进行分类，并且输出聚类图（见图 3-13）。

```
1.>#类平均法
2.> dat37_average <- hclust(dat37_dist, method = "average")
3.> plot(dat37_average)
```

第 4 步，确定分类个数。分类数为 3 的频数最高，有 12 票。根据投票法原则，3 类比较合适，并且给出了具体的结果。第一类是阿富汗、中国内地、印度、印度尼西亚、老挝、菲律宾和泰国；第二类是中国香港、以色列、中国澳门、马来西亚、沙特阿拉伯、新加坡和韩国；第三类是日本。从经济水平和人口状况来看所做的分类，我们发现日本人口老龄化程度极其严重，因此被单独分为一类，第二类对应的国家和地区的经济水平较高，人口老龄化程度较严重，第三类经济水平相对较低，人口老龄化程度相对较轻。

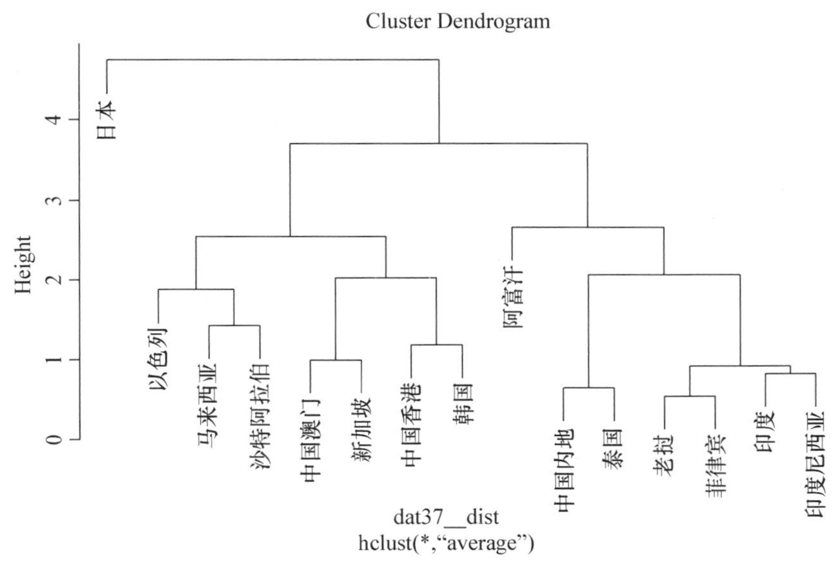

图 3-13 树状聚类图

```
>#分类的目数
> library(NbClust)
> fit <- NbClust::NbClust(dat37_scale, distance = "euclidean", min.nc = 3,
+                        max.nc = 6, method = "average", index = "alllong")
>#30 个分类指标最优个数
> fit$Best.nc  #界面有限结束没有给出
> table(fit$Best.nc[1, ])
0  3  4  5  6
2 12  4  4  8
>#对应的最优分类
> fit$Best.partition
阿富汗 中国内地 中国香港 印度 印度尼西亚 以色列 日本 老挝 中国澳门 马来西亚
  1       1        2      1       1        2     3    1      2        2
菲律宾 沙特阿拉伯 新加坡 韩国 泰国
  1        2        2     2    1
```

3.7.2 快速聚类法

同样，我们采用表 3-7 中的数据，试图将 15 个国家和地区按经济水平和人口状况分为三类，可以使用快速聚类法（K-Means Cluster）对样品进行聚类。

由于原始数据的量纲不一致，因此首先需要对数据进行标准化，然后对标准化后的数据进行快速聚类。根据上面系统聚类，我们将分类数设置为 3（centers = 3）。该方法将国家和地区分成三类，个数分别是 1、7 和 7。第一类是日本，第二类是中国香港、以色列、中国澳门、马来西亚、沙特阿拉伯、新加坡和韩国；第三类是阿富汗、中国内地、印度、印度尼西亚、老挝、菲律宾和泰国。这个结果和系统聚类一样。Cluster means 给出了最后分类的中心。

```
> fit.k <- kmeans(dat37_scale, centers = 3)
> fit.k
K-means clustering with 3 clusters of sizes 1, 7, 7
Cluster means:
          x1         x2         x3         x4         x5         x6
1  0.2143909  2.2364261 -1.1422235  0.9423414  1.1768453  2.7924641
2  0.7534202 -0.8368224 -0.3772712  0.8234161  0.6776983  0.1140929
3 -0.7840475  0.5173330  0.5404459 -0.9580363 -0.8458190 -0.5130164
Clustering vector:
阿富汗  中国内地  中国香港  印度  印度尼西亚  以色列  日本  老挝  中国澳门  马来西亚
   3        3         2      3        3          2     1     3       2          2
菲律宾  沙特阿拉伯  新加坡  韩国  泰国
   3        2          2      2     3
```

3.7.3 模糊聚类法

我们继续使用上述数据，将亚洲这 15 个国家和地区分成 3 类，此处使用 R 软件进行模糊聚类。R 软件中可以直接调用进行模糊聚类分析的函数有 cmeans() 和 fanny()。若使用 cmeans() 函数，需要先加载包 el071，使用 fanny() 函数需要先加载包 cluster。

cmeans() 函数的调用格式为：

```
cmeans (x,centers,iter.max=100,verbose=FALSE,dist="euclidean",method
        ="cmeans",m=2,rate.par=NULL,weights=1,control=list())
```

其中，centers 为类的个数；dist 为计算偏差的方法，可以选择 euclidean 和 manhattan，前者为计算均方偏差，后者为计算平均绝对偏差；method 中提供了两种模糊聚类的方法，分别是 cmeans 和 ufcl，前者即 FCM 方法，后者是无监督模糊竞争学习方法，该方法的原理为每次输入新的观测信息后直接对类进行更新。

fanny() 函数所采用的是 FANNY 方法，该方法对应的优化问题的目标函数为：

$$\sum_{g=1}^{k} \frac{\sum_{i=1}^{n}\sum_{j=1}^{n}(u_{ig}u_{jg})^{r} d(i, j)}{2\sum_{j=1}^{n}(u_{jg})^{r}}$$

式中，k 为类的个数；u_{ig} 为样本 i 属于 g 类的隶属度；r 为隶属指数；$d(i,\ j)$ 为样本 i 和样本 j 之间的差异，可以用样本之间的距离来衡量。该方法也可以直接使用差异矩阵进行计算，而且具有对异常值稳健的优点（参见参考文献［15］）。

fanny() 函数的调用格式为：

```
fanny(x,k,memb.exp=2,metric=c("euclidean","manhattan","SqEuclidean"),
      stand=FALSE,maxit=500,tol=1e-15,trace.lev=0,…)
```

式中，k 为类的个数；memb.exp 为隶属指数；metric 提供了 3 种计算样本间差异的方法；stand 为逻辑值，它等于 TRUE 时，将会在计算样本间差异前对数据进行标准化，其标准化方法为各样本值减去样本均值并除以对应变量的平均绝对偏差。

由于 fanny() 函数能够提供较好的图形输出，我们使用它做模糊聚类分析，具体如下：

```
> library(cluster)  #加载 cluster 包
> fresult<-fanny(dat37_scale,3) #使用 fanny 函数进行模糊聚类并将结果保存在 fresult 中
> summary(fresult)  #输出聚类结果
Membership coefficients (in % , rounded):
            [,1] [,2] [,3]
阿富汗        57   26   18
中国内地      25   56   20
中国香港      11   28   60
印度          71   19   10
印度尼西亚    66   23   11
以色列        18   42   40
日本          23   38   38
老挝          76   15    9
中国澳门      14   27   59
马来西亚      23   50   27
菲律宾        82   12    6
沙特阿拉伯    25   40   36
新加坡        10   21   69
韩国          13   39   48
泰国          28   51   22
Fuzzyness coefficients:
dunn_coeff normalized
 0.4546160  0.1819241
Closest hard clustering:
阿富汗  中国内地  中国香港  印度  印度尼西亚  以色列  日本  老挝  中国澳门  马来西亚
```

```
26.  1        2        3        1         1          2       2      1        3          2
27.菲律宾  沙特阿拉伯  新加坡  韩国  泰国
28.  1            2            3       3      2
29.> plot(fresult)  #输出分类图和侧影图
```

输出结果中的 Membership coefficients 为各样品的分类系数，是百分数。由于我们指定分为三类，若某个样品在这三类中的某类上系数最大，则将该样品聚为该类。比如阿富汗在第一类上的系数最大，说明它会归入第一类中。Closest hard clustering 为按照分类系数在各类上取值的大小得到的聚类结果。

图 3-14 是样品的分类图，展示了使用 15 个样品在两个主成分（详见第 5 章“主成分分析”）上的得分在平面直角坐标系中所描的点，并且三个类所包含的样品分别用不同的标记，由图可以直观看到三类是否被明显地分开。

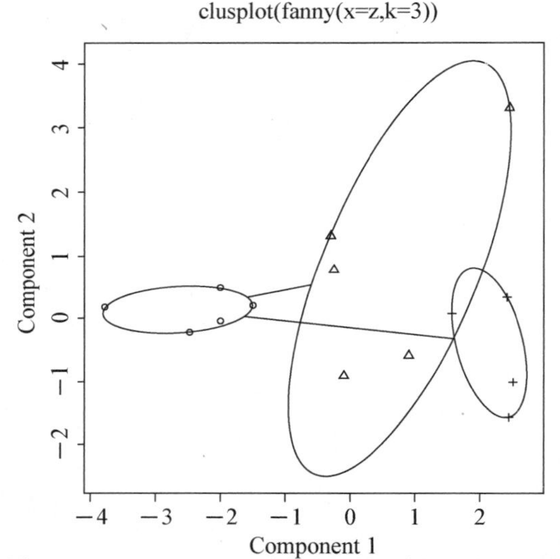

图 3-14　样品的分类图

图 3-15 是样品的侧影图，它类似于水平的冰柱图或树形图，可以直观地看出各类分别包含哪些样品。图形上右侧展示的数字 1：5 | 0.60 表示第一类包含 5 个样品，并且这 5 个样品的平均轮廓宽度（silhouette width）为 0.60。

由输出结果及侧影图可以知道样品的聚类结果为：第一类是｛阿富汗，印度，印度尼西亚，老挝，菲律宾｝；第二类是｛中国内地，马来西亚，以色列，日本，沙特阿拉伯，泰国｝；第三类是｛中国香港，中国澳门，新加坡，韩国｝。其中，第一类与 K-均值聚类的结果相同，其他两类的聚类结果相差较大。同时，从样品的分类图中可以看出，第二类和第三类并不能完全地分开。该聚类结果也可解释，尤其在前面所述的不同聚类方法中第一类的 5 个国家和地区总是被聚为一类，它们的经济水平较低且人口老龄化程度较轻，第三类的 4 个国家和地区亦总是被聚为一类，它们的经济水平较高且人口老龄化程度较重，

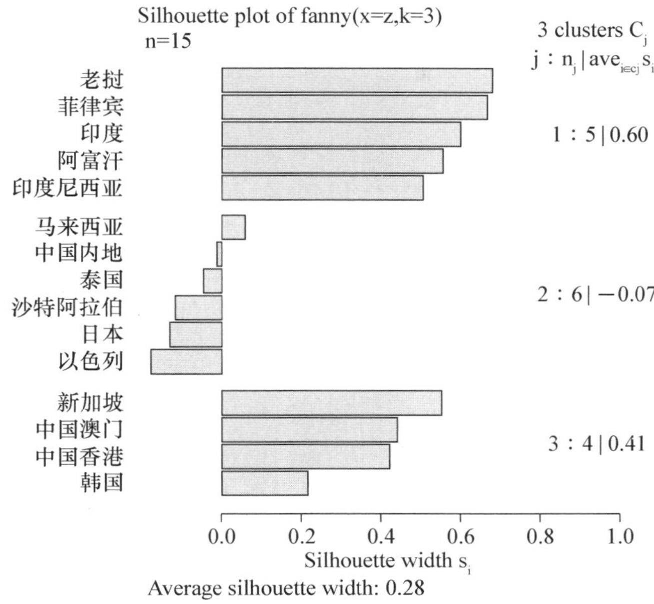

图 3－15　样品的侧影图

第二类中的国家和地区如日本的人口老龄化程度也比较严重，从社会经济的总体发展水平来看它与中国内地、沙特阿拉伯等几个国家聚在一起比较合适。显然不同的聚类方法分类的结果不见得相同。同时，我们应该看到，模糊聚类带有较强的主观性，而且分类结果比较粗糙，一般仅适合对大量数据的快速聚类。

3.8　社会经济案例研究

【例 3－5】城镇居民消费水平通常用食品、衣着、居住、生活用品及服务、交通通信、文教娱乐、医疗保健和其他用品及服务支出这八项指标来描述，八项指标间可能存在一定的线性关系。为研究城镇居民的消费结构，需要将相关性强的指标归并到一起，这实际上就是对指标聚类。表 3－8 中列出了 2016 年我国分地区（不含港澳台）城镇居民的人均消费支出的原始数据，数据来源于 2017 年《中国统计年鉴》。

表 3－8　2016 年分地区城镇居民人均消费支出　　单位：元

X_1：食品烟酒支出　X_2：衣着支出　X_3：居住支出　X_4：生活用品及服务支出
X_5：交通通信支出　X_6：教育文化娱乐支出　X_7：医疗保健支出　X_8：其他用品及服务支出

地区	X_1	X_2	X_3	X_4	X_5	X_6	X_7	X_8
北京	8 070.4	2 643.0	12 128.0	2 511.0	5 077.9	4 054.7	2 629.8	1 140.6
天津	8 679.6	2 114.0	6 187.3	1 663.8	3 991.9	2 643.6	2 172.2	892.2
河北	4 991.6	1 614.4	4 483.2	1 351.1	2 664.1	1 991.3	1 549.9	460.4

续表

地区	X_1	X_2	X_3	X_4	X_5	X_6	X_7	X_8
山西	3 862.8	1 603.0	3 633.8	951.6	2 401.0	2 439.0	1 651.6	450.1
内蒙古	6 445.8	2 543.3	4 006.1	1 565.1	3 045.2	2 598.9	1 840.2	699.9
辽宁	6 901.6	2 321.3	4 632.8	1 558.2	3 447.0	3 018.5	2 313.6	802.8
吉林	4 975.7	1 819.0	3 612.0	1 107.1	2 691.0	2 367.5	2 059.2	534.9
黑龙江	5 019.3	1 804.4	3 352.4	1 018.9	2 462.9	2 011.5	2 007.5	468.3
上海	10 014.8	1 834.8	13 216.0	1 868.2	4 447.5	4 533.5	2 839.9	1 102.1
江苏	7 389.2	1 809.5	6 140.6	1 616.2	3 952.4	3 163.9	1 624.5	736.6
浙江	8 467.3	1 903.9	7 385.4	1 420.7	5 100.9	3 452.3	1 691.9	645.3
安徽	6 381.7	1 491.0	3 931.2	1 118.4	2 748.4	2 233.3	1 269.3	432.9
福建	8 299.6	1 443.5	6 530.5	1 393.4	3 205.7	2 461.5	1 178.5	492.8
江西	5 667.5	1 472.2	3 915.9	1 028.6	2 310.6	1 963.9	887.4	449.6
山东	5 929.4	1 977.7	4 473.1	1 576.5	3 002.5	2 399.3	1 610.0	526.9
河南	5 067.7	1 746.6	3 753.4	1 430.2	1 993.8	2 078.8	1 524.5	492.8
湖北	6 294.3	1 557.4	4 176.7	1 163.8	2 391.9	2 228.4	1 792.0	435.6
湖南	6 407.7	1 666.4	3 918.7	1 384.1	2 837.1	3 406.1	1 362.6	437.4
广东	9 421.6	1 583.4	6 410.4	1 721.9	4 198.1	3 103.4	1 304.5	870.1
广西	5 937.2	886.3	3 784.3	1 032.8	2 259.8	2 003.0	1 065.9	299.3
海南	7 419.7	859.6	3 527.7	954.0	2 582.3	1 931.3	1 399.8	341.0
重庆	6 883.9	1 939.2	3 801.1	1 466.0	2 573.9	2 232.4	1 700.0	434.4
四川	7 118.4	1 767.5	3 756.5	1 311.1	2 697.6	2 008.4	1 423.4	577.1
贵州	6 010.3	1 525.4	3 793.1	1 270.2	2 684.4	2 493.5	1 050.1	374.6
云南	5 528.2	1 195.5	3 814.4	1 135.1	2 791.2	2 217.0	1 526.7	414.3
西藏	8 727.8	1 812.5	3 614.5	983.0	2 198.4	922.5	585.3	596.5
陕西	5 422.0	1 542.2	3 681.5	1 367.7	2 455.7	2 474.0	2 016.7	409.0
甘肃	5 777.3	1 776.9	3 752.6	1 329.1	2 517.9	2 322.1	1 583.4	479.9
青海	5 975.7	1 963.5	3 809.4	1 322.1	3 064.3	2 352.9	1 750.4	614.9
宁夏	4 889.2	1 726.7	3 770.5	1 245.1	3 896.5	2 415.7	1 874.0	546.6
新疆	6 179.4	1 966.1	3 543.9	1 543.8	3 074.1	2 404.9	1 934.8	581.5

```
1. > rm(list = ls())
2. > ex3.5 <- read.table("例 3-5.txt", head = TRUE, fileEncoding = "utf8")
3. > dat35 <- ex3.5[, -1]
4. > rownames(dat35) <- ex3.5[, 1]
```

```
> round(cor(dat35),3)   #相关系数矩阵
         x1     x2     x3     x4     x5     x6     x7     x8
x1    1.000  0.190  0.676  0.511  0.622  0.452  0.111  0.659
x2    0.190  1.000  0.358  0.676  0.468  0.406  0.570  0.682
x3  0.676  0.358  1.000  0.767  0.789  0.816  0.559  0.822
x4    0.511  0.676  0.767  1.000  0.739  0.755  0.608  0.826
x5    0.622  0.468  0.789  0.739  1.000  0.799  0.532  0.799
x6    0.452  0.406  0.816  0.755  0.799  1.000  0.661  0.710
x7    0.111  0.570  0.559  0.608  0.532  0.661  1.000  0.633
x8    0.659  0.682  0.822  0.826  0.799  0.710  0.633  1.000
>#图 3-16
> dat35_cor <- as.dist(1-cor(dat35))
> dat35_cs <- hclust(dat35_cor, method="single")
> par(mfrow=c(1,1))
> plot(dat35_cs, hang = -1)
> rect.hclust(dat35_cs, k = 4)
>#计算距离矩阵
> dat35_dist <- dist(dat35, method ="euclidean", diag = TRUE, upper = FALSE)
>#类平均法
> dat35_ave <- hclust(dat35_dist, method="average")
> par(mfrow=c(1,1))
> plot(dat35_ave, hang = -1)
> rect.hclust(dat35_ave, k = 3)
>#最短距离法
> dat35_sin <- hclust(dat35_dist, method="single")
> par(mfrow=c(1,1))
> plot(dat35_sin, hang = -1)
> rect.hclust(dat35_sin, k = 3)
>#最长距离
> dat35_com <- hclust(dat35_dist, method="complete")
> par(mfrow=c(1,1))
> plot(dat35_com, hang = -1)
> rect.hclust(dat35_com, k = 3)
```

从输出结果我们可以得到最大的相关系数为 $r_{4,8}=0.826$，若将各变量分别看为一类，则首先将 G_4 和 G_8 并成一个新类 G_9，再计算 G_9 与其余各类的相关系数，并找到相关系数最大的两类，将两类合并，如此逐次缩小一类，最后可得到如图 3－16 所示的聚类结果。

由图 3－16 可看出全国城镇居民的消费结构大致可以分为四个方面：一方面是居住、生活用品、交通通信、文教娱乐和其他用品及服务支出类消费，这是在消费结构中占主导的方面；一方面是衣着支出类消费；一方面是食品烟酒支出类消费，在消费支出中也占较大比重；还有一方面是医疗保健支出类消费。

前面介绍的几种系统聚类方法，并类的原则和步骤基本一致，不同的是类与类之间距离的定义不同。其实可以把这几种方法统一起来，有利于在计算机上灵活选择更有意义的谱系图。

对例 3－5 我们采用欧氏距离，分别运用类平均法（组间联结）、最短距离法、最长距离法，对 31 个省、直辖市、自治区分类。3.7.1 节已详细介绍使用 R 进行系统聚类的步骤，此处不再详述，直接给出三种方法的聚类结果，分别如图 3－17 至图 3－19 和表 3－9 所示。其中，图 3－17、图 3－18 和图 3－19 分别是使用类平均法、最短距离法和最长距离法进行聚类得到的谱系图，表 3－9 中列出了采用以上三种系统聚类法将样品聚为 3 类的结果，以便于对比分析。

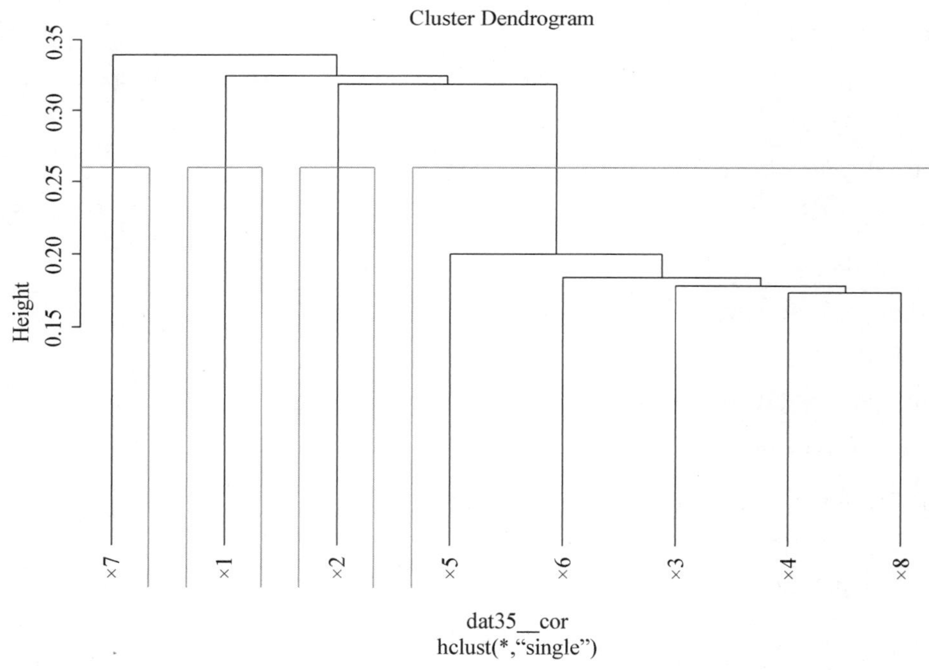

图 3－16　城镇居民消费指标聚类图

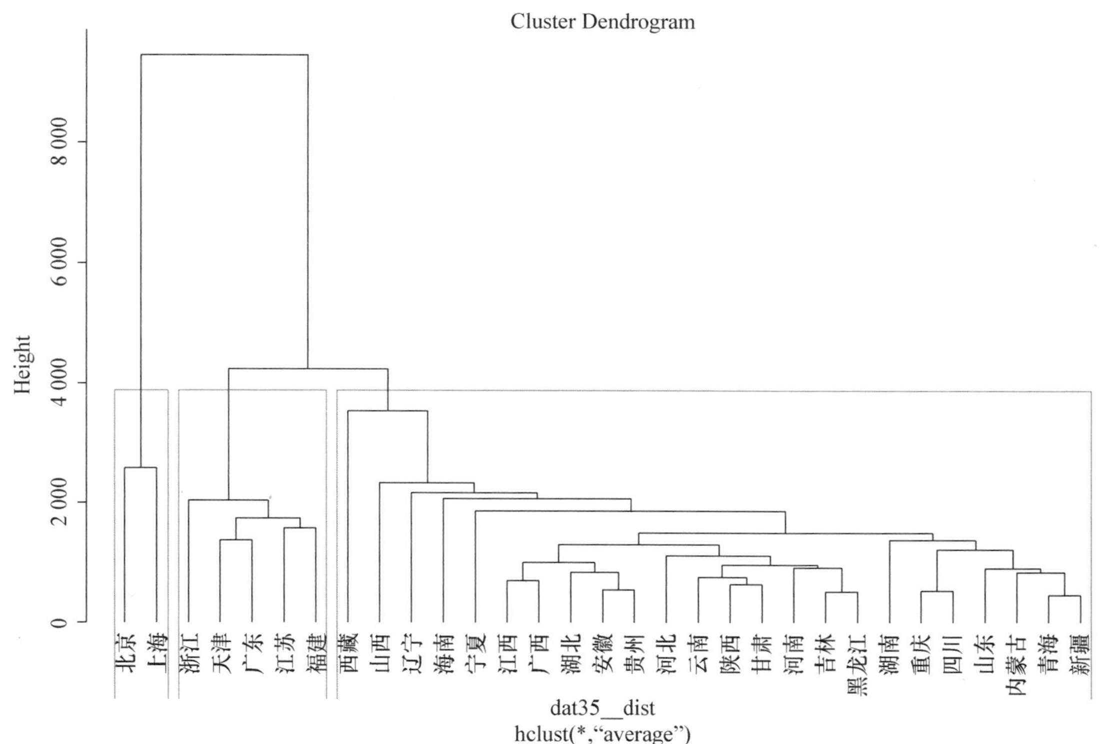

图 3-17　类平均法谱系图

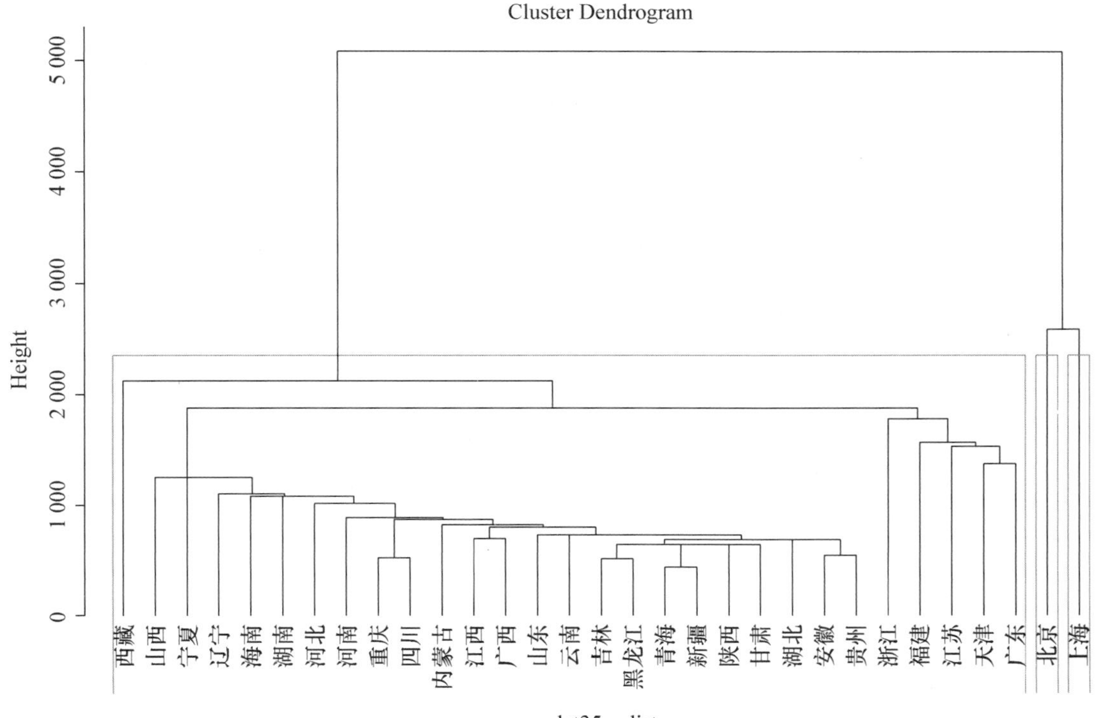

图 3-18　最短距离法谱系图

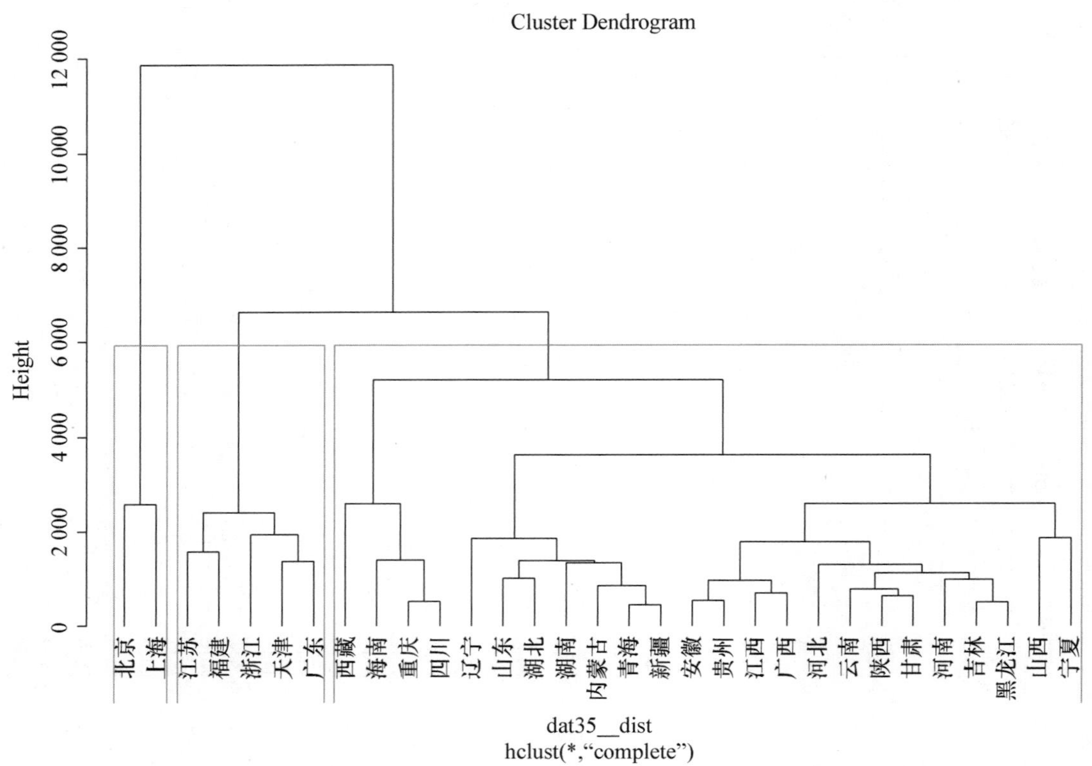

图 3-19　最长距离法谱系图

表 3-9　不同聚类方法的聚类结果对比表

地区	类平均法类标记	最短距离法类标记	最长距离法类标记
北京	1	1	1
天津	2	2	2
河北	3	2	3
山西	3	2	3
内蒙古	3	2	3
辽宁	3	2	3
吉林	3	2	3
黑龙江	3	2	3
上海	1	1	1
江苏	2	2	2
浙江	2	2	2
安徽	3	2	3
福建	2	2	2
江西	3	2	3
山东	3	2	3
河南	3	2	3

续表

地区	类平均法类标记	最短距离法类标记	最长距离法类标记
湖北	3	2	3
湖南	3	2	3
广东	2	2	2
广西	3	2	3
海南	3	2	3
重庆	3	2	3
四川	3	2	3
贵州	3	2	3
云南	3	2	3
西藏	3	2	3
陕西	3	2	3
甘肃	3	2	3
青海	3	2	3
宁夏	3	2	3
新疆	3	2	3

由表 3－9 可知，当把所有样品分为三类时，类平均法和最长距离法所得到的结果一致，{北京，上海} 为一类，这两个地区的居民平均消费水平最高；{天津，江苏，浙江，福建，广东} 为一类，这些地区的居民平均消费水平居中；其余的地区为一类，居民的平均消费水平较低。但最短距离法将北京和上海分别聚为一类，其余为一类，相对不如类平均法和最长距离法得到的分类结果合理。

【例 3－6】 仍以 2016 年 31 个省、直辖市、自治区的城镇居民的年平均消费支出数据为例，在 R 中利用 K-均值法对 31 个地区的城镇居民消费水平进行聚类分析。

```
> kmeans(dat35, centers = 3)
K-means clustering with 3 clusters of sizes 2, 24, 5
Cluster means:
         x1       x2        x3     x4      x5       x6       x7        x8
1  9042.600 2238.900 12672.000 2189.6 4762.70 4294.100 2734.850 1121.3500
2  5992.258 1690.754  3855.783 1258.9 2699.65 2271.425 1574.096  494.1958
3  8451.460 1770.860  6530.840 1563.2 4089.80 2964.940 1594.320  727.4000

Clustering vector:
北京 天津 河北 山西 内蒙古 辽宁 吉林 黑龙江 上海 江苏 浙江 安徽 福建 江西 山东 河南
  1    3    2    2     2    2    2      2    1    3    3    2    3    2    2    2
湖北 湖南 广东 广西 海南 重庆 四川 贵州 云南 西藏 陕西 甘肃 青海 宁夏 新疆
  2    2    3    2    2    2    2    2    2    2    2    2    2    2    2
```

输出结果展示了 3 个类的最终类中心情况，第一类各指标值仍是最优的，也给出了各类所包含的样品数，其中第一类包含 2 个地区，第二类包含 24 个地区，第三类包含 5 个地区。其中，北京和上海为第一类；天津、江苏、浙江、福建和广东为第三类；其余地区为第二类。

参考文献

[1] 王国梁，何晓群．多变量经济数据统计分析．西安：陕西科学技术出版社，1993.

[2] 方开泰，潘恩沛．聚类分析．北京：地质出版社，1982.

[3] Gordon，A. D. Classification. London：Chapman and Hall，1975.

[4] Hartigan，J. A. Clustering Algorithms. New York：John Wiley & Sons，Inc.，1975.

[5] Ryzin，J. Van. Classification and Clustering. New York：Academic Press，1977.

[6] Arthanavi，T. S.，Yadolah Dodge. Mathematical Programming in Statistics. New York：John Wiley & Sons，Inc.，1981.

[7] 张尧庭，方开泰．多元统计分析引论．北京：科学出版社，1982.

[8] 方开泰．实用多元统计分析．上海：华东师范大学出版社，1989.

[9] 王学仁，王松桂．实用多元统计分析．上海：上海科学技术出版社，1990.

[10] MacQueen，J. Some Methods for Classification and Analysis of Multivariate Observations，the 5th Berkley Symposium on Mathematics. Statistics and Probability，1967，1 (1).

[11] Dunn，J. C. A Fuzzy Relative of the ISODATA Process and Its Use in Detecting Compact Well-Separated Clusters. Journal of Cybernetics，1973，3 (3)：32-57.

[12] Bezdek，J. C. Cluster Validity with Fuzzy Sets. Journal of Cybernetics，1973 (3)：58-72.

[13] J. C. Bezdek. Pattern Recognition with Fuzzy Objective Function Algorithms. New York：Plenum，1981.

[14] E. H. Ruspini，J. C. Bezdek，J. M. Keller. Fuzzy Clustering：A Historical Perspective. IEEE Computational Intelligence Magazine，2019，14 (1)：45-55.

[15] Kaufman，L.，Rousseeuw，P. J. Finding Groups in Data：An Introduction to Cluster Analysis. New York：Wiley，1990.

[16] Charrad et al.. NbClust：An R Package for Deterring the Relevant Number of Cluster in a Data Set. Journal of Statistical Software，2014，61 (6)：1-36.

思考与练习

1. 聚类分析的基本思想和功能是什么？

2. 试述系统聚类法的原理和具体步骤。
3. 试述 K-均值聚类方法的原理。
4. 试述模糊聚类的思想方法。
5. 试运用 R 软件进行一个实际问题的分类研究。

第 4 章 判别分析

Chapter 4

学习目标

1. 掌握应该使用线性判别函数而不使用多元回归的情形；
2. 理解判别分析用于实际问题时的基本假定；
3. 掌握判别分析应用时的要点；
4. 描述判别分析的计算方法及其应用场合；
5. 掌握如何解释线性判别函数的性质，即用显著的判别力去判定被解释变量；
6. 掌握如何通过 R 软件实现判别分析。

回归模型普及性的基础在于用它去预测和解释度量（metric）变量。但是，对于非度量（nonmetric）变量，一般的多元回归不适用。本章介绍的判别分析适用于被解释变量是非度量变量的情形。在这种情况下，人们对于预测和解释影响一个对象所属类别的关系感兴趣，比如为什么某人是或者不是消费者，一家公司成功还是破产等。本章的目的主要有两个：（1）介绍判别分析的内在性质、基本原理和应用条件；（2）举例说明这些方法的应用和结果的解释。

判别分析在主要目的是识别一个个体所属类别的情况下有着广泛的应用。潜在的应用包括预测新产品的成功或失败，决定一个学生是否被录取，按职业兴趣对学生分组，确定某人信用风险的种类，或者预测一个公司能否成功。

4.1 判别分析的基本思想

有时会遇到被解释变量是属性变量和解释变量是度量变量的问题，就需要选择一种合适的分析方法。比如，我们希望区分好和差的信用风险。如果有信用风险的度量指标，就可以使用多元回归。但若需要判断某人是在好的或者差的一类，这就不是多元回归分析所要求的度量类型。

当被解释变量是属性变量而解释变量是度量变量时，判别分析是合适的统计分析方法。在很多情况下，被解释变量包含两组或者两类，比如，雄性与雌性、高与低。另外，有多于两组的情况，比如低、中、高的分类。判别分析能够解决两组或者更多组的情况。当包含两组时，称作两组判别分析。当包含三组或者三组以上时，称作多组判别分析(multiple discriminant analysis)。

判别分析最基本的要求是：分组类型在两组以上；每组案例的规模必须至少在一个以上；解释变量必须是可测量的，这样才能够计算其平均值和方差，使其能合理地应用于统计函数。

与其他多元线性统计模型类似，判别分析的假设之一是，每一个判别变量（解释变量）不能是其他判别变量的线性组合。这是因为为其他变量线性组合的判别变量不能提供新的信息，更重要的是在这种情况下无法估计判别函数。不仅如此，有时一个判别变量与另外的判别变量高度相关，或与另外的判别变量的线性组合高度相关，虽然能求解，但参数估计的标准误将很大，以至于参数估计统计上不显著，这就是通常所说的多重共线性问题。

判别分析的假设之二是，各组变量的协方差矩阵相等。判别分析最简单和最常用的形式是采用线性判别函数，它们是判别变量的简单线性组合。在各组协方差矩阵相等的假设条件下，可以使用很简单的公式来计算判别函数和进行显著性检验。

判别分析的假设之三是，各判别变量遵从多元正态分布，即每个变量对于所有其他变量的固定值有正态分布。在这种条件下可以精确计算显著性检验值和分组归属的概率。当违背该假设时，计算的概率将非常不准确。

4.2　距离判别

4.2.1　两总体情况

设有两个总体 G_1 和 G_2，$\boldsymbol{x}$ 是一个 p 维样品，若能定义样品到总体 G_1 和 G_2 的距离 $d(\boldsymbol{x}, G_1)$ 和 $d(\boldsymbol{x}, G_2)$，则可用如下的规则进行判别：若样品 $\boldsymbol{x}$ 到总体 G_1 的距离小于到总体 G_2 的距离，则认为样品 $\boldsymbol{x}$ 属于总体 G_1，反之，则认为样品 $\boldsymbol{x}$ 属于总体 G_2；若样品 $\boldsymbol{x}$ 到总体 G_1 和 G_2 的距离相等，则让它待判。这个准则的数学模型可做如下描述：

$$\begin{cases} \boldsymbol{x}\in G_1, & d(\boldsymbol{x}, G_1)<d(\boldsymbol{x}, G_2) \\ \boldsymbol{x}\in G_2, & d(\boldsymbol{x}, G_1)>d(\boldsymbol{x}, G_2) \\ \text{待判}, & d(\boldsymbol{x}, G_1)=d(\boldsymbol{x}, G_2) \end{cases} \tag{4.1}$$

当总体 G_1 和 G_2 为正态总体且协方差阵相等时，选用马氏距离，即

$$d^2(\boldsymbol{x}, G_1)=(\boldsymbol{x}-\boldsymbol{\mu}_1)'\boldsymbol{\Sigma}_1^{-1}(\boldsymbol{x}-\boldsymbol{\mu}_1) \tag{4.2}$$

$$d^2(\boldsymbol{x}, G_2)=(\boldsymbol{x}-\boldsymbol{\mu}_2)'\boldsymbol{\Sigma}_2^{-1}(\boldsymbol{x}-\boldsymbol{\mu}_2) \tag{4.3}$$

这里，$\boldsymbol{\mu}_1$，$\boldsymbol{\mu}_2$，$\boldsymbol{\Sigma}_1$，$\boldsymbol{\Sigma}_2$ 分别为总体 G_1 和 G_2 的均值和协方差阵。当总体不是正态总体时，有时也可以用马氏距离来描述 $\boldsymbol{x}$ 到总体的远近。

若 $\boldsymbol{\Sigma}_1=\boldsymbol{\Sigma}_2=\boldsymbol{\Sigma}$，这时

$$d^2(\boldsymbol{x}, G_2)-d^2(\boldsymbol{x}, G_1)=2\left(\boldsymbol{x}-\frac{\boldsymbol{\mu}_1+\boldsymbol{\mu}_2}{2}\right)'\boldsymbol{\Sigma}^{-1}(\boldsymbol{\mu}_1-\boldsymbol{\mu}_2)$$

令

$$\bar{\boldsymbol{\mu}}=\frac{\boldsymbol{\mu}_1+\boldsymbol{\mu}_2}{2}$$

$$\boldsymbol{\alpha}=\boldsymbol{\Sigma}^{-1}(\boldsymbol{\mu}_1-\boldsymbol{\mu}_2)$$

$$W(\boldsymbol{x})=(\boldsymbol{\mu}_1-\boldsymbol{\mu}_2)'\boldsymbol{\Sigma}^{-1}(\boldsymbol{x}-\bar{\boldsymbol{\mu}})=\boldsymbol{\alpha}'(\boldsymbol{x}-\bar{\boldsymbol{\mu}}) \tag{4.4}$$

于是判别规则可表示为：

$$\begin{cases}\boldsymbol{x}\in G_1, & W(\boldsymbol{x})>0\\ \boldsymbol{x}\in G_2, & W(\boldsymbol{x})<0\\ \text{待判}, & W(\boldsymbol{x})=0\end{cases} \tag{4.5}$$

这个规则取决于 $W(\boldsymbol{x})$ 的值，通常称 $W(\boldsymbol{x})$ 为判别函数，由于它是线性函数，又称为线性判别函数，$\boldsymbol{\alpha}$ 称为判别系数（类似于回归系数）。线性判别函数使用最方便，在实际中应用也最广泛。

当 $\boldsymbol{\mu}_1$，$\boldsymbol{\mu}_2$，$\boldsymbol{\Sigma}$ 未知时，可通过样本来估计。设 $\boldsymbol{x}_1^{(1)}$，$\boldsymbol{x}_2^{(1)}$，…，$\boldsymbol{x}_{n_1}^{(1)}$ 是来自 G_1 的样本，$\boldsymbol{x}_1^{(2)}$，$\boldsymbol{x}_2^{(2)}$，…，$\boldsymbol{x}_{n_2}^{(2)}$ 是来自 G_2 的样本，可以得到以下估计：

$$\hat{\boldsymbol{\mu}}_1=\frac{1}{n_1}\sum_{i=1}^{n_1}\boldsymbol{x}_i^{(1)}=\bar{\boldsymbol{x}}^{(1)}$$

$$\hat{\boldsymbol{\mu}}_2=\frac{1}{n_2}\sum_{i=1}^{n_2}\boldsymbol{x}_i^{(2)}=\bar{\boldsymbol{x}}^{(2)}$$

$$\hat{\boldsymbol{\Sigma}}=\frac{1}{n_1+n_2-2}(\boldsymbol{A}_1+\boldsymbol{A}_2)$$

其中，$\boldsymbol{A}_a=\sum_{j=1}^{n_a}(\boldsymbol{x}_j^{(a)}-\bar{\boldsymbol{x}}^{(a)})(\boldsymbol{x}_j^{(a)}-\bar{\boldsymbol{x}}^{(a)})'$，$a=1, 2$。

当两个总体协方差阵 $\boldsymbol{\Sigma}_1$ 与 $\boldsymbol{\Sigma}_2$ 不等时，可用

$$W(\boldsymbol{x})=d^2(\boldsymbol{x}, G_2)-d^2(\boldsymbol{x}, G_1)=(\boldsymbol{x}-\boldsymbol{\mu}_2)'\boldsymbol{\Sigma}_2^{-1}(\boldsymbol{x}-\boldsymbol{\mu}_2)-(\boldsymbol{x}-\boldsymbol{\mu}_1)'\boldsymbol{\Sigma}_1^{-1}(\boldsymbol{x}-\boldsymbol{\mu}_1)$$

作为判别函数，这时它是 $\boldsymbol{x}$ 的二次函数。

4.2.2 多总体情况

1. 协方差阵相同

设有 k 个总体 G_1，G_2，…，G_k，它们的均值分别是 $\boldsymbol{\mu}_1$，$\boldsymbol{\mu}_2$，…，$\boldsymbol{\mu}_k$，协方差阵均为

$\boldsymbol{\Sigma}$。类似于两总体的讨论，判别函数为：

$$W_{ij}(\boldsymbol{x})=\left(\boldsymbol{x}-\frac{\boldsymbol{\mu}_i+\boldsymbol{\mu}_j}{2}\right)'\boldsymbol{\Sigma}^{-1}(\boldsymbol{\mu}_i-\boldsymbol{\mu}_j),\quad i,j=1,2,\cdots,k$$

相应的判别规则是

$$\begin{cases}\boldsymbol{x}\in G_i, & W_{ij}(\boldsymbol{x})>0,\forall j\neq i\\ \text{待判}, & \text{某个 } W_{ij}(\boldsymbol{x})=0\end{cases}$$

当 $\boldsymbol{\mu}_1$，$\boldsymbol{\mu}_2$，…，$\boldsymbol{\mu}_k$，$\boldsymbol{\Sigma}$ 未知时，设从 G_a 中抽取的样本为 $\boldsymbol{x}_1^{(a)}$，$\boldsymbol{x}_2^{(a)}$，…，$\boldsymbol{x}_{n_a}^{(a)}$（$a=1$，2，…，$k$），则它们的估计为：

$$\hat{\boldsymbol{\mu}}_a=\bar{\boldsymbol{x}}^{(a)}=\frac{1}{n_a}\sum_{j=1}^{n_a}\boldsymbol{x}_j^{(a)}$$

$$\hat{\boldsymbol{\Sigma}}=\frac{1}{n-k}\sum_{a=1}^{k}\boldsymbol{A}_a$$

式中　$n=n_1+n_2+\cdots+n_k$

$$\boldsymbol{A}_a=\sum_{j=1}^{n_a}(\boldsymbol{x}_j^{(a)}-\bar{\boldsymbol{x}}^{(a)})(\boldsymbol{x}_j^{(a)}-\bar{\boldsymbol{x}}^{(a)})'$$

2. 协方差阵不相同

这时判别函数为：

$$V_{ij}(\boldsymbol{x})=(\boldsymbol{x}-\boldsymbol{\mu}_i)'\boldsymbol{\Sigma}_i^{-1}(\boldsymbol{x}-\boldsymbol{\mu}_i)-(\boldsymbol{x}-\boldsymbol{\mu}_j)'\boldsymbol{\Sigma}_j^{-1}(\boldsymbol{x}-\boldsymbol{\mu}_j)$$

判别规则为：

$$\begin{cases}\boldsymbol{x}\in G_i, & V_{ij}(\boldsymbol{x})<0,\forall j\neq i\\ \text{待判}, & \text{某个 } V_{ij}=0\end{cases}$$

当 $\boldsymbol{\mu}_1$，$\boldsymbol{\mu}_2$，…，$\boldsymbol{\mu}_k$，$\boldsymbol{\Sigma}_1$，$\boldsymbol{\Sigma}_2$，…，$\boldsymbol{\Sigma}_k$ 未知时，$\hat{\boldsymbol{\mu}}_a$ 的估计与协方差阵相同时的估计一致，而

$$\hat{\boldsymbol{\Sigma}}_a=\frac{1}{n_a-1}\boldsymbol{A}_a,\quad a=1,2,\cdots,k$$

式中，$\boldsymbol{A}_a$ 与协方差阵相同时的估计一致。

线性判别函数容易计算，二次判别函数计算比较复杂，为此需要一些计算方法。因 $\boldsymbol{\Sigma}_i>\boldsymbol{0}$，存在唯一的下三角阵 $\mathbf{V}_i$，其对角线元素均为正，使得

$$\boldsymbol{\Sigma}_i=\mathbf{V}_i\mathbf{V}_i'$$

从而

$$\boldsymbol{\Sigma}_i^{-1}=(\mathbf{V}_i')^{-1}\mathbf{V}_i^{-1}=\mathbf{L}_i'\mathbf{L}_i$$

$\boldsymbol{L}_i$ 仍为下三角阵。我们可事先将 $\boldsymbol{L}_1$，$\boldsymbol{L}_2$，…，$\boldsymbol{L}_k$ 算出。令 $\boldsymbol{Z}_i=\boldsymbol{L}_i(\boldsymbol{x}-\boldsymbol{\mu}_i)$，则

$$d^2(\boldsymbol{x}, G_i)=(\boldsymbol{x}-\boldsymbol{\mu}_i)'\boldsymbol{L}_i'\boldsymbol{L}_i(\boldsymbol{x}-\boldsymbol{\mu}_i)=\boldsymbol{Z}_i'\boldsymbol{Z}_i$$

用这样的方法计算就比较方便。

4.3　贝叶斯判别

贝叶斯（Bayes）统计的思想是：假定对研究对象已有一定的认识，常用先验概率分布来描述这种认识，然后我们取得一个样本，用样本来修正已有的认识（先验概率分布），得到后验概率分布，各种统计推断都通过后验概率分布来进行。将贝叶斯思想用于判别分析，就得到贝叶斯判别。

设有 k 个总体 G_1，G_2，…，G_k，分别具有 p 维密度函数 $p_1(\boldsymbol{x})$，$p_2(\boldsymbol{x})$，…，$p_k(\boldsymbol{x})$，已知出现这 k 个总体的先验分布为 q_1，q_2，…，q_k，我们希望建立判别函数和判别规则。

用 D_1，D_2，…，D_k 表示 R^p 的一个划分，即 D_1，D_2，…，D_k 互不相交，且 $D_1\cup D_2\cup\cdots\cup D_k=R^p$。如果这个划分取得适当，正好对应于 k 个总体，这时判别规则可以表示为：

$$\boldsymbol{x}\in G_i,\quad \boldsymbol{x} \text{ 落入 } D_i,\quad i=1, 2, \cdots, k$$

问题是如何获得这个划分。用 $c(j\mid i)$ 表示样品来自 G_i 而误判为 G_j 的损失，这一误判的概率为：

$$p(j\mid i)=\int_{D_j}p_i(\boldsymbol{x})\mathrm{d}\boldsymbol{x}$$

于是有以上判别规则，所带来的平均损失 ECM（expected cost of misclassification）为：

$$ECM(D_1, D_2, \cdots, D_k)=\sum_{i=1}^{k}q_i\sum_{j=1}^{k}c(j\mid i)p(j\mid i)$$

我们总是定义 $c(i\mid i)=0$，目的是求 D_1，D_2，…，D_k，使 ECM 达到最小。

关于贝叶斯判别具体的性质、详细的数学证明及推导可参见参考文献［2］。

4.4　费歇判别

费歇判别的思想是投影，将 k 组 p 维数据投影到某一个方向，使得组与组之间的投影尽可能地分开。如何衡量组与组之间尽可能地分开呢？费歇判别借用了一元方差分析的思想。

设从 k 个总体分别取得 k 组 p 维观察值如下：

$$G_1: \boldsymbol{x}_1^{(1)}, \boldsymbol{x}_2^{(1)}, \cdots, \boldsymbol{x}_{n_1}^{(1)}$$
$$G_2: \boldsymbol{x}_1^{(2)}, \boldsymbol{x}_2^{(2)}, \cdots, \boldsymbol{x}_{n_2}^{(2)} \qquad n=n_1+n_2+\cdots+n_k$$
$$\vdots$$
$$G_k: \boldsymbol{x}_1^{(k)}, \boldsymbol{x}_2^{(k)}, \cdots, \boldsymbol{x}_{n_k}^{(k)}$$

令 $\boldsymbol{a}$ 为 R^p 中的任一向量，$u(\boldsymbol{x})=\boldsymbol{a}'\boldsymbol{x}$ 为 $\boldsymbol{x}$ 向以 $\boldsymbol{a}$ 为法线方向的投影，这时，上述数据的投影为：

$$G_1: \boldsymbol{a}'\boldsymbol{x}_1^{(1)}, \boldsymbol{a}'\boldsymbol{x}_2^{(1)}, \cdots, \boldsymbol{a}'\boldsymbol{x}_{n_1}^{(1)}$$
$$G_2: \boldsymbol{a}'\boldsymbol{x}_1^{(2)}, \boldsymbol{a}'\boldsymbol{x}_2^{(2)}, \cdots, \boldsymbol{a}'\boldsymbol{x}_{n_2}^{(2)}$$
$$\vdots$$
$$G_k: \boldsymbol{a}'\boldsymbol{x}_1^{(k)}, \boldsymbol{a}'\boldsymbol{x}_2^{(k)}, \cdots, \boldsymbol{a}'\boldsymbol{x}_{n_k}^{(k)}$$

它正好组成一元方差分析的数据，其组间平方和为：

$$SSG=\sum_{i=1}^{k} n_i(\boldsymbol{a}'\bar{\boldsymbol{x}}^{(i)}-\boldsymbol{a}'\bar{\boldsymbol{x}})^2=\boldsymbol{a}'\left[\sum_{i=1}^{k} n_i(\bar{\boldsymbol{x}}^{(i)}-\bar{\boldsymbol{x}})(\bar{\boldsymbol{x}}^{(i)}-\bar{\boldsymbol{x}})'\right]\boldsymbol{a}=\boldsymbol{a}'\boldsymbol{B}\boldsymbol{a}$$

式中，$\boldsymbol{B}=\sum_{i=1}^{k} n_i(\bar{\boldsymbol{x}}^{(i)}-\bar{\boldsymbol{x}})(\bar{\boldsymbol{x}}^{(i)}-\bar{\boldsymbol{x}})'$，$\bar{\boldsymbol{x}}^{(i)}$ 和 $\bar{\boldsymbol{x}}$ 分别为第 i 组均值和总均值向量。

组内平方和为：

$$\begin{aligned} SSE &= \sum_{i=1}^{k}\sum_{j=1}^{n_i}(\boldsymbol{a}'\boldsymbol{x}_j^{(i)}-\boldsymbol{a}'\bar{\boldsymbol{x}}^{(i)})^2 \\ &= \boldsymbol{a}'\left[\sum_{i=1}^{k}\sum_{j=1}^{n_i}(\boldsymbol{x}_j^{(i)}-\bar{\boldsymbol{x}}^{(i)})(\boldsymbol{x}_j^{(i)}-\bar{\boldsymbol{x}}^{(i)})'\right]\boldsymbol{a}=\boldsymbol{a}'\boldsymbol{E}\boldsymbol{a}\end{aligned}$$

式中，$\boldsymbol{E}=\sum_{i=1}^{k}\sum_{j=1}^{n_i}(\boldsymbol{x}_j^{(i)}-\bar{\boldsymbol{x}}^{(i)})(\boldsymbol{x}_j^{(i)}-\bar{\boldsymbol{x}}^{(i)})'$。如果 k 组均值有显著差异，则

$$F=\frac{SSG/(k-1)}{SSE/(n-k)}=\frac{n-k}{k-1}\frac{\boldsymbol{a}'\boldsymbol{B}\boldsymbol{a}}{\boldsymbol{a}'\boldsymbol{E}\boldsymbol{a}}$$

应充分地大，或者

$$\Delta(\boldsymbol{a})=\frac{\boldsymbol{a}'\boldsymbol{B}\boldsymbol{a}}{\boldsymbol{a}'\boldsymbol{E}\boldsymbol{a}}$$

应充分地大。因此我们可以求 $\boldsymbol{a}$，使得 $\Delta(\boldsymbol{a})$ 达到最大。显然，这个 $\boldsymbol{a}$ 并不唯一，因为如果 $\boldsymbol{a}$ 使 $\Delta(\cdot)$ 达到极大，则 $c\boldsymbol{a}$ 也使 $\Delta(\cdot)$ 达到极大，c 为任意不等于零的实数。由矩阵知识我们知道 $\Delta(\cdot)$ 的极大值为 λ_1，它是 $|\boldsymbol{B}-\lambda\boldsymbol{E}|=0$ 的最大特征根，$\boldsymbol{l}_1$，$\boldsymbol{l}_2$，…，$\boldsymbol{l}_r$ 为相应的特征向量，当 $\boldsymbol{a}=\boldsymbol{l}_1$ 时，可使 $\Delta(\cdot)$ 达到最大。由于 $\Delta(\boldsymbol{a})$ 的大小可衡量判别函数 $u(\boldsymbol{x})=\boldsymbol{a}'\boldsymbol{x}$ 的效果，故称 $\Delta(\boldsymbol{a})$ 为判别效率。综上所述，得到如下定理。

定理 4.1　费歇准则下的线性判别函数 $u(\boldsymbol{x})=\boldsymbol{a}'\boldsymbol{x}$ 的解 $\boldsymbol{a}$ 为方程 $|\boldsymbol{B}-\lambda\boldsymbol{E}|=0$ 的最大特征根 λ_1 所对应的特征向量 $\boldsymbol{l}_1$，且相应的判别效率为 $\Delta(\boldsymbol{l}_1)=\lambda_1$。

在有些问题中，仅用一个线性判别函数不能很好地区分各个总体，可取 λ_2 对应的特征

向量 $\boldsymbol{l}_2$，建立第二个判别函数 $\boldsymbol{l}_2'\boldsymbol{x}$。如还不够，可建立第三个线性判别函数 $\boldsymbol{l}_3'\boldsymbol{x}$，依此类推。

迄今为止，我们仅仅给出了费歇准则下的判别函数，没有给出判别规则。前面曾讲过，在费歇准则下的判别函数并不唯一，若 $u(\boldsymbol{x})=\boldsymbol{l}'\boldsymbol{x}$ 为判别函数，则 $au(\boldsymbol{x})+\beta$ 为与 $u(\boldsymbol{x})$ 具有相同判别效率的判别函数。不唯一性对于制定判别规则并没有妨碍，我们可从中任取一个。一旦选定了判别函数，根据它就可以确定判别规则。

关于费歇判别具体的性质、详细的数学证明及推导可参见参考文献［2］。

4.5 逐步判别

在多元回归中，变量选择的好坏直接影响回归的效果，在判别分析中也有类似的问题。如果在某个判别问题中，将最主要的指标忽略了，由此建立的判别函数效果一定不好。但是，在许多问题中，事先并不十分清楚哪些指标是主要的，这时，是否将有关的指标尽量收集加入计算才好呢？理论和实践证明，指标太多，不仅带来大量的计算，而且许多对判别无作用的指标反而会干扰我们的视线。因此，适当筛选变量就成为一件很重要的事情。凡具有筛选变量能力的判别方法统称为逐步判别法。和通常的判别分析一样，逐步判别也有许多不同的原则，从而产生各种方法。有关逐步判别法的理论基础详见参考文献［1］、［2］所讨论指标的附加信息检验。

逐步判别的原则为：

(1) 在 x_1，x_2，…，x_m（即 m 个自变量）中先选出一个自变量，它使维尔克斯统计量 Λ_i（$i=1$，2，…，m）达到最小。为了叙述方便，又不失一般性，假定挑选的变量次序是按自然的次序，即第 r 步正好选中 x_r，第一步选中 x_1，则有 $\Lambda_1=\min\limits_{1\leqslant i\leqslant m}\{\Lambda_i\}$，并考察 Λ_1 是否落入接受域，如果不显著，则表明一个变量也选不中，不能用判别分析；如果显著，则进入下一步。

(2) 在未选中的变量中，计算它们与已选中的变量 x_1 配合的 Λ 值。选择使 $\Lambda_{1\cdot i}(2\leqslant i\leqslant m)$ 达到最小的变量作为第二个变量。这样，如已选入了 r 个变量，不妨设为 x_1，x_2，…，x_r，则在未选中的变量中逐次选一个与它们配合，计算 $\Lambda_{1,2,\cdots,r\cdot l}(r<l\leqslant m)$，选择使其达到极小的变量作为第 $r+1$ 个变量，并检验新选的第 $r+1$ 个变量能否提供附加信息，如果不能则转入（4），否则转入（3）。

(3) 在已选入的 r 个变量中，要考虑较早选的变量的重要性有没有较大的变化，应及时把不能提供附加信息的变量剔除出去。剔除的原则等同于引进的原则。例如在已进入的 r 个变量中要考察 $x_l(1\leqslant l\leqslant r)$ 是否应剔除，就是计算 $\Lambda_{l\cdot 1,\cdots,l-1,l+1,\cdots,r}$，选择达到极小（大）的 l，看是否显著，如不显著将该变量剔除，仍回到（3），继续考察余下的变量是否需要剔除，如显著则回到（2）。

(4) 这时既不能选入新变量，又不能剔除已选进的变量，利用已选中的变量建立判别函数。

有关逐步判别的计算方法和案例可参见参考文献［1］、［2］。

4.6 判别分析应用的几个例子

判别分析的逻辑步骤框图如图 4-1 所示。

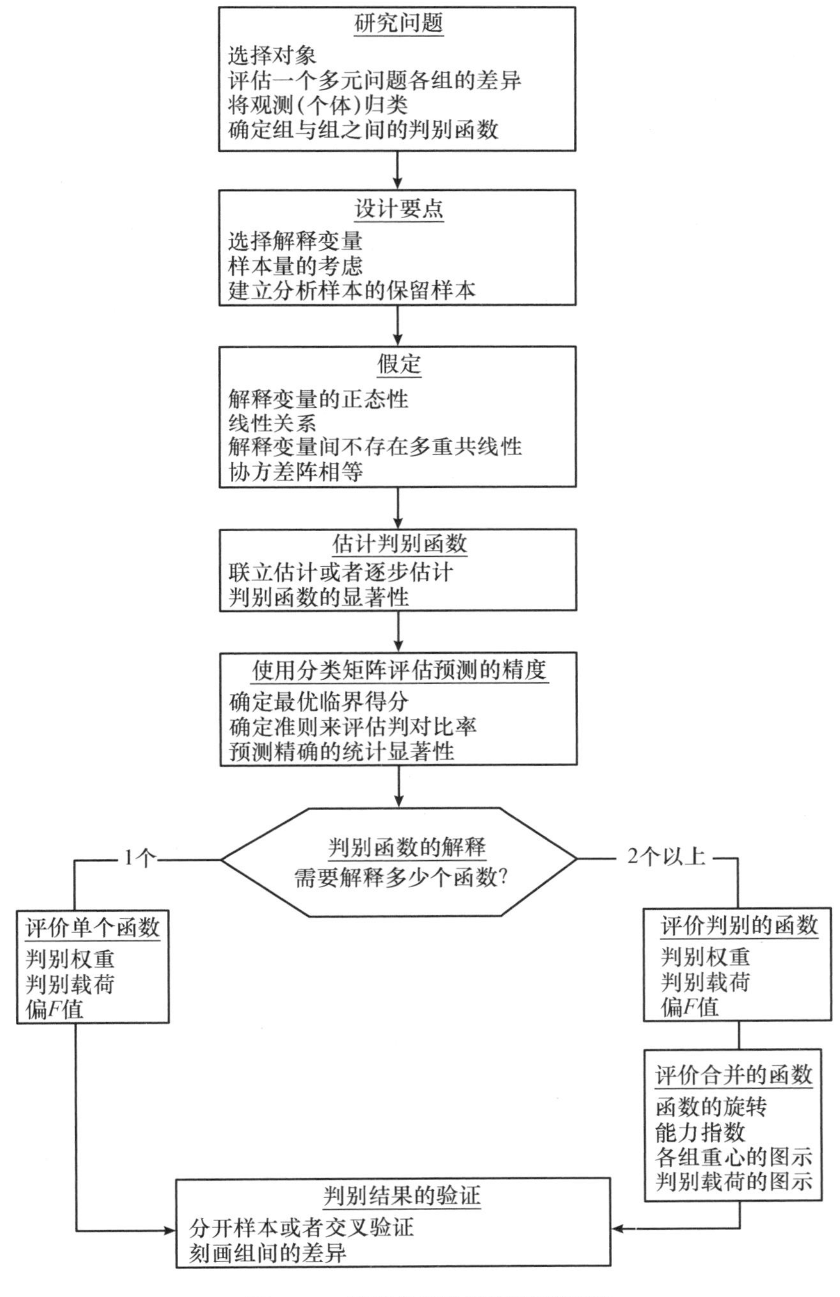

图 4-1 判别分析的逻辑步骤框图

有关判别分析逻辑步骤框图的具体解释参见参考文献［12］。

【例 4-1】 判别分析的一个重要应用是动植物的分类，最著名的一个例子是 1936 年费歇的鸢尾花数据（Iris Data）（参见参考文献［13］）。鸢尾花为法国的国花，Setosa，Versicolor，Virginica 是三种有名的鸢尾花，其萼片是绚丽多彩的，和向上的花瓣不同，花萼是下垂的。这三种鸢尾花很像，人们试图建立模型，根据萼片和花瓣的四个度量来对鸢尾花分类。该数据给出 150 朵鸢尾花的萼片长（Sepal. length）、萼片宽（Sepal. width）、花瓣长（Petal. length）、花瓣宽（Petal. width）以及这些花分别属于的种类（Species）共五个变量。萼片和花瓣的长宽为四个定量变量，种类为分类变量（取三个值：Setosa，Versicolor，Virginica）。这里三种鸢尾花各有 50 个观测值。

第 1 步：加载数据，并进行简单分析。四个变量的摘要，最小值、1/4 分位数、中位数、均值、3/4 分位数和最大值。三种类的个数都是 50。

```
> rm(list = ls())
> library(MASS)
> data(iris)
> summary(iris)
   Sepal.Length  Sepal.Width   Petal.Length  Petal.Width   Species
Min.    :4.300  Min.   :2.000 Min.   :1.000 Min.   :0.100 setosa    :50
1st Qu. :5.100  1st Qu.:2.800 1st Qu.:1.600 1st Qu.:0.300 versicolor:50
Median  :5.800  Median :3.000 Median :4.350 Median :1.300 virginica :50
Mean    :5.843  Mean   :3.057 Mean   :3.758 Mean   :1.199
3rd Qu. :6.400  3rd Qu.:3.300 3rd Qu.:5.100 3rd Qu.:1.800
Max.    :7.900  Max.   :4.400 Max.   :6.900 Max.   :2.500
```

第 2 步：建立模型。Group means 输出四个变量在每组（种类）的均值，其显示四个变量的均值之间有差异。我们可以利用第 2 章实例分析的方法和代码对它们进行检验，结果是它们存在显著差异。Coefficients of linear discriminants 是数据标准化每个判别函数对应变量的系数，从而得到标准化的判别函数是：

$$y1 = 0.829\text{Sepal. length} + 1.534\text{Sepal. width} - 2.201\text{Petal. length} - 2.810\text{Petal. width}$$

$$y2 = 0.024\text{Sepal. length} + 2.165\text{Sepal. width} - 0.932\text{Petal. length} + 2.839\text{Petal. width}$$

Proportion of trace 显示判别函数的解释比例。第一判别函数解释了 99.12%的方差，第二判别函数解释了 0.8%的方差，两个判别函数解释了全部方差。

```
> iris.lda <- MASS::lda(iris$Species~., data = iris)
> iris.lda
```

```
Prior probabilities of groups:
     setosa versicolor  virginica
 0.3333333  0.3333333  0.3333333
Group means:
               Sepal.Length Sepal.Width Petal.Length Petal.Width
setosa                5.006       3.428        1.462       0.246
versicolor            5.936       2.770        4.260       1.326
virginica             6.588       2.974        5.552       2.026
Coefficients of linear discriminants:
                     LD1          LD2
Sepal.Length   0.8293776   0.02410215
Sepal.Width    1.5344731   2.16452123
Petal.Length  -2.2012117  -0.93192121
Petal.Width   -2.8104603   2.83918785

Proportion of trace:
   LD1    LD2
0.9912 0.008
```

第 3 步：预测。我们用 predict 函数进行预算，其输出预测值（$class）和判别函数的值（$x）。通过判别函数预测，有 147 个观测是分类正确的，其中，第 1 组（Setosa）50 个观测全部被判对，第 2 组（Versicolor）50 个观测中有 48 个观测被判对，第 3 组（Virginica）50 个观测中有 49 个观测被判对，从而有 147/150＝98％的原始观测被判对。最后为分类结果图，从图中可以看到，Setosa 鸢尾花与 Versicolor 鸢尾花和 Virginica 鸢尾花可以很清晰地区分开，Versicolor 鸢尾花和 Virginica 鸢尾花之间存在重合区域，即存在误判。其中，图 4-2 真实的三种分类标记，"○"代表 Setosa，"△"代表 Versicolor，"＋"代表 Virginica，相对应预测的标记"1"，"2"和"3"。我们可以发现有两个"△"用了"3"标记，说明 Versicolor 被误判为 Virginica。另外，还有一个"＋"用了"2"标记，说明 Virginica 被误判为 Versicolor。

```
> fit <- predict(iris.lda)
> pred <- fit$class#预测值
> tru <- iris$Species#真实值
> table(tru, pred)#误判个数
            pred
tru          setosa  versicolor  virginica
  setosa         50           0          0
```

```
versicolor      0           48          2
virginica       0            1         49
> table(tru,  pred )/50 # 误判率
             pred
tru          setosa versicolor virginica
  setosa      1.00       0.00       0.00
  versicolor  0.00       0.96       0.04
  virginica   0.00       0.02       0.98
> # 画图比较
> plot(fit $ x, pch = as.numeric(iris $ Species))
> text(fit $ x[,1], fit $ x[,2], as.numeric(fit $ class), adj = - 0.5)
```

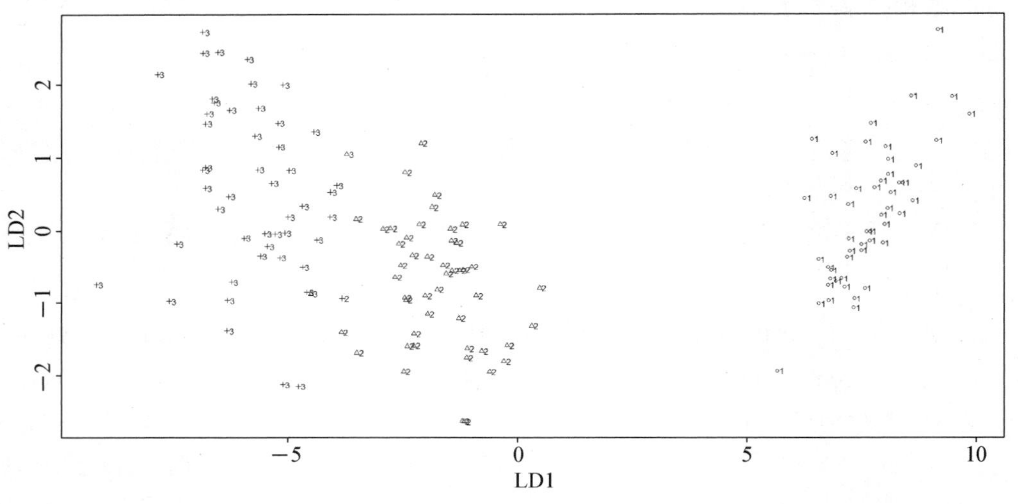

图 4－2　分类的结果图

第 4 步：分析判别函数。我们用 ldahist 函数画判别函数每组的直方图。第一判别函数的 Setosa 与其他两组分得很开，没有重合部分，Versicolor 和 Virginica 有部分重合，－5 到－3 都重合，这印证了上面的分类结果（参见图 4－3）。第二别函数的每组直方图都有重合部分，这印证了上面第二判别函数解释度的结论（参见图 4－4）。另外，每组判别函数的均值进一步论证了图显示的结果。

```
> # 分析判别函数和真实组的关系
> ldahist(data  = fit $ x[,1], g = iris $ Species)
> ldahist(data  = fit $ x[,2], g = iris $ Species)
> # 计算每组判别函数的均值
> apply(fit $ x[fit $ class = = "setosa", ], 2, mean)
      LD1       LD2
```

```
7.607600 0.215133
> apply(fit$x[fit$class=="versicolor", ], 2, mean)
         LD1        LD2
-1.7725157 -0.7653006
> apply(fit$x[fit$class=="virginica", ], 2, mean)
         LD1        LD2
-5.7554260  0.5243741
```

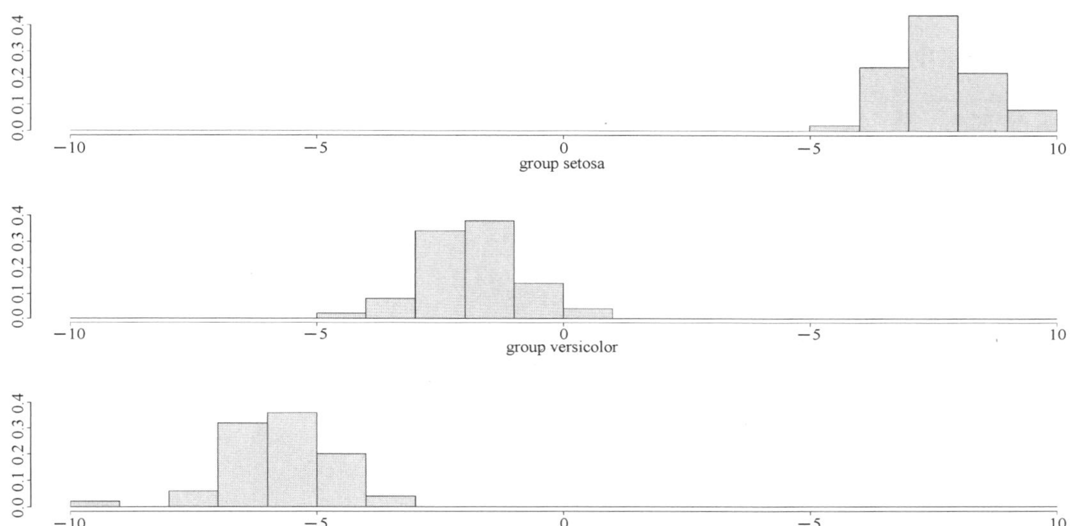

图 4-3 第一判别函数每组的直方图

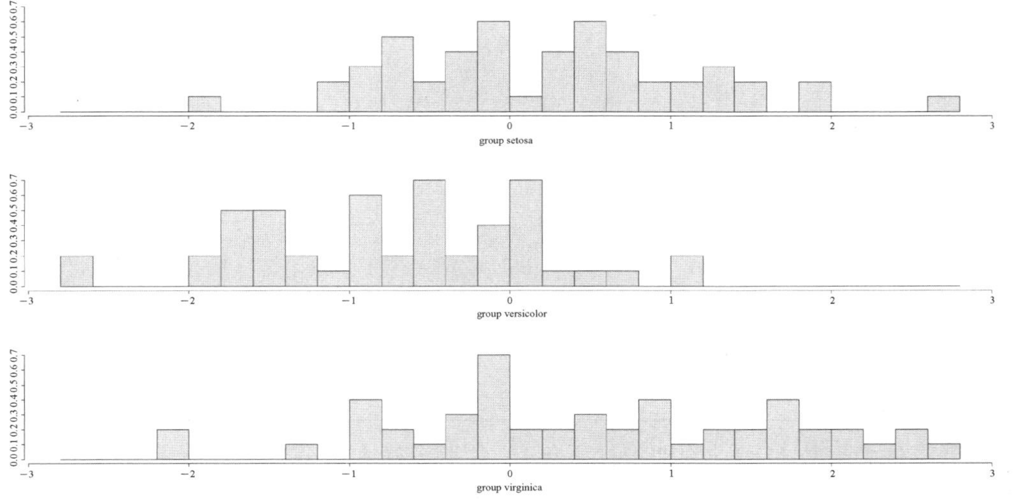

图 4-4 第二判别函数每组的直方图

【例 4-2】联合国开发计划署发表的《2016 年人类发展报告》中公布了世界大部分国家和地区的人类发展指数，并将人类发展水平划分为极高、高、中等和低四个等级，本例分别用 1，2，3，4 来表示这四个等级。人类发展指数是基于出生时预期寿命（岁）、预期受教育年限（年）、平均受教育年限（年）和人均国民总收入（国际元/人）指标计算得到的。现采用这四个指标作为判别指标，并选取报告中公布了人类发展水平等级的 20 个国家和地区（未选择人类发展水平低的国家），试图建立判别函数，然后判定中国内地和中国香港分别属于哪个等级。判别指标的原始数据及已有的相应分类如表 4-1 所示。

表 4-1　2015 年人类发展水平数据

序号	国家和地区	出生时预期寿命（X_1）	预期受教育年限（X_2）	平均受教育年限（X_3）	人均国民总收入（X_4）	等级
1	挪威	81.7	17.7	12.7	67 614	1
2	瑞士	83.1	16.0	13.4	56 364	1
3	美国	79.2	16.5	13.2	53 245	1
4	英国	80.8	16.3	13.3	37 931	1
5	韩国	82.1	16.6	12.2	34 541	1
6	意大利	83.3	16.3	10.9	33 573	1
7	乌拉圭	77.4	15.5	8.6	19 148	2
8	马来西亚	74.9	13.1	10.1	24 620	2
9	巴拿马	77.8	13.0	9.9	19 470	2
10	土耳其	75.5	14.6	7.9	18 705	2
11	墨西哥	77.0	13.3	8.6	16 383	2
12	巴西	74.7	15.2	7.8	14 145	2
13	秘鲁	74.8	13.4	9.0	11 295	2
14	泰国	74.6	13.6	7.9	14 519	2
15	印度尼西亚	69.1	12.9	7.9	10 053	3
16	巴勒斯坦	73.1	12.8	8.9	5 256	3
17	菲律宾	68.3	11.7	9.3	8 395	3
18	南非	57.7	13.0	10.3	12 087	3
19	印度	68.3	11.7	6.3	5 663	3
20	巴基斯坦	66.4	8.1	5.1	5 031	3
1	中国香港	84.2	15.7	11.6	54 265	
2	中国内地	76.0	13.5	7.6	13 345	

解：本例中组数 $k=3$，判别指标 $p=4$，各类中样本量分别为：$n_1=6$，$n_2=8$，$n_3=6$，待判样品个数为 2。

计算总体协方差阵的估计矩阵的逆为：

$$\hat{\boldsymbol{\Sigma}}^{-1}=\begin{bmatrix} 11\,651.307 & -2\,255.729 & 6\,484.284 & 0.288 \\ -2\,255.729 & 76\,953.030 & -25\,966.378 & -0.914 \\ 6\,484.284 & 25\,966.380 & 79\,663.921 & -3.745 \\ 0.288 & -0.914 & -3.745 & 0.002 \end{bmatrix}\times 10^{-5}$$

我们使用 R 软件编程，分别计算每个样品到 G_1，G_2，G_3 类的马氏距离，然后比较 3 个距离的大小并将其归入距离最小的类。20 个国家和地区的回判结果以及中国内地和中国香港两个待判样品的判别结果如表 4－2 所示。由表 4－2 可知，中国内地被判为第 2 类，属于高人类发展水平，中国香港被判为第 1 类，属于极高人类发展水平，与人类发展报告公布的结果一致，而且回判的误判率为 0，说明本例使用距离判别法建立的判别函数是有效的。

表 4－2　所有样品的判别结果

国家和地区	原类别	最小距离及归类		正误判标志（正＝0；误＝1）
挪威	1	7.797	1	0
瑞士	1	2.494	1	0
美国	1	1.131	1	0
英国	1	2.534	1	0
韩国	1	2.581	1	0
意大利	1	3.488	1	0
乌拉圭	2	2.126	2	0
马来西亚	2	2.871	2	0
巴拿马	2	3.189	2	0
土耳其	2	1.291	2	0
墨西哥	2	0.470	2	0
巴西	2	2.855	2	0
秘鲁	2	1.182	2	0
泰国	2	0.745	2	0
印度尼西亚	3	1.555	3	0
巴勒斯坦	3	5.891	3	0
菲律宾	3	1.716	3	0
南非	3	11.399	3	0
印度	3	1.922	3	0
巴基斯坦	3	10.764	3	0
中国香港	待判	3.075 309	1	
中国内地	待判	0.792 518	2	

这里顺便指出，回判的误判率并不是“误判概率”，而且前者通常要小些，回判情况仅供使用时参考。

【例4-3】根据系统聚类法的谱系图图3-17、图3-18和图3-19可知，若将2016年全国31个省、直辖市、自治区城镇居民的人均消费支出水平划分为2类，其中北京和上海为一类，其余地区为一类。现将广东和西藏作为待判样品，具体分类数据如表4-3所示。试建立费歇线性判别函数，并将广东和西藏两个待判省区归类。

表4-3　2016年31个地区城镇居民人均消费水平划分数据　　单位：元

X_1　食品烟酒支出　X_2　衣着支出　X_3　居住支出　X_4　生活用品及服务支出
X_5　交通通信支出　X_6　教育文化娱乐支出　X_7　医疗保健支出　X_8　其他用品及服务支出

地区	X_1	X_2	X_3	X_4	X_5	X_6	X_7	X_8	Group
北京	8 070.4	2 643.0	12 128.0	2 511.0	5 077.9	4 054.7	2 629.8	1 140.6	1
天津	8 679.6	2 114.0	6 187.3	1 663.8	3 991.9	2 643.6	2 172.2	892.2	2
河北	4 991.6	1 614.4	4 483.2	1 351.1	2 664.1	1 991.3	1 549.9	460.4	2
山西	3 862.8	1 603.0	3 633.8	951.6	2 401.0	2 439.0	1 651.6	450.1	2
内蒙古	6 445.8	2 543.3	4 006.1	1 565.1	3 045.2	2 598.9	1 840.2	699.9	2
辽宁	6 901.6	2 321.3	4 632.8	1 558.2	3 447.0	3 018.5	2 313.6	802.8	2
吉林	4 975.7	1 819.0	3 612.0	1 107.1	2 691.0	2 367.5	2 059.2	534.9	2
黑龙江	5 019.3	1 804.4	3 352.4	1 018.9	2 462.9	2 011.5	2 007.5	468.3	2
上海	10 014.8	1 834.8	13 216.0	1 868.2	4 447.5	4 533.5	2 839.9	1 102.1	1
江苏	7 389.2	1 809.5	6 140.6	1 616.2	3 952.4	3 163.9	1 624.5	736.6	2
浙江	8 467.3	1 903.9	7 385.4	1 420.7	5 100.9	3 452.3	1 691.9	645.3	2
安徽	6 381.7	1 491.0	3 931.2	1 118.4	2 748.4	2 233.3	1 269.3	432.9	2
福建	8 299.6	1 443.5	6 530.5	1 393.4	3 205.7	2 461.5	1 178.5	492.8	2
江西	5 667.5	1 472.2	3 915.9	1 028.6	2 310.6	1 963.9	887.4	449.6	2
山东	5 929.4	1 977.7	4 473.1	1 576.5	3 002.5	2 399.3	1 610.0	526.9	2
河南	5 067.7	1 746.6	3 753.4	1 430.2	1 993.8	2 078.8	1 524.5	492.8	2
湖北	6 294.3	1 557.4	4 176.7	1 163.8	2 391.9	2 228.4	1 792.0	435.6	2
湖南	6 407.7	1 666.4	3 918.7	1 384.1	2 837.1	3 406.1	1 362.6	437.4	2
广西	5 937.2	886.3	3 784.3	1 032.8	2 259.8	2 003.0	1 065.9	299.3	2
海南	7 419.7	859.6	3 527.7	954.0	2 582.3	1 931.3	1 399.8	341.0	2
重庆	6 883.9	1 939.2	3 801.1	1 466.0	2 573.9	2 232.4	1 700.0	434.4	2
四川	7 118.4	1 767.5	3 756.5	1 311.1	2 697.6	2 008.4	1 423.4	577.1	2
贵州	6 010.3	1 525.4	3 793.1	1 270.2	2 684.4	2 493.5	1 050.1	374.6	2
云南	5 528.2	1 195.5	3 814.4	1 135.1	2 791.2	2 217.0	1 526.7	414.3	2
陕西	5 422.0	1 542.2	3 681.5	1 367.7	2 455.7	2 474.0	2 016.7	409.0	2
甘肃	5 777.3	1 776.9	3 752.6	1 329.1	2 517.9	2 322.1	1 583.4	479.9	2
青海	5 975.7	1 963.5	3 809.4	1 322.1	3 064.3	2 352.9	1 750.4	614.9	2
宁夏	4 889.2	1 726.7	3 770.5	1 245.1	3 896.5	2 415.7	1 874.0	546.6	2
新疆	6 179.4	1 966.1	3 543.9	1 543.8	3 074.1	2 404.9	1 934.8	581.5	2
广东	9 421.6	1 583.4	6 410.4	1 721.9	4 198.1	3 103.4	1 304.5	870.1	
西藏	8 727.8	1 812.5	3 614.5	983.0	2 198.4	922.5	585.3	596.5	

解：(1) 计算总体 G_1 和 G_2 各判别变量的均值。

$$\bar{\boldsymbol{x}}_1=(9\,042.600,\ 2\,238.900,\ 12\,672.000,\ 2\,189.600,\ 4\,762.700,\ 4\,294.100,\ 2\,734.850,\ 1\,121.350)'$$

$$\bar{\boldsymbol{x}}_2=(6\,219.337,\ 1\,705.056,\ 4\,265.485,\ 1\,308.322,\ 2\,920.152,\ 2\,419.000,\ 1\,624.448,\ 519.670)'$$

$$\bar{\boldsymbol{x}}_1-\bar{\boldsymbol{x}}_2=(2\,823.263,\ 533.844,\ 8\,406.515,\ 881.278,\ 1\,842.548,\ 1\,875.100,\ 1\,110.402,\ 601.680)'$$

$$\bar{\boldsymbol{x}}_1+\bar{\boldsymbol{x}}_2=(15\,261.937,\ 3\,943.956,\ 16\,937.485,\ 3\,497.922,\ 7\,682.852,\ 6\,713.100,\ 4\,359.298,\ 1\,641.020)'$$

(2) 计算协方差阵 $\boldsymbol{\Sigma}$ 的估计值 $\boldsymbol{S}_p$ 的逆矩阵。

$$\boldsymbol{S}_p^{-1}=\begin{bmatrix} 1.871 & 2.728 & -1.076 & -2.325 & 0.206 & -0.254 & 0.611 & -7.127 \\ 2.728 & 37.199 & 3.099 & -28.032 & 0.376 & -3.262 & -2.444 & -62.301 \\ -1.076 & 3.099 & 3.915 & -1.373 & -2.351 & -1.596 & 1.681 & -8.911 \\ -2.325 & -28.032 & -1.373 & 57.952 & -1.368 & 0.051 & 5.011 & 5.952 \\ 0.206 & 0.376 & -2.351 & -1.368 & 7.982 & -3.191 & -0.577 & -11.261 \\ -0.254 & -3.262 & -1.596 & 0.051 & -3.191 & 12.132 & -1.858 & 8.857 \\ 0.611 & -2.444 & 1.681 & 5.011 & -0.577 & -1.858 & 16.571 & -29.958 \\ -7.127 & -62.301 & -8.911 & 5.952 & -11.261 & 8.857 & -29.958 & 309.429 \end{bmatrix}\times 10^{-6}$$

(3) 计算费歇样本判别函数。

$$\begin{aligned} y&=(\bar{\boldsymbol{x}}_1-\bar{\boldsymbol{x}}_2)'\boldsymbol{S}_p^{-1}\boldsymbol{X}\\ &=-0.008x_1-0.017x_2+0.020x_3+0.025x_4-0.019x_5+0.004x_6+0.015x_7+0.026x_8 \end{aligned}$$

(4) 计算检验统计量 F 值。

马氏距离为：

$$D^2=(\bar{\boldsymbol{x}}_1-\bar{\boldsymbol{x}}_2)'\boldsymbol{S}_p^{-1}(\bar{\boldsymbol{x}}_1-\bar{\boldsymbol{x}}_2)=159.222$$

F 检验统计量为：

$$F=\frac{n_1+n_2-p-1}{(n_1+n_2-2)p}\cdot\frac{n_1n_2}{n_1+n_2}\cdot D^2=27.452$$

其第一自由度 $p=8$，第二自由度 $n_1+n_2-p-1=20$，查 F 分布表有

$$F>F_{0.05}(8,\ 20)=2.45$$

故在 0.05 水平上两个总体的均值存在显著差异，即判别函数有效。

(5) 回判结果及待判样品的归类。

1) 计算两个总体的均值的中点 m 的估计值 $\hat{m}$。

$$\hat{m}=\frac{1}{2}(\bar{\boldsymbol{x}}_1-\bar{\boldsymbol{x}}_2)'\boldsymbol{S}_{\mathrm{p}}^{-1}(\bar{\boldsymbol{x}}_1+\bar{\boldsymbol{x}}_2)=109.171$$

2）计算原 29 个样品的线性判别函数值 y_0。

$$y_0=(\bar{\boldsymbol{x}}_1-\bar{\boldsymbol{x}}_2)'\boldsymbol{S}_{\mathrm{p}}^{-1}\boldsymbol{x}_0$$

费歇判别法则为：若 $y_0\geqslant 109.171$，则判 $\boldsymbol{x}_0$ 来自总体 G_1；若 $y_0<109.171$，则判 $\boldsymbol{x}_0$ 来自总体 G_2。

原 29 个样品的判别函数值 y_0 及相应的回判结果和两个待判样品的判别函数值及判别结果如表 4－4 所示。对于两个待判省区，由于判别函数值均小于 109.171，故均判为第二类。另外，根据原 29 个地区的回判结果可知，没有出现误判，回判准确率很高。

表 4－4　样品回判结果

序号	地区	原类别	判别函数值	回判结果	正误判标志 （正＝0；误＝1）
1	北京	1	179.159	1	0
2	天津	2	47.575	2	0
3	河北	2	46.642	2	0
4	山西	2	37.627	2	0
5	内蒙古	2	21.252	2	0
6	辽宁	2	37.212	2	0
7	吉林	2	30.893	2	0
8	黑龙江	2	23.840	2	0
9	上海	1	198.407	1	0
10	江苏	2	51.858	2	0
11	浙江	2	39.236	2	0
12	安徽	2	15.573	2	0
13	福建	2	50.938	2	0
14	江西	2	21.012	2	0
15	山东	2	36.350	2	0
16	河南	2	45.032	2	0
17	湖北	2	35.591	2	0
18	湖南	2	23.624	2	0
19	广西	2	26.074	2	0
20	海南	2	7.234	2	0
21	重庆	2	19.790	2	0
22	四川	2	12.350	2	0
23	贵州	2	16.636	2	0
24	云南	2	27.981	2	0

续表

序号	地区	原类别	判别函数值	回判结果	正误判标志（正=0；误=1）
25	陕西	2	40.754	2	0
26	甘肃	2	27.982	2	0
27	青海	2	19.958	2	0
28	宁夏	2	14.643	2	0
29	新疆	2	20.483	2	0
1	广东	待判	40.929	2	
2	西藏	待判	−19.406	2	

参考文献

[1] 王国梁，何晓群. 多变量经济数据统计分析. 西安：陕西科学技术出版社，1993.

[2] 张尧庭，方开泰. 多元统计分析引论. 北京：科学出版社，1982.

[3] R. E. Frank，W. E. Massey，D. G. Morrison. Bias in Multiple Discriminant Analysis. Journal of Marketing Research，1965，2 (3).

[4] P. E. Green，J. D. Carroll. Mathematical Tools for Applied Multivariate Analysis. New York：Academic Press，1978.

[5] W. D. Perreault，D. N. Behrman，G. M. Armstrong. Alternative Approaches for Interpreting of Multiple Discriminant Analysis in Marketing Research. Journal of Business Research，1979 (7).

[6] Guy Gessner，N. K. Maholtra，W. A. Kamakura，et al. Estimating Models with Binary Dependent Variables：Some Theoretical and Empirical Observations. Journal of Business Research，1988 (16).

[7] C. J. Huberty. Issues in the Use and Interpretation of Discriminant Analysis. Psychological Bulletin，1984.

[8] N. Johnson，D. Wichren. Applied Multivariate Statistical Analysis. Upper Saddle River，N. J.：Prentice-Hall，1982.

[9] 王学仁，王松桂. 实用多元统计分析. 上海：上海科学技术出版社，1990.

[10] 何晓群，黄旭安，陈少杰. 中国上市公司财务危机问题的个案诊断. 中国经济评论，2003 (4).

[11] 何晓群. 应用多元统计分析. 北京：中国统计出版社，2010.

[12] 何晓群. 多元统计分析. 第 2 版. 北京：中国人民大学出版社，2008.

[13] R. A. Fisher. The Use of Multiple Measurements in Taxonomic Problems. Annals of Eugenics，1936，7 (2).

思考与练习

1. 应用判别分析应该具备什么样的条件?
2. 试述贝叶斯判别方法的思路。
3. 试述费歇判别方法的思想。
4. 什么是逐步判别分析?
5. 简要叙述判别分析的步骤及流程。
6. 为研究某地区人口死亡状况，已按某种方法将 15 个已知样品分为 3 类，指标及原始数据如下表所示，试建立判别函数并判定另外 4 个待判样品属于哪类。

x_1: 0 岁组死亡概率　　x_4: 55 岁组死亡概率
x_2: 1 岁组死亡概率　　x_5: 80 岁组死亡概率
x_3: 10 岁组死亡概率　　x_6: 平均预期寿命

组别	序号	x_1	x_2	x_3	x_4	x_5	x_6
第一组	1	34.16	7.44	1.12	7.87	95.19	69.30
	2	33.06	6.34	1.08	6.77	94.08	69.70
	3	36.26	9.24	1.04	8.97	97.30	68.80
	4	40.17	13.45	1.43	13.88	101.20	66.20
	5	50.06	23.03	2.83	23.74	112.52	63.30
第二组	1	33.24	6.24	1.18	22.90	160.01	65.40
	2	32.22	4.22	1.06	20.70	124.70	68.70
	3	41.15	10.08	2.32	32.84	172.06	65.85
	4	53.04	25.74	4.06	34.87	152.03	63.50
	5	38.03	11.20	6.07	27.84	146.32	66.80
第三组	1	34.03	5.41	0.07	5.20	90.10	69.50
	2	32.11	3.02	0.09	3.14	85.15	70.80
	3	44.12	15.12	1.08	15.15	103.12	64.80
	4	54.17	25.03	2.11	25.15	110.14	63.70
	5	28.07	2.01	0.07	3.02	81.22	68.30
待判样品	1	50.22	6.66	1.08	22.54	170.60	65.20
	2	34.64	7.33	1.11	7.78	95.16	69.30
	3	33.42	6.22	1.12	22.95	160.31	68.30
	4	44.02	15.36	1.07	16.45	105.30	64.20

第 5 章 Chapter 5 主成分分析

学 习 目 标

1. 理解主成分分析的基本理论与方法；
2. 了解主成分的性质；
3. 理解主成分的求解方法；
4. 掌握用 R 软件求解主成分的方法；
5. 正确理解软件输出结果并对结果进行分析。

主成分分析（principal components analysis）也称主分量分析，是由霍特林于 1933 年首先提出的。主成分分析是利用降维的思想，在损失很少信息的前提下，把多个指标转化为几个综合指标的多元统计方法。通常把转化生成的综合指标称为主成分，其中每个主成分都是原始变量的线性组合，且各个主成分之间互不相关，使得主成分比原始变量具有某些更优越的性能。这样在研究复杂问题时就可以只考虑少数几个主成分而不至于损失太多信息，从而更容易抓住主要矛盾，揭示事物内部变量之间的规律性，同时使问题得到简化，提高分析效率。本章主要介绍主成分分析的基本理论和方法、主成分分析的计算步骤及主成分分析的上机实现。

5.1 主成分分析的基本原理

5.1.1 主成分分析的基本思想

在对某一事物进行实证研究时，为了更全面、准确地反映事物的特征及其发展规律，人们往往要考虑与其有关系的多个指标，这些指标在多元统计中也称为变量。这样就产生了如下问题：一方面人们为了避免遗漏重要的信息而考虑尽可能多的指标；另一方面考虑指标的增多增加了问题的复杂性，同时由于各指标均是对同一事物的反映，不可避免地造成信息的大量重叠，这种信息的重叠有时甚至会掩盖事物的真正特征与内在规律。基于上述问题，人们希望在定量研究中涉及的变量较少而得到的信息量又较多。主成分分析正是研究如何通过原来变量的少数几个线性组合来解释原来变量绝大多数信息的一种多元统计方法。

既然研究某一问题涉及的众多变量之间有一定的相关性，就必然存在着起支配作用的共同因素。根据这一点，通过对原始变量相关矩阵或协方差矩阵内部结构关系的研究，利用原始变量的线性组合形成几个综合指标（主成分），可以在保留原始变量主要信息的前提下起到降维与简化问题的作用，使得在研究复杂问题时更容易抓住主要矛盾。一般来说，利用主成分分析得到的主成分与原始变量之间有如下基本关系：

（1）每一个主成分都是各原始变量的线性组合。

（2）主成分的数目大大少于原始变量的数目。

（3）主成分保留了原始变量的绝大多数信息。

（4）各主成分之间互不相关。

通过主成分分析，可以从事物之间错综复杂的关系中找出一些主要成分，从而有效利用大量统计数据进行定量分析，揭示变量之间的内在关系，得到对事物特征及其发展规律的一些深层次的启发，把研究工作引向深入。

5.1.2 主成分分析的基本理论

设对某一事物的研究涉及 p 个指标，分别用 X_1，X_2，…，X_p 表示，这 p 个指标构成的 p 维随机向量为 $\boldsymbol{X}=(X_1, X_2, \cdots, X_p)'$。设随机向量 $\boldsymbol{X}$ 的均值为 $\boldsymbol{\mu}$，协方差矩阵为 $\boldsymbol{\Sigma}$。

对 $\boldsymbol{X}$ 进行线性变换，可以形成新的综合变量，用 $\boldsymbol{Y}$ 表示，也就是说，新的综合变量可以由原来的变量线性表示，即满足下式：

$$\begin{cases} Y_1=u_{11}X_1+u_{21}X_2+\cdots+u_{p1}X_p \\ Y_2=u_{12}X_1+u_{22}X_2+\cdots+u_{p2}X_p \\ \quad\vdots \\ Y_p=u_{1p}X_1+u_{2p}X_2+\cdots+u_{pp}X_p \end{cases} \tag{5.1}$$

由于可以任意地对原始变量进行上述线性变换，由不同的线性变换得到的综合变量 $\boldsymbol{Y}$ 的统计特性也不尽相同。为了取得较好的效果，我们总是希望 $Y_i=\boldsymbol{u}_i'\boldsymbol{X}$ 的方差尽可能大且各 Y_i 之间互相独立，由于

$$\mathrm{var}(Y_i)=\mathrm{var}(\boldsymbol{u}_i'\boldsymbol{X})=\boldsymbol{u}_i'\boldsymbol{\Sigma}\boldsymbol{u}_i$$

对任意的常数 c，有

$$\mathrm{var}(c\boldsymbol{u}_i'\boldsymbol{X})=c^2\boldsymbol{u}_i'\boldsymbol{\Sigma}\boldsymbol{u}_i$$

因此对 $\boldsymbol{u}_i$ 不加限制时，可使 $\mathrm{var}(Y_i)$ 任意增大，问题将变得没有意义。我们将线性变换约束在下面的原则之下：

（1）$\boldsymbol{u}_i'\boldsymbol{u}_i=1$（$i=1$，2，…，$p$）。

（2）Y_i 与 Y_j 相互无关（$i\neq j$；i，$j=1$，2，…，p）。

（3）Y_1 是 X_1，X_2，…，X_p 的一切满足原则（1）的线性组合中方差最大者；Y_2 是与 Y_1 不相关的 X_1，X_2，…，X_p 的所有线性组合中方差最大者……Y_p 是与 Y_1，Y_2，…，Y_{p-1}都不相关的 X_1，X_2，…，X_p 的所有线性组合中方差最大者。

基于以上三条原则确定的综合变量 Y_1，Y_2，…，Y_p 分别称为原始变量的第一、第二……第 p 个主成分。其中，各综合变量在总方差中所占的比重依次递减。在实际研究工作中，通常只挑选前几个方差最大的主成分，从而达到简化系统结构、抓住问题实质的目的。

5.1.3　主成分分析的几何意义

由 5.1.1 节的介绍我们知道，在处理涉及多个指标的问题时，为了提高分析的效率，可以不直接对 p 个指标构成的 p 维随机向量 $\boldsymbol{X}=(X_1，X_2，\cdots，X_p)'$进行分析，而是先对向量 $\boldsymbol{X}$ 进行线性变换，形成少数几个新的综合变量 Y_1，Y_2，…，Y_m（$m<p$），使得各综合变量之间相互独立且能解释原始变量尽可能多的信息，这样，在以损失很少部分信息为代价的前提下，达到简化数据结构、提高分析效率的目的。这一节，我们着重讨论主成分分析的几何意义。为了方便，我们仅在二维空间中讨论主成分的几何意义，所得结论可以很容易地扩展到多维的情况。

设有 N 个样品，每个样品有两个观测变量 X_1，X_2，这样，在由变量 X_1，X_2 组成的坐标空间中，N 个样品散布的情况如带状（见图 5-1）。

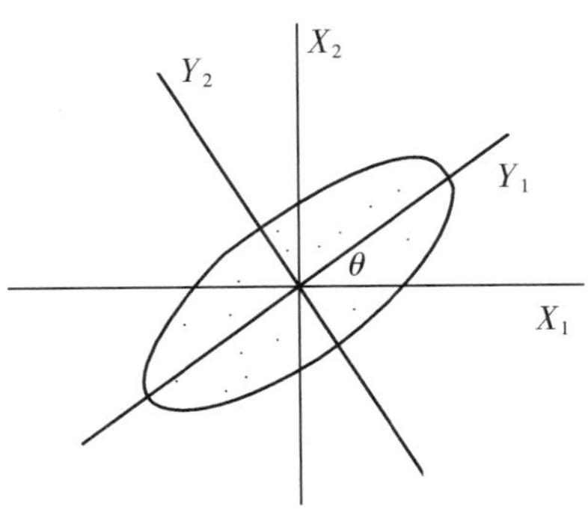

图 5-1

由图可以看出，这 N 个样品无论沿 X_1 轴方向还是沿 X_2 轴方向，均有较大的离散性，其离散程度可以分别用观测变量 X_1 的方差和 X_2 的方差定量地表示。显然，若只考虑 X_1 和 X_2 中的任何一个，原始数据中的信息均会有较大的损失。我们的目的是考虑 X_1 和 X_2

的线性组合，使原始样品数据可以由新的变量 Y_1 和 Y_2 来刻画。在几何上表示就是将坐标轴按逆时针方向旋转 θ 角度，得到新坐标轴 Y_1 和 Y_2，坐标旋转公式如下：

$$\begin{cases} Y_1 = X_1\cos\theta + X_2\sin\theta \\ Y_2 = -X_1\sin\theta + X_2\cos\theta \end{cases}$$

其矩阵形式为：

$$\begin{bmatrix} Y_1 \\ Y_2 \end{bmatrix} = \begin{bmatrix} \cos\theta & \sin\theta \\ -\sin\theta & \cos\theta \end{bmatrix} \begin{bmatrix} X_1 \\ X_2 \end{bmatrix} = \boldsymbol{UX}$$

式中，$\boldsymbol{U}$ 为旋转变换矩阵，由上式可知它是正交阵，即满足

$$\boldsymbol{U}' = \boldsymbol{U}^{-1}, \quad \boldsymbol{U}'\boldsymbol{U} = \boldsymbol{I}$$

经过这样的旋转之后，N 个样品点在 Y_1 轴上的离散程度最大，变量 Y_1 代表了原始数据的绝大部分信息，这样，有时在研究实际问题时，即使不考虑变量 Y_2 也无损大局。因此，经过上述旋转变换就可以把原始数据的信息集中到 Y_1 轴上，对数据中包含的信息起到了浓缩的作用。主成分分析的目的就是找出变换矩阵 $\boldsymbol{U}$，主成分分析的作用与几何意义也就很明了了。下面我们用服从正态分布的变量进行分析，以使主成分分析的几何意义更为明显。为方便起见，我们以二元正态分布为例。对于多元正态总体的情况，有类似的结论。

设变量 X_1，X_2 服从二元正态分布，分布密度为：

$$f(X_1,X_2) = \frac{1}{2\pi\sigma_1\sigma_2\sqrt{1-\rho^2}} \exp\left\{-\frac{1}{2\sigma_1^2\sigma_2^2(1-\rho^2)}\left[(X_1-\mu_1)^2\sigma_2^2 - 2\sigma_1\sigma_2\rho(X_1-\mu_1)(X_2-\mu_2) + (X_2-\mu_2)^2\sigma_1^2\right]\right\}$$

令 $\boldsymbol{\Sigma}$ 为变量 X_1，X_2 的协方差矩阵，其形式如下：

$$\boldsymbol{\Sigma} = \begin{bmatrix} \sigma_1^2 & \rho\sigma_1\sigma_2 \\ \rho\sigma_1\sigma_2 & \sigma_2^2 \end{bmatrix}$$

令 $\qquad \boldsymbol{X} = \begin{bmatrix} X_1 \\ X_2 \end{bmatrix}, \quad \boldsymbol{\mu} = \begin{bmatrix} \mu_1 \\ \mu_2 \end{bmatrix}$

则上述二元正态分布的密度函数有如下矩阵形式：

$$f(X_1,X_2) = \frac{1}{2\pi\left|\boldsymbol{\Sigma}\right|^{1/2}} e^{-1/2(\boldsymbol{X}-\boldsymbol{\mu})'\boldsymbol{\Sigma}^{-1}(\boldsymbol{X}-\boldsymbol{\mu})}$$

考虑 $(\boldsymbol{X}-\boldsymbol{\mu})'\boldsymbol{\Sigma}^{-1}(\boldsymbol{X}-\boldsymbol{\mu}) = d^2$（$d$ 为常数），为方便，不妨设 $\boldsymbol{\mu}=\boldsymbol{0}$，上式有如下展开形式：

$$\frac{1}{1-\rho^2}\left[\left(\frac{X_1}{\sigma_1}\right)^2 - 2\rho\left(\frac{X_1}{\sigma_1}\right)\left(\frac{X_2}{\sigma_2}\right) + \left(\frac{X_2}{\sigma_2}\right)^2\right] = d^2$$

令 $Z_1 = X_1/\sigma_1$，$Z_2 = X_2/\sigma_2$，则上面的方程变为：

$$Z_1^2-2\rho Z_1Z_2+Z_2^2=d^2(1-\rho^2)$$

这是一个椭圆的方程，长短轴分别为 $2d\sqrt{1\pm\rho}$。

又令 $\lambda_1\geqslant\lambda_2>0$ 为 $\boldsymbol{\Sigma}$ 的特征根，$\boldsymbol{\gamma}_1$，$\boldsymbol{\gamma}_2$ 为相应的标准正交特征向量。

$\boldsymbol{P}=(\boldsymbol{\gamma}_1,\ \boldsymbol{\gamma}_2)$，则 $\boldsymbol{P}$ 为正交阵，$\boldsymbol{\Lambda}=\begin{bmatrix}\lambda_1 & 0\\ 0 & \lambda_2\end{bmatrix}$，有

$$\boldsymbol{\Sigma}=\boldsymbol{P\Lambda P}',\quad \boldsymbol{\Sigma}^{-1}=\boldsymbol{P\Lambda}^{-1}\boldsymbol{P}'$$

因此有
$$\begin{aligned}d^2&=(\boldsymbol{X}-\boldsymbol{\mu})'\boldsymbol{\Sigma}^{-1}(\boldsymbol{X}-\boldsymbol{\mu})=\boldsymbol{X}'\boldsymbol{\Sigma}^{-1}\boldsymbol{X}\qquad(\boldsymbol{\mu}=\boldsymbol{0})\\&=\boldsymbol{X}'(\boldsymbol{P\Lambda}^{-1}\boldsymbol{P}')\boldsymbol{X}=\boldsymbol{X}'\left(\frac{1}{\lambda_1}\boldsymbol{\gamma}_1\boldsymbol{\gamma}_1'+\frac{1}{\lambda_2}\boldsymbol{\gamma}_2\boldsymbol{\gamma}_2'\right)\boldsymbol{X}\\&=\frac{1}{\lambda_1}(\boldsymbol{\gamma}_1'\boldsymbol{X})^2+\frac{1}{\lambda_2}(\boldsymbol{\gamma}_2'\boldsymbol{X})^2\\&=\frac{Y_1^2}{\lambda_1}+\frac{Y_2^2}{\lambda_2}\end{aligned}$$

与上面一样，这也是一个椭圆方程，且在 Y_1，Y_2 构成的坐标系中，其主轴的方向恰恰是 Y_1，Y_2 坐标轴的方向。因为 $Y_1=\boldsymbol{\gamma}_1'\boldsymbol{X}$，$Y_2=\boldsymbol{\gamma}_2'\boldsymbol{X}$，所以，$Y_1$，$Y_2$ 就是原始变量 X_1，X_2 的两个主成分，它们的方差分别为 λ_1，λ_2，经常有 λ_1 远大于 λ_2，因此，在 Y_1 方向上集中的 X_1 和 X_2 的变差远大于在 Y_2 方向上集中的变差。这样，我们就可以只研究原始数据在 Y_1 方向上的变化而不至于损失过多信息，$\boldsymbol{\gamma}_1$，$\boldsymbol{\gamma}_2$ 就是椭圆在原始坐标系中的主轴方向，也是坐标轴转换的系数向量。对于多维的情况，上面的结论依然成立。

这样，我们就对主成分分析的几何意义有了一个充分的了解。主成分分析的过程无非就是坐标系旋转的过程，各主成分表达式就是新坐标系与原坐标系的转换关系，在新坐标系中，各坐标轴的方向就是原始数据变差最大的方向。

5.2 总体主成分及其性质

由上面的讨论可知，求解主成分的过程就是求满足三个原则的原始变量 X_1，X_2，…，X_p 的线性组合的过程。本节从总体出发，介绍求解主成分的一般方法及主成分的性质，下节介绍样本主成分的导出。

主成分分析的基本思想就是在保留原始变量尽可能多的信息的前提下达到降维的目的，从而简化问题的复杂性并抓住问题的主要矛盾。这里对于随机变量 X_1，X_2，…，X_p 而言，其协方差矩阵或相关矩阵正是对各变量离散程度与变量之间的相关程度的信息的反映，相关矩阵不过是将原始变量标准化后的协方差矩阵。我们所说的保留原始变量尽可能多的信息，也就是指生成的较少的综合变量（主成分）的方差和尽可能接近原始变量方差的总和。因此在实际求解主成分的时候，总是从原始变量的协方差矩阵或相关矩阵的结构分析入手。一般来说，从原始变量的协方差矩阵出发求得的主成分与从原始变量的相关矩阵出发求得的主成分是不同的。下面分别就协方差矩阵与相关矩阵进行讨论。

5.2.1　从协方差矩阵出发求解主成分

引论：设矩阵 $\boldsymbol{A}'=\boldsymbol{A}$，将 $\boldsymbol{A}$ 的特征根 λ_1，λ_2，…，λ_n 依大小顺序排列，不妨设 $\lambda_1 \geqslant \lambda_2 \geqslant \cdots \geqslant \lambda_n$，$\boldsymbol{\gamma}_1$，$\boldsymbol{\gamma}_2$，…，$\boldsymbol{\gamma}_n$ 为矩阵 $\boldsymbol{\Sigma}$ 各特征根对应的标准正交特征向量，则对任意向量 $\boldsymbol{x}$，有

$$\max_{x\neq 0}\frac{\boldsymbol{x}'\boldsymbol{A}\boldsymbol{x}}{\boldsymbol{x}'\boldsymbol{x}}=\lambda_1,\quad \min_{x\neq 0}\frac{\boldsymbol{x}'\boldsymbol{A}\boldsymbol{x}}{\boldsymbol{x}'\boldsymbol{x}}=\lambda_n \tag{5.2}$$

结论：设随机向量 $\boldsymbol{X}=(X_1, X_2, \cdots, X_p)'$ 的协方差矩阵为 $\boldsymbol{\Sigma}$，λ_1，λ_2，…，λ_p（$\lambda_1 \geqslant \lambda_2 \geqslant \cdots \geqslant \lambda_p$）为 $\boldsymbol{\Sigma}$ 的特征根，$\boldsymbol{\gamma}_1$，$\boldsymbol{\gamma}_2$，…，$\boldsymbol{\gamma}_p$ 为矩阵 $\boldsymbol{\Sigma}$ 各特征根对应的标准正交特征向量，则第 i 个主成分为：

$$Y_i=\gamma_{1i}X_1+\gamma_{2i}X_2+\cdots+\gamma_{pi}X_p,\quad i=1, 2, \cdots, p$$

此时

$$\begin{aligned}&\operatorname{var}(Y_i)=\boldsymbol{\gamma}_i'\boldsymbol{\Sigma}\boldsymbol{\gamma}_i=\lambda_i\\&\operatorname{cov}(Y_i, Y_j)=\boldsymbol{\gamma}_i'\boldsymbol{\Sigma}\boldsymbol{\gamma}_j=0,\quad i\neq j\end{aligned} \tag{5.3}$$

令 $\boldsymbol{P}=(\boldsymbol{\gamma}_1, \boldsymbol{\gamma}_2, \cdots, \boldsymbol{\gamma}_{\mathrm{p}})$，$\boldsymbol{\Lambda}=\operatorname{diag}(\lambda_1, \lambda_2, \cdots, \lambda_p)$。

由以上结论，我们把 X_1，X_2，…，X_p 的协方差矩阵 $\boldsymbol{\Sigma}$ 的非零特征根 λ_1，λ_2，…，λ_p（$\lambda_1 \geqslant \lambda_2 \geqslant \cdots \geqslant \lambda_p > 0$）对应的标准化特征向量 $\boldsymbol{\gamma}_1$，$\boldsymbol{\gamma}_2$，…，$\boldsymbol{\gamma}_p$ 分别作为系数向量，$Y_1=\boldsymbol{\gamma}_1'\boldsymbol{X}$，$Y_2=\boldsymbol{\gamma}_2'\boldsymbol{X}$，…，$Y_p=\boldsymbol{\gamma}_p'\boldsymbol{X}$ 分别称为随机向量 $\boldsymbol{X}$ 的第一主成分、第二主成分……第 p 主成分。$\boldsymbol{Y}$ 的分量 Y_1，Y_2，…，Y_p 依次是 $\boldsymbol{X}$ 的第一主成分、第二主成分……第 p 主成分的充分必要条件是：

（1）$\boldsymbol{Y}=\boldsymbol{P}'\boldsymbol{X}$，即 $\boldsymbol{P}$ 为 p 阶正交阵；

（2）$\boldsymbol{Y}$ 的分量之间互不相关，即 $D(\boldsymbol{Y})=\operatorname{diag}(\lambda_1, \lambda_2, \cdots, \lambda_p)$；

（3）$\boldsymbol{Y}$ 的 p 个分量按方差由大到小排列，即 $\lambda_1 \geqslant \lambda_2 \geqslant \cdots \geqslant \lambda_p$。

注：无论 $\boldsymbol{\Sigma}$ 的各特征根是否存在相等的情况，对应的标准化特征向量 $\boldsymbol{\gamma}_1$，$\boldsymbol{\gamma}_2$，…，$\boldsymbol{\gamma}_p$ 总是存在的，我们总可以找到对应各特征根的彼此正交的特征向量。这样，求主成分的问题应变成求特征根与特征向量的问题（参见参考文献［2］和［3］）。

5.2.2　主成分的性质

性质 1　$\boldsymbol{Y}$ 的协方差阵为对角阵 $\boldsymbol{\Lambda}$。

这一性质可由上述结论得到，证明略。

性质 2　记 $\boldsymbol{\Sigma}=(\sigma_{ij})_{p\times p}$，有 $\sum_{i=1}^{p}\lambda_i=\sum_{i=1}^{p}\sigma_{ii}$。

证明：由 $\boldsymbol{P}=(\boldsymbol{\gamma}_1, \boldsymbol{\gamma}_2, \cdots, \boldsymbol{\gamma}_p)$，则有

$$\boldsymbol{\Sigma}=\boldsymbol{P}\boldsymbol{\Lambda}\boldsymbol{P}'$$

于是

$$\sum_{i=1}^{p}\sigma_{ii}=\mathrm{tr}(\boldsymbol{\Sigma})=\mathrm{tr}(\boldsymbol{P\Lambda P'})=\mathrm{tr}(\boldsymbol{\Lambda P'P})=\mathrm{tr}(\boldsymbol{\Lambda})=\sum_{i=1}^{p}\lambda_i$$

定义 5.1　称 $\alpha_k=\dfrac{\lambda_k}{\lambda_1+\lambda_2+\cdots+\lambda_p}$（$k=1$，2，…，$p$）为第 k 个主成分 Y_k 的方差贡献率，称 $\dfrac{\sum_{i=1}^{m}\lambda_i}{\sum_{i=1}^{p}\lambda_i}$ 为主成分 Y_1，Y_2，…，Y_m 的累积贡献率。

由此进一步可知，主成分分析是把 p 个随机变量的总方差 $\sum_{i=1}^{p}\sigma_{ii}$ 分解为 p 个不相关的随机变量的方差之和，使第一主成分的方差达到最大。第一主成分是以变化最大的方向向量的各分量为系数的原始变量的线性函数，最大方差为 λ_1。$\alpha_1=\dfrac{\lambda_1}{\sum\lambda_i}$ 表明了最大方差占总方差的比值，称 α_1 为第一主成分的贡献率。这个值越大，表明 Y_1 这个新变量综合 X_1，X_2，…，X_p 信息的能力越强，即由 Y_1 的差异来解释随机向量 $\boldsymbol{X}$ 的差异的能力越强。正因如此，才把 Y_1 称为 $\boldsymbol{X}$ 的主成分，进而我们就更清楚为什么主成分是按特征根 λ_1，λ_2，…，λ_p 取值的大小排序的。

进行主成分分析的目的之一是减少变量的个数，因此一般不会取 p 个主成分，而是取 m（$m<p$）个主成分。m 取多少比较合适，是一个很实际的问题，通常以所取 m 使得累积贡献率达到 85%以上为宜，即

$$\frac{\sum_{i=1}^{m}\lambda_i}{\sum_{i=1}^{p}\lambda_i}\geqslant 85\% \tag{5.4}$$

这样，既能使信息损失不太多，又能达到减少变量、简化问题的目的。另外，选取主成分还可根据特征根的变化来确定。图 5-2 为 R 统计软件生成的碎石图。

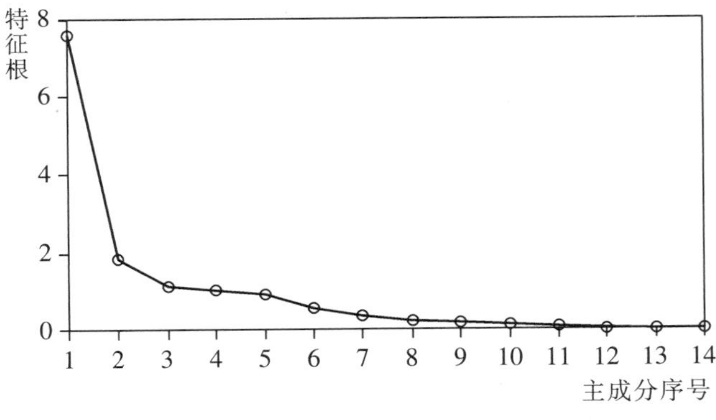

图 5-2　碎石图

由图 5-2 可知，第二个和第三个特征根变化的趋势已经开始趋于平稳，因此，取前两个或前三个主成分是比较合适的。采用这种方法确定的主成分个数与按累积贡献率确定的主成分个数往往是一致的。在实际应用中，有些研究者习惯于保留那些特征根大于 1 的主成分，但这种方法缺乏完善的理论支持。在大多数情况下，$m=3$ 即可使所选主成分保持信息总量的比重达到 85%以上。

定义 5.2　第 k 个主成分 Y_k 与原始变量 X_i 的相关系数 $\rho(Y_k, X_i)$ 称为因子负荷量。

因子负荷量是主成分解释中非常重要的解释依据，因子负荷量的绝对值大小刻画了该主成分的主要意义及其成因。在下一章中还将对因子负荷量的统计意义给出更详细的解释。由下面的性质我们可以看到，因子负荷量与系数向量成正比。

性质 3　$\rho(Y_k, X_i)=\gamma_{ik}\sqrt{\lambda_k}/\sqrt{\sigma_{ii}}, \quad k, i=1, 2, \cdots, p$　(5.5)

证明：$\sqrt{\mathrm{var}(Y_k)}=\sqrt{\lambda_k}$，$\sqrt{\mathrm{var}(X_i)}=\sqrt{\sigma_{ii}}$

令 $\boldsymbol{e}_i=(0, \cdots, 0, 1, 0, \cdots, 0)'$ 为单位向量，则

$$X_i=\boldsymbol{e}_i'\boldsymbol{X}$$

又

$$Y_k=\boldsymbol{\gamma}_k'\boldsymbol{X}$$

于是

$$\mathrm{cov}(Y_k, X_i) = \mathrm{cov}(\boldsymbol{\gamma}_k'\boldsymbol{X}, \boldsymbol{e}_i'\boldsymbol{X}) = \boldsymbol{e}_i'D(\boldsymbol{X})\boldsymbol{\gamma}_k = \boldsymbol{e}_i'\boldsymbol{\Sigma}\boldsymbol{\gamma}_k = \lambda_k\boldsymbol{e}_i'\boldsymbol{\gamma}_k = \lambda_k\gamma_{ik}$$

$$\rho(Y_k, X_i) = \frac{\mathrm{cov}(Y_k, X_i)}{\sqrt{\mathrm{var}(Y_k)}\sqrt{\mathrm{var}(X_i)}} = \frac{\gamma_{ik}\sqrt{\lambda_k}}{\sqrt{\sigma_{ii}}}$$

由性质 3 知，因子负荷量 $\rho(Y_k, X_i)$ 与系数 γ_{ik} 成正比，与 X_i 的标准差成反比关系，因此，绝不能将因子负荷量与系数向量混为一谈。在解释主成分的成因或第 i 个变量对第 k 个主成分的重要性时，应当根据因子负荷量而不能仅仅根据 Y_k 与 X_i 的变换系数 γ_{ik}。

性质 4　$\sum_{i=1}^{p}\rho^2(Y_k, X_i)\sigma_{ii} = \lambda_k$　(5.6)

证明：由性质 3 有

$$\sum_{i=1}^{p}\rho^2(Y_k, X_i)\sigma_{ii} = \sum_{i=1}^{p}\lambda_k\gamma_{ik}^2 = \lambda_k\sum_{i=1}^{p}\gamma_{ik}^2 = \lambda_k \tag{5.7}$$

性质 5　$\sum_{k=1}^{p}\rho^2(Y_k, X_i) = \frac{1}{\sigma_{ii}}\sum_{k=1}^{p}\lambda_k\gamma_{ik}^2 = 1$

证明：因为向量 $\boldsymbol{Y}$ 是随机向量 $\boldsymbol{X}$ 的线性组合，所以 X_i 也可以精确表示成 Y_1，Y_2，…，Y_p 的线性组合。由回归分析知识知，X_i 与 Y_1，Y_2，…，Y_p 的全相关系数的平方和等于 1，因为 Y_1，Y_2，…，Y_p 之间互不相关，所以 X_i 与 Y_1，Y_2，…，Y_p 的全相关系数的平方和也就是 $\sum_{k=1}^{p}\rho^2(Y_k, X_i)$，因此，性质 5 成立。

定义 5.3　X_i 与前 m 个主成分 Y_1，Y_2，…，Y_m 的全相关系数平方和称为 Y_1，Y_2，…，Y_m 对原始变量 X_i 的方差贡献率 v_i，即

$$v_i = \frac{1}{\sigma_{ii}}\sum_{k=1}^{m}\lambda_k\gamma_{ik}^2, \quad i = 1, 2, \cdots, p \tag{5.8}$$

这一定义说明了前 m 个主成分提取了原始变量 X_i 中 v_i 的信息，由此可以判断我们提取的主成分说明原始变量的能力。

5.2.3　从相关矩阵出发求解主成分

考虑如下的数学变换：

令 $$Z_i=\frac{X_i-\mu_i}{\sqrt{\sigma_{ii}}},\quad i=1,2,\cdots,p$$

式中，μ_i 与 σ_{ii} 分别为变量 X_i 的期望与方差。于是有

$$E(Z_i)=0,\quad \mathrm{var}(Z_i)=1$$

令 $$\boldsymbol{\Sigma}^{1/2}=\begin{bmatrix}\sqrt{\sigma_{11}} & 0 & \cdots & 0\\ 0 & \sqrt{\sigma_{22}} & \cdots & 0\\ \vdots & \vdots & & \vdots\\ 0 & 0 & \cdots & \sqrt{\sigma_{pp}}\end{bmatrix}$$

对原始变量 $\boldsymbol{X}$ 进行如下标准化：

$$\boldsymbol{Z}=(\boldsymbol{\Sigma}^{1/2})^{-1}(\boldsymbol{X}-\boldsymbol{\mu})$$

经过上述标准化后，显然有

$$E(\boldsymbol{Z})=\boldsymbol{0}$$

$$\mathrm{cov}(\boldsymbol{Z})=(\boldsymbol{\Sigma}^{1/2})^{-1}\boldsymbol{\Sigma}(\boldsymbol{\Sigma}^{1/2})^{-1}=\begin{bmatrix}1 & \rho_{12} & \cdots & \rho_{1p}\\ \rho_{12} & 1 & \cdots & \rho_{2p}\\ \vdots & \vdots & & \vdots\\ \rho_{1p} & \rho_{2p} & \cdots & 1\end{bmatrix}=\boldsymbol{R}$$

由于上面的变换过程，原始变量 X_1，X_2，…，X_p 的相关阵实际上就是对原始变量标准化后的协方差矩阵，因此，由相关矩阵求主成分的过程与主成分个数的确定准则实际上是与由协方差矩阵出发求主成分的过程与主成分个数的确定准则相一致的，在此不再赘述。仍用 λ_i，$\boldsymbol{\gamma}_i$ 分别表示相关阵 $\boldsymbol{R}$ 的特征根与对应的标准正交特征向量，此时，求得的主成分与原始变量的关系式为：

$$Y_i=\boldsymbol{\gamma}_i'\boldsymbol{Z}=\boldsymbol{\gamma}_i'(\boldsymbol{\Sigma}^{1/2})^{-1}(\boldsymbol{X}-\boldsymbol{\mu}),\quad i=1,2,\cdots,p \tag{5.9}$$

5.2.4　由相关阵求主成分时主成分性质的简单形式

由相关阵出发所求得的主成分依然具有上述各种性质，不同的是在形式上要简单，这是由相关阵 $\boldsymbol{R}$ 的特性决定的。我们将由相关阵得到的主成分的性质总结如下：

(1) $\boldsymbol{Y}$ 的协方差矩阵为对角阵 $\boldsymbol{\Lambda}$；

(2) $\sum_{i=1}^{p}\operatorname{var}(Y_i)=\operatorname{tr}(\boldsymbol{\Lambda})=\operatorname{tr}(\boldsymbol{R})=p=\sum_{i=1}^{p}\operatorname{var}(Z_i)$；

(3) 第 k 个主成分的方差占总方差的比例，即第 k 个主成分的方差贡献率为 $\alpha_k=\lambda_k/p$，前 m 个主成分的累积方差贡献率为 $\sum_{i=1}^{m}\lambda_i/p$；

(4) $\rho(Y_k,\ Z_i)=\gamma_{\gamma i}\sqrt{\lambda_k}$。

注意到 $\operatorname{var}(Z_i)=1$，且 $\operatorname{tr}(\boldsymbol{R})=p$，结合前面从协方差矩阵出发求主成分部分对主成分性质的说明，可以很容易地得出上述性质。虽然主成分的性质在这里有更简单的形式，但应注意其实质与前面的结论并没有区别。需要注意的一点是，判断主成分的成因或原始变量（这里，原始变量指的是标准化以后的随机向量 $\boldsymbol{Z}$）对主成分的重要性有更简单的方法，因为由上面第 4 条性质知，这里因子负荷量仅依赖于由 Z_i 到 Y_k 的转换向量系数 $\gamma_{\gamma i}$（因为对不同的 Z_i，因子负荷量表达式的后半部分 $\sqrt{\lambda_k}$ 是固定的）。

5.3　样本主成分的导出

在实际研究工作中，总体协方差阵 $\boldsymbol{\Sigma}$ 与相关阵 $\boldsymbol{R}$ 通常是未知的，因此需要通过样本数据来估计。设有 n 个样品，每个样品有 p 个指标，这样共得到 np 个数据，原始资料矩阵如下：

$$\boldsymbol{X}=\begin{bmatrix} x_{11} & x_{12} & \cdots & x_{1p} \\ x_{21} & x_{22} & \cdots & x_{2p} \\ \vdots & \vdots & & \vdots \\ x_{n1} & x_{n2} & \cdots & x_{np} \end{bmatrix}$$

记
$$\boldsymbol{S}=\frac{1}{n-1}\sum_{k=1}^{n}(\boldsymbol{X}_k-\bar{\boldsymbol{X}})(\boldsymbol{X}_k-\bar{\boldsymbol{X}})'$$

$$\boldsymbol{X}_k=(x_{k1},\ x_{k2},\ \cdots,\ x_{kp})',\quad k=1,\ 2,\ \cdots,\ n$$

$$\bar{\boldsymbol{X}}=\frac{1}{n}\sum_{k=1}^{n}\boldsymbol{X}_k=(\bar{x}_1,\ \bar{x}_2,\ \cdots,\ \bar{x}_p)'$$

$\boldsymbol{S}$ 为样本协方差矩阵，作为总体协方差阵 $\boldsymbol{\Sigma}$ 的无偏估计；$\boldsymbol{R}$ 为样本相关矩阵，为总体相关矩阵的估计。由前面的讨论知，若原始资料阵 $\boldsymbol{X}$ 是经过标准化处理的，则由矩阵 $\boldsymbol{X}$ 求得的协方差阵就是相关矩阵，即 $\boldsymbol{S}$ 与 $\boldsymbol{R}$ 完全相同。因为由协方差矩阵求解主成分的过程与由相关矩阵出发求解主成分的过程是一致的，所以下面仅介绍由相关阵 $\boldsymbol{R}$ 出发求解主成分。

根据总体主成分的定义，主成分 $\boldsymbol{Y}$ 的协方差是：

$$\operatorname{cov}(\boldsymbol{Y})=\boldsymbol{\Lambda}$$

式中，$\boldsymbol{\Lambda}$ 为对角阵。

$$\boldsymbol{\Lambda}=\begin{bmatrix}\lambda_1 & 0 & 0 & \cdots & 0\\ 0 & \lambda_2 & 0 & \cdots & 0\\ 0 & 0 & \lambda_3 & \cdots & 0\\ \vdots & \vdots & \vdots & & \vdots\\ 0 & 0 & 0 & \cdots & \lambda_p\end{bmatrix}$$

假定资料矩阵 $\boldsymbol{X}$ 为标准化后的数据矩阵，则可由相关矩阵代替协方差矩阵，于是上式可表示为：

$$\boldsymbol{P}'\boldsymbol{R}\boldsymbol{P}=\boldsymbol{\Lambda}$$

于是，所求的新的综合变量（主成分）的方差 λ_i（$i=1$，2，…，p）是

$$|\boldsymbol{R}-\lambda\boldsymbol{I}|=0$$

的 p 个根，λ 为相关矩阵的特征根，相应的各个 γ_{ij} 是其特征向量的分量。

因为 $\boldsymbol{R}$ 为正定矩阵，所以其特征根都是非负实数，将它们依大小顺序排列 $\lambda_1\geqslant\lambda_2\geqslant\cdots\geqslant\lambda_p\geqslant0$，其相应的特征向量记为 $\boldsymbol{\gamma}_1$，$\boldsymbol{\gamma}_2$，…，$\boldsymbol{\gamma}_p$，则 Y_1 的方差为：

$$\mathrm{var}(Y_1)=\mathrm{var}(\boldsymbol{\gamma}_1'\boldsymbol{X})=\lambda_1$$

同理有

$$\mathrm{var}(Y_i)=\mathrm{var}(\boldsymbol{\gamma}_i'\boldsymbol{X})=\lambda_i$$

即对于 Y_1 有最大方差，Y_2 有次大方差，……，并且协方差为：

$$\begin{aligned}\mathrm{cov}(Y_i,Y_j)&=\mathrm{cov}(\boldsymbol{\gamma}_i'\boldsymbol{X},\boldsymbol{\gamma}_j'\boldsymbol{X})=\boldsymbol{\gamma}_i'\boldsymbol{R}\boldsymbol{\gamma}_j\\&=\boldsymbol{\gamma}_i'\Big(\sum_{\alpha=1}^{p}\lambda_\alpha\boldsymbol{\gamma}_\alpha\boldsymbol{\gamma}_\alpha'\Big)\boldsymbol{\gamma}_j\\&=\sum_{\alpha=1}^{p}\lambda_\alpha(\boldsymbol{\gamma}_i'\boldsymbol{\gamma}_\alpha)(\boldsymbol{\gamma}_\alpha'\boldsymbol{\gamma}_j)=0,\quad i\neq j\end{aligned}$$

由此可有新的综合变量（主成分）Y_1，Y_2，…，Y_p 彼此不相关，并且 Y_i 的方差为 λ_i，则 $Y_1=\boldsymbol{\gamma}_1'\boldsymbol{X}$，$Y_2=\boldsymbol{\gamma}_2'\boldsymbol{X}$，…，$Y_p=\boldsymbol{\gamma}_p'\boldsymbol{X}$ 分别称为第一、第二…… 第 p 个主成分。由上述求主成分的过程可知，主成分在几何图形中的方向实际上就是 $\boldsymbol{R}$ 的特征向量的方向，主成分的方差贡献就等于 $\boldsymbol{R}$ 的相应特征根。这样，我们利用样本数据求解主成分的过程实际上就转化为求相关阵或协方差阵的特征根和特征向量的过程。

5.4　有关问题的讨论

5.4.1　关于由协方差矩阵或相关矩阵出发求解主成分

由前面的讨论可知，求解主成分的过程实际就是对矩阵结构进行分析的过程，也就是

求解特征根的过程。在实际分析过程中，我们可以从原始数据的协方差矩阵出发，也可以从原始数据的相关矩阵出发，其求主成分的过程是一致的。但是，从协方差阵出发和从相关阵出发所求得的主成分一般来说是有差别的，这种差别有时还很大。这方面的例子可参见参考文献［7］。

一般而言，对于度量单位不同的指标或取值范围彼此差异非常大的指标，不直接由其协方差矩阵出发进行主成分分析而应该考虑将数据标准化。比如，在对上市公司的财务状况进行分析时，常常会涉及利润总额、市盈率、每股净利率等指标，其中利润总额取值常常从几十万元到上百万元，市盈率取值一般在 5 到六七十之间，每股净利率在 1 以下，不同指标取值范围相差很大，这时若是直接从协方差矩阵入手进行主成分分析，利润总额将明显起到重要支配作用，其他两个指标的作用很难在主成分中体现出来，应该考虑对数据进行标准化处理。

但是，对原始数据进行标准化处理后倾向于各个指标的作用在主成分的构成中相等。对于取值范围相差不大或度量相同的指标进行标准化处理后，其主成分分析的结果仍与由协方差阵出发求得的结果有较大区别。这是由于对数据进行标准化的过程实际上也就是抹杀原始变量离散程度差异的过程，标准化后的各变量方差相等，均为 1，实际上方差也是对数据信息的重要概括，也就是说，对原始数据进行标准化后抹杀了一部分重要信息，因此才使得标准化后各变量在对主成分构成中的作用趋于相等。由此看来，对同度量或取值范围在同量级的数据，还是直接从协方差矩阵求解主成分为宜。

对于从什么出发求解主成分，现在还没有一个定论，但是我们应该看到，不考虑实际情况就对数据进行标准化处理或者直接从原始变量的相关矩阵出发求解主成分有其不足之处，这一点需要注意。建议在实际工作中从不同角度出发求解主成分并研究其结果的差别，看看是否存在明显差异且这种差异产生的原因何在，以确定哪种结果更为可信。

5.4.2 主成分分析不要求数据来自正态总体

由上面的讨论可知，无论是从原始变量协方差矩阵出发求解主成分，还是从相关矩阵出发求解主成分，均不涉及总体分布的问题。也就是说，与很多多元统计方法不同，主成分分析不要求数据来自正态总体。实际上，主成分分析就是对矩阵结构的分析，其中用到的主要是矩阵运算的技术及矩阵对角化和矩阵的谱分解技术。我们知道，对多元随机变量而言，其协方差矩阵或相关矩阵均是非负定的，这样，就可以按照求解主成分的步骤求出其特征根、标准正交特征向量，进而求出主成分，达到缩减数据维数的目的。同时，由主成分分析的几何意义可以看到，对来自多元正态总体的数据，我们得到了合理的几何解释，即主成分就是按数据离散程度最大的方向进行坐标轴旋转。

主成分分析的这一特性大大扩展了其应用范围，对多维数据，只要是涉及降维的处理，我们都可以尝试用主成分分析而不用花太多精力考虑其分布情况。

5.4.3 主成分分析与重叠信息

首先应当认识到，主成分分析方法适用于变量之间存在较强相关性的数据，如果原始数据相关性较弱，运用主成分分析不能起到很好的降维作用，即所得的各个主成分浓缩原始变量信息的能力差别不大。一般认为，当原始数据大部分变量的相关系数都小于 0.3 时，运用主成分分析不会取得很好的效果。

很多研究者在运用主成分分析方法时，都或多或少地存在对主成分分析消除原始变量重叠信息的期望，这样，在实际工作之初就可以把与某一研究问题相关而可能得到的变量（指标）都纳入分析过程，再用少数几个主成分浓缩这些有用信息（假定已剔除了重叠信息），然后对主成分进行深入分析。在对待重叠信息方面，生成的新的综合变量（主成分）是有效剔除了原始变量中的重叠信息，还是仅按原来的模式将原始信息中的绝大部分用几个不相关的新变量表示出来，这一点还有待讨论。

为说明这个问题，有必要再回顾一下主成分的求解过程。我们仅就从协方差矩阵出发求主成分的过程予以说明，从相关阵出发有类似的情况。

对于 p 维指标的情况，得到其协方差矩阵如下：

$$\boldsymbol{\Sigma}=\begin{bmatrix}\sigma_{11} & \sigma_{12} & \cdots & \sigma_{1p}\\ \sigma_{21} & \sigma_{22} & \cdots & \sigma_{2p}\\ \vdots & \vdots & & \vdots\\ \sigma_{p1} & \sigma_{p2} & \cdots & \sigma_{pp}\end{bmatrix}$$

现在考虑一种极端情况，即有两个指标完全相关，不妨设第一个指标在进行主成分分析时考虑了两次，则协方差矩阵变为：

$$\boldsymbol{\Sigma}_1=\begin{bmatrix}\sigma_{11} & \sigma_{11} & \sigma_{12} & \cdots & \sigma_{1p}\\ \sigma_{11} & \sigma_{11} & \sigma_{12} & \cdots & \sigma_{1p}\\ \sigma_{21} & \sigma_{21} & \sigma_{22} & \cdots & \sigma_{2p}\\ \vdots & \vdots & \vdots & & \vdots\\ \sigma_{p1} & \sigma_{p1} & \sigma_{p2} & \cdots & \sigma_{pp}\end{bmatrix}$$

此时主成分分析实际上是由$(p+1)\times(p+1)$维矩阵 $\boldsymbol{\Sigma}_1$ 进行。$\boldsymbol{\Sigma}_1$ 的行列式的值为零但仍满足非负定，只不过其最小的特征根为零，由 $\boldsymbol{\Sigma}_1$ 出发求解主成分，其方差总和不再是 $\sigma_{11}+\sigma_{22}+\cdots+\sigma_{pp}$，而是变为 $\sigma_{11}+\sigma_{22}+\cdots+\sigma_{pp}+\sigma_{11}$。也就是说，第一个指标在分析过程中起到了加倍的作用，其重叠信息完全像其他指标提供的信息一样在起作用。这样求得的主成分已经与没有第一个指标重叠信息时不一样了，因为主成分方差的总和已经变为 $\sigma_{11}+\sigma_{22}+\cdots+\sigma_{pp}+\sigma_{11}$ 而不是 $\sigma_{11}+\sigma_{22}+\cdots+\sigma_{pp}$，每个主成分解释方差的比例也相应发生变化，整个分析过程没有对重叠信息做任何特殊处理。也就是说，由于对第一个指标罗列了两次，其在生成的主成分构成中也起到了加倍的作用。这一点尤其应该引起注意，这意味着主成分分析对重叠信息的剔除是无能为力的，同时主成分分析还损失了一部分信息。对此，参考文献［4］举例进行了说明。

这就告诉我们，在实际工作中，在选取初始变量进入分析时应该小心，对原始变量存在多重共线性的问题，在应用主成分分析方法时一定要慎重。应该考虑所选取的初始变量是否合适，是否真实地反映了事物的本来面目，如果是出于避免遗漏某些信息的原因而特意选取了过多的存在重叠信息的变量，就要特别注意应用主成分分析所得到的结果。

如果所得到的样本协方差矩阵（或相关阵）最小的特征根接近零，那么就有

$$\hat{\boldsymbol{\Sigma}}\boldsymbol{\gamma}_p=\frac{1}{n-1}(\boldsymbol{X}-\mathbf{1}\overline{\boldsymbol{X}}')'(\boldsymbol{X}-\mathbf{1}\overline{\boldsymbol{X}}')\boldsymbol{\gamma}_p=\lambda_p\boldsymbol{\gamma}_p\approx\mathbf{0} \tag{5.10}$$

其中，$\mathbf{1}$ 是元素均为 1 的 n 元列向量。上式中左乘 $\boldsymbol{\gamma}_p'$ 可得 $\boldsymbol{\gamma}_p'(\boldsymbol{X}-\mathbf{1}\overline{\boldsymbol{X}}')'(\boldsymbol{X}-\mathbf{1}\overline{\boldsymbol{X}}')\boldsymbol{\gamma}_p\approx 0$，进而推出

$$(\boldsymbol{X}-\mathbf{1}\overline{\boldsymbol{X}}')\boldsymbol{\gamma}_p\approx 0 \tag{5.11}$$

这就意味着，中心化以后的原始变量之间存在着多重共线性，即原始变量存在着不可忽视的重叠信息。因此，在进行主成分分析得出协方差矩阵或相关矩阵，发现最小特征根接近零时，应该注意对主成分的解释，或者考虑对最初纳入分析的指标进行筛选。由此可以看出，虽然主成分分析不能有效地剔除重叠信息，但它至少可以发现原始变量是否存在重叠信息，这对减少分析中的失误是有帮助的。

5.5 主成分分析步骤及框图

5.5.1 主成分分析步骤

由前面的讨论大体上可以明了主成分分析的步骤，对此归纳如下：

（1）根据研究问题选取初始分析变量；

（2）根据初始变量特性判断由协方差阵求主成分还是由相关阵求主成分；

（3）求协方差阵或相关阵的特征根与相应标准特征向量；

（4）判断是否存在明显的多重共线性，若存在，则回到第（1）步；

（5）得到主成分的表达式并确定主成分个数，选取主成分；

（6）结合主成分对研究问题进行分析并深入研究。

5.5.2 主成分分析的逻辑框图

主成分分析的逻辑框图如图 5－3 所示。

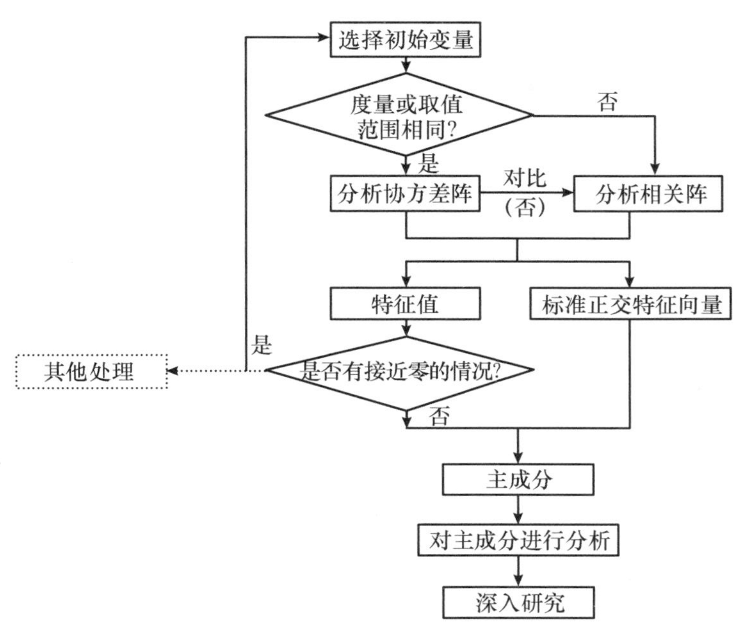

图 5－3　主成分分析的逻辑框图

5.6　主成分分析的上机实现

下面将以几个实际的例子介绍主成分分析的具体应用。

【例 5－1】 为掌握我国各地区主要行业的城镇私营企业就业人员的平均工资水平，选取 2016 年我国 30 个省、直辖市、自治区（西藏地区数据缺失）9 个行业就业人员的平均工资数据（数据来源于 2017 年《中国统计年鉴》），如表 5－1 所示。下面我们用主成分分析方法处理该数据，以期用较少的变量描述这些行业各地区就业人员的工资水平。

表 5－1　2016 年分地区城镇私营企业就业人员平均工资　　单位：元

X_1　农、林、牧、渔业　X_2　制造业　X_3　电力、热力、燃气及水的生产和供应业
X_4　建筑业　X_5　住宿和餐饮业　X_6　金融业
X_7　房地产业　X_8　教育业　X_9　文化、体育和娱乐业

地区	X_1	X_2	X_3	X_4	X_5	X_6	X_7	X_8	X_9
北京	39 138	58 042	53 062	49 455	43 187	143 717	94 956	65 646	64 250
天津	36 007	61 667	47 103	50 372	43 400	68 436	58 365	44 999	51 602
河北	31 330	37 333	35 800	36 976	33 168	37 756	40 386	35 583	33 065
山西	21 145	30 736	31 722	35 151	25 722	34 298	33 398	27 957	23 396
内蒙古	31 084	38 296	39 644	39 719	32 674	42 301	35 588	30 959	31 807
辽宁	28 618	33 884	32 464	37 930	28 811	34 981	35 940	31 771	29 453
吉林	22 137	29 395	26 099	32 881	27 225	36 990	30 983	35 481	26 079

续表

地区	X_1	X_2	X_3	X_4	X_5	X_6	X_7	X_8	X_9
黑龙江	26 367	29 592	32 277	34 021	27 556	34 216	35 178	29 425	25 032
上海	28 523	43 129	37 998	46 474	39 502	65 737	45 153	48 130	48 177
江苏	37 048	48 133	43 928	48 351	36 197	46 658	42 121	45 802	43 600
浙江	37 295	43 381	51 896	46 103	39 143	46 995	48 467	41 950	39 623
安徽	29 959	40 685	34 047	45 063	32 265	43 610	41 579	34 444	31 223
福建	34 226	44 424	32 494	51 249	33 896	55 266	45 101	35 511	34 641
江西	26 620	37 471	36 214	40 839	29 593	37 578	43 236	33 331	32 818
山东	42 927	48 488	52 674	50 069	43 503	53 183	47 456	48 162	45 784
河南	27 450	33 157	30 413	36 021	33 817	30 091	38 208	32 784	30 192
湖北	26 956	34 037	32 936	37 157	29 900	39 226	38 739	32 628	29 014
湖南	30 757	33 191	35 295	39 598	28 487	43 586	39 837	42 233	30 715
广东	35 019	45 859	36 753	52 664	37 131	38 970	54 663	43 864	47 878
广西	29 441	37 741	37 989	36 814	29 042	42 692	39 501	32 704	29 305
海南	37 431	38 497	32 463	38 100	33 474	43 336	59 618	32 525	34 852
重庆	36 437	49 116	44 843	48 973	36 607	62 977	50 396	43 518	44 979
四川	30 382	37 777	39 061	38 417	32 686	37 419	41 973	38 380	36 289
贵州	25 039	39 977	49 572	39 700	31 766	58 088	46 916	38 560	31 491
云南	27 754	36 343	34 553	39 011	38 207	31 146	41 376	35 432	33 236
陕西	26 255	37 044	34 596	36 002	28 393	35 384	38 328	35 752	29 999
甘肃	30 052	36 771	36 455	34 928	32 402	33 970	34 445	32 471	33 723
青海	27 389	33 161	43 754	36 882	31 381	26 447	27 527	31 081	39 689
宁夏	29 894	40 419	40 406	44 725	31 685	36 143	40 016	33 277	31 258
新疆	32 645	40 663	46 129	48 984	29 817	44 406	40 291	34 799	39 310

本例中各变量的量纲差别不大，为了保留各变量自身的变异，选择从协方差阵出发求解主成分。

第 1 步：读入数据，计算特征值。我们使用 eigen 函数对协方差矩阵进行特征值分解。第一主成分的方差贡献率为 82.302%，是保留的特征根占所有特征根的和的比值，由此可见第一主成分解释原始变量总差异的效果比较好。第二个主成分的方差贡献率为 8.857%，这个相对第一主成分贡献率低很多。碎石图显示选择 2 个主成分比较好（见图 5-4）。

```
1.> rm(list = ls())
2.> ex5.1 <- read.table("例 5-1.txt", head = TRUE, fileEncoding = "utf8")
3.> dat51 <- ex5.1[, -1]
4.> rownames(dat51) <- ex5.1[, 1]
5.> # 协方差矩阵
6.> sigm  <- cov(dat51)
```

```
> my51   <- eigen(sigm)
> # 特征值
> lam <- my51 $ values
> p   <- length(lam)
> # 方差贡献率
> cumlam <- cumsum(lam)/sum(lam)
> VE <- data.frame(lam, lam/sum(lam), cumlam)
> colnames(VE) <- c("特征根","贡献率","累计贡献率")
> print(VE)
     特征根        贡献率      累计贡献率
1 768365315   0.823019789   0.8230198
2  82685252   0.088566724   0.9115865
3  29249216   0.031329738   0.9429163
4  17215863   0.018440442   0.9613567
5  14296274   0.015313180   0.9766699
6   7511072   0.008045341   0.9847152
7   6169207   0.006608028   0.9913232
8   5030735   0.005388576   0.9967118
9   3069824   0.003288183   1.0000000
# 碎石图
plot(lam, type = "o", xlab = "主成分序号", ylab = "特征值")
```

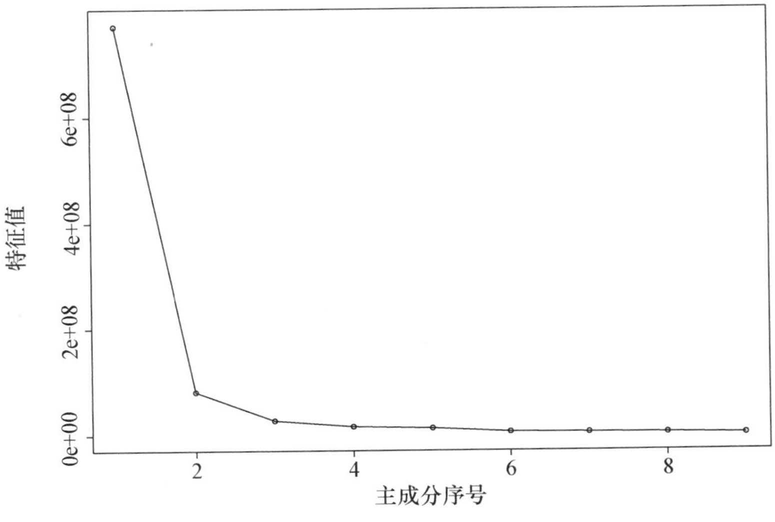

图 5-4　碎石图

第 2 步：计算特征向量和因子负荷量。第一主成分和第二主成分的表达式为：

$$Y_1=-0.119X_1-0.232X_2-0.169X_3-0.145X_4-0.130X_5-0.744X_6-0.409X_7-0.253X_8-0.283X_9$$

$$Y_2=-0.320X_1-0.357X_2-0.353X_3-0.385X_4-0.275X_5+0.510X_6+0.073X_7-0.123X_8-0.375X_9$$

gam [，1] 所对应的列向量为 γ_1，其为协方差阵第一特征根 λ_1 对应的特征向量，load[，1：2] 所对应的列向量是主成分的因子负荷量，即第一主成分 Y_1 和 X_i 的相关系数 $\rho(Y_1, X_i)=\gamma_{i1}\sqrt{\lambda_1}/\sqrt{\sigma_{ii}}$，$i=1, 2, \cdots, 9$。从第一主成分对应的因子负荷量可看到，$X_6$，$X_7$，$X_8$，$X_9$ 在第一主成分中占较大比重，说明第一主成分主要综合了第三产业的就业人员的工资水平。第二主成分对应的因子负荷量除了 X_7 和 X_8，其他相差不多。

```
> #特征向量
> gam <- my51$vectors
> colnames(gam) <- paste("vec",sep = "", 1:p)
> print(gam[, 1:2])
             vec1        vec2
 [1,] -0.1191864 -0.31997109
 [2,] -0.2320962 -0.35693452
 [3,] -0.1694318 -0.35315311
 [4,] -0.1452976 -0.38420063
 [5,] -0.1302961 -0.27546205
 [6,] -0.7438316  0.51064145
 [7,] -0.4091319  0.07373654
 [8,] -0.2533333 -0.12321860
 [9,] -0.2833341 -0.37501342
> #因子负荷量
> lam_ma <- matrix(lam, p, p,  byrow = TRUE)
> sigmai <- (diag(sigm))^0.5
> ##特征向量*特征根的算数平方根
> gamsla <- gam * sqrt(lam_ma)
> load <- gamsla / sigmai
> colnames(load) <- paste("load",sep = "", 1:p)
> print(load[,1:2])
            load1       load2
 [1,] -0.6478731 -0.57056382
 [2,] -0.8469924 -0.42729737
```

```
[3,] -0.6590387 -0.45061871
[4,] -0.6636656 -0.57567732
[5,] -0.7368664 -0.51103336
[6,] -0.9717312  0.21883548
[7,] -0.9320512  0.05510478
[8,] -0.9099041 -0.14518100
[9,] -0.8757826 -0.38025452
```

第 3 步：进一步分析主成分的选择。第一主成分和第二主成分对原始各变量方差贡献率的和，即 0.412+…+ 0.145+=7.483，以及该主成分占所有主成分对原始变量方差贡献率总和（等于 9）的比值为 0.832。这说明前面选择两个主成分比较合适。

```
>#定义 5.3 第一和二主成分对 X1-X9 的方差贡献率
> VV <- load^2
> print(VV[, 1:2])
          load1       load2
 [1,] 0.4197396  0.325543073
 [2,] 0.7173962  0.182583046
 [3,] 0.4343320  0.203057225
 [4,] 0.4404520  0.331404379
 [5,] 0.5429721  0.261155094
 [6,] 0.9442615  0.047888965
 [7,] 0.8687194  0.003036536
 [8,] 0.8279255  0.021077522
 [9,] 0.7669951  0.144593498
> sum(VV[, 1:2])/9
[1] 0.8314592
```

【例 5-2】在工业企业经济效益的评价中，设计的指标往往较多。为了简化系统结构，抓住经济效益评价中的主要方面，我们可由原始数据出发求主成分。在对我国各地区规模以上工业企业的经济效益评价中，包含 8 项指标，原始数据如表 5-2 所示（数据来源于 2017 年《中国工业统计年鉴》），其中，前 7 项指标的单位是亿元，最后一项指标的单位是万人。

表 5-2　2016 年各地区规模以上工业企业主要经济指标

地区	工业销售产值 X_1	资产总计 X_2	负债合计 X_3	所有者权益合计 X_4	主营业务收入 X_5	利润总额 X_6	投资收益 X_7	平均用工人数 X_8
北京	17 837.50	43 093.68	19 798.13	23 272.45	19 746.96	1 608.26	635.55	104.45
天津	26 654.45	25 075.09	15 385.02	10 095.20	25 888.20	2 046.69	−6.52	146.98

续表

地区	工业销售产值 X_1	资产总计 X_2	负债合计 X_3	所有者权益合计 X_4	主营业务收入 X_5	利润总额 X_6	投资收益 X_7	平均用工人数 X_8
河北	46 906.78	44 562.88	24 449.56	19 977.44	47 318.60	2 815.11	−229.49	367.32
山西	12 757.28	33 621.95	25 579.36	8 041.22	14 226.45	294.78	92.52	190.72
内蒙古	19 884.38	30 900.83	19 445.75	11 370.20	20 056.67	1 344.41	29.95	120.71
辽宁	21 035.90	36 106.92	23 272.90	12 286.17	22 038.95	575.39	77.04	228.05
吉林	23 412.38	18 969.47	9 932.67	9 022.79	23 431.37	1 268.49	95.45	143.47
黑龙江	11 103.56	14 951.92	8 399.97	6 542.24	11 347.77	295.54	7.67	117.40
上海	31 056.80	39 838.24	19 588.27	20 004.96	34 315.15	2 913.91	604.70	215.34
江苏	155 820.09	114 536.32	59 466.56	54 939.31	156 591.04	10 574.40	215.01	1 111.84
浙江	66 628.47	69 468.91	38 304.18	30 863.45	65 453.88	4 469.42	326.89	690.30
安徽	42 329.72	33 563.37	19 039.87	14 403.25	42 190.46	2 242.26	45.46	330.49
福建	43 309.15	32 081.30	16 779.94	15 169.60	42 537.24	2 889.26	40.51	421.66
江西	32 928.80	21 811.92	10 549.25	11 192.47	35 961.32	2 443.93	31.24	269.13
山东	148 872.26	105 046.32	56 837.87	47 850.60	150 641.21	8 820.02	189.58	905.76
河南	79 404.82	604 54.73	28 805.88	31 347.06	79 657.15	5 240.61	87.93	724.19
湖北	47 295.43	37 942.33	20 355.90	17 502.70	45 850.64	2 713.46	185.24	343.86
湖南	39 319.29	25 518.07	13 343.81	12 171.52	39 134.64	2 028.59	16.73	336.31
广东	129 840.69	105 604.17	59 318.72	45 694.31	129 151.31	8 383.04	463.62	1 435.86
广西	23 406.97	16 023.46	9 825.40	6 185.34	22 231.30	1 393.35	−163.42	174.62
海南	1 765.10	2 764.18	1 538.21	1 225.97	1 668.92	101.87	10.52	10.87
重庆	23 497.42	20 214.63	12 374.58	7 709.01	23 467.03	1 648.36	56.99	194.95
四川	42 103.39	41 514.58	24 234.79	17 167.51	41 529.25	2 339.82	−56.51	338.15
贵州	11 550.45	14 319.98	9 074.84	5 238.94	11 172.44	847.02	18.63	103.41
云南	10 080.39	19 474.18	12 431.16	7 031.04	10 149.03	334.98	66.62	90.18
西藏	163.73	1 110.65	550.52	554.21	171.82	16.94	0.56	2.00
陕西	21 788.47	30 828.91	17 380.70	13 368.89	21 027.90	1 589.00	70.87	175.01
甘肃	6 527.42	12 263.36	8 076.14	4 187.87	7 850.29	72.68	−46.23	59.71
青海	2 663.51	6 143.77	4 203.12	1 937.98	2 244.47	80.02	1.95	20.13
宁夏	3 899.68	8 521.18	5 773.39	2 745.60	3 646.10	143.23	5.53	31.12
新疆	8 105.79	19 538.65	12 525.08	7 005.82	8 300.96	386.59	32.02	71.57

由于原始数据量纲差别较大，需要对数据进行标准化。步骤和程序与前面差不多。

第 1 步：读入数据，并输出变量之间的相关性。输出结果显示 8 个变量之间存在较强的相关关系，适合进行主成分分析。

```
> rm(list = ls())
> ex5.2 <- read.table("例 5-2.txt", head = TRUE, fileEncoding = "utf8")
> dat52 <- ex5.2[, -1]
> rownames(dat52) <- ex5.2[, 1]
> dat52 <- scale(dat52, scale = TRUE, center = TRUE)
> #协方差
> sigm  <- cov(dat52)
> print(sigm, digits = 3)
      X1    X2    X3    X4    X5    X6    X7    X8
X1 1.000 0.958 0.936 0.962 1.000 0.990 0.345 0.952
X2 0.958 1.000 0.991 0.988 0.959 0.954 0.492 0.937
X3 0.936 0.991 1.000 0.959 0.937 0.923 0.455 0.928
X4 0.962 0.988 0.959 1.000 0.964 0.969 0.520 0.927
X5 1.000 0.959 0.937 0.964 1.000 0.990 0.354 0.949
X6 0.990 0.954 0.923 0.969 0.990 1.000 0.405 0.945
X7 0.345 0.492 0.455 0.520 0.354 0.405 1.000 0.385
X8 0.952 0.937 0.928 0.927 0.949 0.945 0.385 1.000
```

第 2 步：计算特征值并输出特征根及对应主成分的方差贡献率和累积贡献率。我们可提取 1 个主成分，其方差贡献率为 86.981%，说明该第一主成分基本上提取了原始变量的大部分信息。这样由分析原来的 8 个变量转化为仅需分析 1 个综合变量，极大地起到了降维的作用。

```
> my52  <- eigen(sigm)
> #特征值
> lam <- my52$values
> p <- length(lam)
> #方差解释
> cumlam <- cumsum(lam)/sum(lam)
> VE <- data.frame(lam, lam/sum(lam), cumlam)
> colnames(VE) <- c("特征值","比例","累计比例")
> print(VE,digits = 5)
       特征值       比例   累计比例
1 6.9584e+00 8.6981e-01  0.86981
2 8.2794e-01 1.0349e-01  0.97330
3 1.0895e-01 1.3619e-02  0.98692
4 7.8891e-02 9.8613e-03  0.99678
```

```
5 1.7949e-02 2.2436e-03  0.99902
6 7.5446e-03 9.4308e-04  0.99996
7 2.7163e-04 3.3954e-05  1.00000
8 9.3902e-06 1.1738e-06  1.00000
```

第 3 步：计算特征向量和因子负荷量。第一主成分 Y_1 关于各标准化变量的线性组合为：

$$Y_1 = -0.3721X_1^* - 0.3755X_2^* - 0.3684X_3^* - 0.3752X_4^* - 0.3724X_5^* - 0.3722X_6^* - 0.1844X_7^* - 0.3645X_8^*$$

式中，X_1^*，X_2^*，X_3^*，X_4^*，X_5^*，X_6^*，X_7^*，X_8^* 表示对原始变量进行标准化后的变量，因此，式中各变量系数的大小可以表示其重要性。

```
> #特征向量
> gam <- my52 $ vectors
> colnames(gam) <- paste("vec",sep = "", 1:p)
> print(gam[, 1:2],  digits = 4)
          vec1       vec2
 [1,] -0.3721   0.173239
 [2,] -0.3755  -0.022033
 [3,] -0.3684   0.008133
 [4,] -0.3752  -0.053518
 [5,] -0.3724   0.161586
 [6,] -0.3722   0.099774
 [7,] -0.1844  -0.958285
 [8,] -0.3645   0.110445
> #因子负荷量
> lam_ma <- matrix(lam, p, p,  byrow = TRUE)
> sigmai <- (diag(sigm))^0.5
> ##特征向量 * 特征根的算数平方根
> gamsla <- gam * sqrt(lam_ma)
> load <- gamsla / sigmai
> colnames(load) <- paste("load",sep = "", 1:p)
> print(load[, 1:2], digits = 4)
          load1      load2
 [1,] -0.9814    0.15763
 [2,] -0.9904   -0.02005
```

```
25.[3,] -0.9717     0.00740
26.[4,] -0.9898    -0.04870
27.[5,] -0.9824     0.14703
28.[6,] -0.9819     0.09079
29.[7,] -0.4863    -0.87195
30.[8,] -0.9616     0.10049
```

主成分分析的关键在于能否对主成分赋予新的意义，并给出合理的解释，这个解释应根据主成分的计算结果结合定性分析来进行。主成分分析是原来变量（标准化的）的线性组合，在这个组合中各变量的系数有大有小，有正有负，有的大小相当，因而不能简单地认为这个主成分是某个原始变量的属性的作用。线性组合中某变量的系数的绝对值大表明该主成分主要综合了该变量的信息，如果有几个变量的系数大小相当，则应认为这一主成分是这几个变量的总和，这几个变量综合在一起具有怎样的经济意义，要结合经济专业知识，给出恰如其分的解释，才能达到深刻分析经济成因的目的。

本例中有 8 个指标，这 8 个指标有很强的依赖性，通过主成分计算后，选择了 1 个主成分。该主成分的线性组合表达式中除了投资收益 X_7 的系数相对较小外，其余变量的系数大小相当，因此第一主成分可看成 X_1，X_2，X_3，X_4，X_5，X_6，X_8 的综合变量。可以理解为第一主成分反映了工业企业的整体规模和工业生产的收益，主要体现了工业企业的投入和产出。我国目前的工业企业中，经济效益首先反映在投入与产出之比上，其中固定资产所产生的经济效益更大一些。

通常为了分析各样品在主成分上所反映的经济意义方面的情况，还需将原始数据代入主成分表达式计算出各样品的主成分得分，根据各样品的主成分得分就可以对样品进行大致分类或者排序。关于用样品主成分得分进行排序的问题，目前常用的方法是以每个主成分 Y_k 的方差贡献率 α_k 作为权数，对主成分 Y_1，Y_2，…，Y_m 进行线性组合，构造一个综合评价函数 $F=\alpha_1Y_1+\alpha_2Y_2+\cdots+\alpha_mY_m$，依据计算出的 F 值大小进行排序或分类划级。这一方法目前在一些专业文献中都有介绍，但在实践中有时应用效果并不理想，一直以来存在较大争议，主要原因是生成主成分的特征向量的各分量符号不一致，很难进行排序评价。因此，有下面的改进：只用第一主成分作评价指标。理由是第一主成分与原变量综合相关度最高，并且第一主成分对应于数据变异最大的方向，也就是使数据信息损失最小、精度最高的一维综合变量。值得指出的是，使用这种方法是有前提条件的，即当主成分系数全为正的时候，也就是要求所有评价指标变量都正相关的时候，第一主成分才可以用来进行排序。如果系数中有正有负或近似为零，则说明第一主成分是无序指数，不能用作排序评价指标。如果第一主成分系数全为正，则第二、第三……主成分由于与第一主成分正交，系数肯定有正有负，因而一般来说均为无序指数，不能用作排序评价指标。

本例中第一主成分的系数均为负，这说明第一主成分与变量之间负相关。从 8 个变量的含义，我们将系数转化为正的。因此可以用“变换的”第一主成分得分进行排序和分类。31 个省、直辖市、自治区的主成分得分以及按大小排序的结果如表 5-3 所示。R 代码如下：

```
1.y1 <- dat52 %*% as.matrix(-gam[,1], p, 1)
2.index <- order(y1, decreasing = TRUE)
3.city <- as.character(ex5.2[,1])
4.data.frame(city[index], y1[index])
```

表 5-3

地区	得分	地区	得分	地区	得分
江苏	7.396 5	安徽	0.002 5	云南	−1.635 9
广东	6.821 3	湖南	−0.406 8	新疆	−1.715 2
山东	6.405 2	辽宁	−0.613 9	贵州	−1.770 2
浙江	2.791 8	江西	−0.636 8	黑龙江	−1.817 9
河南	2.618 9	陕西	−0.718 2	甘肃	−2.145 0
上海	0.589 0	内蒙古	−0.881 5	宁夏	−2.321 5
湖北	0.471 3	天津	−0.882 7	青海	−2.460 5
河北	0.368 3	山西	−0.918 7	海南	−2.599 9
四川	0.220 3	重庆	−1.076 3	西藏	−2.723 0
北京	0.198 0	吉林	−1.187 7		
福建	0.146 5	广西	−1.518 1		

注意表 5-3 的各地区得分中有许多地区的得分是负数，但并不表明这些地区的经济效益就为负，这里的正负仅表示该地区与平均水平的位置关系，经济效益的平均水平算作零点。这是我们在整个过程中将数据标准化的结果。由表 5-3 可知，江苏、广东和山东的得分较高，可以划分为一类，这些地区的工业企业整体规模大，工业生产的收益高，其中江苏省规模以上工业企业的整体经济效益最好；浙江、河南、上海、湖北、河北、四川、北京、福建和安徽的得分均大于 0，可以划分为第二类，这些地区的工业企业整体规模较大，工业生产的收益较高；其他地区可以划分为第三类，这些地区的工业企业整体规模较小，工业生产的收益较低，其中西藏自治区的规模以上工业企业的经济效益最差。

【例 5-3】试利用主成分综合评价全国各地区水泥制造业规模以上企业的经济效益，原始数据来源于 2014 年《中国水泥年鉴》，如表 5-4 所示。

表 5-4　2013 年各地区水泥制造业规模以上企业的主要经济指标

地区	企业单位数（个）X_1	流动资产合计（亿元）X_2	资产总额（亿元）X_3	负债总额（亿元）X_4	主营业务收入（亿元）X_5	利润总额（亿元）X_6	销售利润率（%）X_7
北京	8	17.6	43.8	17.8	26.6	−1.4	−5.2
天津	24	43.8	91.7	33.7	35.9	1.5	4.1
河北	231	281.4	993.8	647.0	565.1	22.7	4.0
山西	113	103.4	317.4	238.5	124.0	−2.1	−1.7
内蒙古	116	135.9	384.4	256.8	245.8	11.9	4.8
辽宁	151	151.4	417.6	247.9	350.3	23.0	6.6
吉林	69	333.7	627.7	415.2	539.8	25.4	4.7

续表

地区	企业单位数（个）X_1	流动资产合计（亿元）X_2	资产总额（亿元）X_3	负债总额（亿元）X_4	主营业务收入（亿元）X_5	利润总额（亿元）X_6	销售利润率（%）X_7
黑龙江	96	142.1	331.6	234.7	183.2	13.5	7.4
上海	14	21.5	28.3	12.6	31.6	1.2	4.0
江苏	254	300.3	680.0	435.7	713.3	62.6	8.8
浙江	192	259.8	561.9	300.1	473.9	42.1	8.9
安徽	169	217.2	591.9	305.2	518.8	64.9	12.5
福建	111	93.2	276.4	163.9	284.8	11.2	3.9
江西	138	143.8	398.1	208.4	400.3	47.5	11.9
山东	295	351.8	792.7	412.5	878.3	80.3	9.1
河南	238	388.5	804.2	475.2	673.7	58.3	8.7
湖北	151	193.0	619.7	360.7	570.5	49.1	8.6
湖南	220	86.4	398.8	212.3	434.1	33.6	7.7
广东	204	217.0	592.1	345.3	474.3	40.5	8.5
广西	148	116.0	387.2	178.7	344.0	49.6	14.4
海南	15	53.1	102.1	52.9	80.7	5.6	6.9
重庆	78	158.3	419.8	294.1	185.1	8.4	4.5
四川	196	218.2	739.1	433.3	465.2	37.1	8.0
贵州	133	91.5	367.5	244.2	224.7	28.2	12.6
云南	149	134.2	434.7	290.2	251.0	11.3	4.5
西藏	10	11.3	26.5	5.4	17.4	4.1	23.7
陕西	116	82.2	312.6	203.8	253.2	14.4	5.7
甘肃	68	61.8	213.2	126.8	124.3	13.3	10.7
青海	20	39.5	152.7	123.1	44.4	3.0	6.7
宁夏	27	36.1	90.1	49.2	45.1	3.4	7.4
新疆	86	220.6	602.7	353.4	136.1	1.5	1.1

与上面例子一样，我们将数据进行标准化处理。

第 1 步：读入数据，输出变量之间的相关性。结果显示除 X_7 与各变量的相关性不强外，其他变量之间均存在较强的相关关系，因此原始数据适合做主成分分析。

```
> rm(list = ls())
> ex5.3 <- read.table("例 5-3.txt", head = TRUE, fileEncoding = "utf8")
> dat53 <- ex5.3[, -1]
> rownames(dat53) <- ex5.3[, 1]
> dat53 <- scale(dat53, center = TRUE, scale = TRUE)
> # 协方差
> sigm  <- cov(dat53)
> print(sigm, digits = 3)
        X1      X2      X3      X4     X5     X6       X7
X1   1.000  0.7629  0.8518  0.7950  0.902  0.821    0.1570
```

```
X2  0.763  1.0000  0.9234  0.8967  0.881  0.715   0.0248
X3  0.852  0.9234  1.0000  0.9809  0.875  0.694   0.0252
X4  0.795  0.8967  0.9809  1.0000  0.810  0.582  -0.0506
X5  0.902  0.8809  0.8750  0.8102  1.000  0.903   0.1884
X6  0.821  0.7155  0.6945  0.5818  0.903  1.000   0.4282
X7  0.157  0.0248  0.0252 -0.0506  0.188  0.428   1.0000
```

第 2 步：计算特征值。结果可以看到，本例保留了前两个主成分，它们解释了全部变量总方差的 91.036%，说明这 2 个主成分代表原来的 7 个指标评价企业的经济效益已经足够。

```
> my53  <- eigen(sigm)
>#特征值
> lam <- my53$values
> p <- length(lam)
>#方差解释
> cumlam <- cumsum(lam)/sum(lam)
> VE <- data.frame(lam, lam/sum(lam), cumlam)
> colnames(VE) <- c("特征值","比例","累计比例")
> print(VE,digits = 5)
      特征值       比例  累计比例
1  5.1633892  0.7376270  0.73763
2  1.2091445  0.1727349  0.91036
3  0.3418942  0.0488420  0.95920
4  0.1947949  0.0278278  0.98703
5  0.0490616  0.0070088  0.99404
6  0.0341498  0.0048785  0.99892
7  0.0075659  0.0010808  1.00000
```

第 3 步：计算特征向量和因子负荷量。两个主成分的线性表达式如下：

$$Y_1=-0.4071X_1^*-0.4096X_2^*-0.4212X_3^*-0.4000X_4^*-0.4264X_5^*-0.3769X_6^*-0.0735X_7^*$$

$$Y_2=0.0436X_1^*-0.1550X_2^*-0.1783X_3^*-0.2695X_4^*+0.0704X_5^*+0.3595X_6^*+0.8576X_7^*$$

式中，X_1^*，X_2^*，X_3^*，X_4^*，X_5^*，X_6^*，X_7^* 表示对原始变量标准化后的变量。

主成分的经济意义由各线性组合中系数较大的几个指标的综合意义来确定。主成分 Y_1 中，除销售利润率的系数较小外，其他变量的系数大小相当，因此主成分 Y_1 综合反映水泥企业的整体规模和收入水平。主成分 Y_2 中，变量利润总额和销售利润率的系数较大，后者的系数最大，其他变量的系数较小，因此主成分 Y_2 主要反映企业的盈利能力。这两个主成分从企业规模和企业盈利能力两个方面刻画企业经济效益，用它们来考核企业经济效益有 91.036%的可靠性。

```
> #特征向量
> gam <- my53$vectors
> colnames(gam) <- paste("vec",sep = "", 1:p)
> print(gam[, 1:2], digits = 4)
         vec1     vec2
[1,] -0.40708  0.04364
[2,] -0.40956 -0.15500
[3,] -0.42124 -0.17831
[4,] -0.39992 -0.26946
[5,] -0.42630  0.07045
[6,] -0.37688  0.35951
[7,] -0.07354  0.85759
> #因子负荷量
> lam_ma <- matrix(lam, p, p, byrow = TRUE)
> sigmai <- (diag(sigm))^0.5
> ##特征向量*特征根的算数平方根
> gamsla <- gam * sqrt(lam_ma)
> load <- gamsla / sigmai
> colnames(load) <- paste("load",sep = "", 1:p)
> print(load[, 1:2], digits = 4)
       load1    load2
[1,] -0.9250  0.04799
[2,] -0.9306 -0.17044
[3,] -0.9572 -0.19607
[4,] -0.9087 -0.29630
[5,] -0.9687  0.07747
[6,] -0.8564  0.39532
[7,] -0.1671  0.94301
```

第 4 步：进一步分析主成分。当主成分有两个时，将各样品的主成分得分在平面直角坐标系上描出来，就可得到各样品的分布情况，然后可以对样品进行分类。将标准化后的原始数据代入两个主成分的线性表达式，计算各样品的两个主成分得分。现将各样品的主成分得分在平面直角坐标系上描出来（使用 R 软件画散点图并添加辅助线），结果如图 5 - 5 所示。

```
y1 <- dat53 %*% as.matrix(gam[, 1], p, 1)
y2 <- dat53 %*% as.matrix(gam[, 2], p, 1)
#data.frame(y1, y2)#表 5-2
plot(y1, y2, pch = "+", xlab = "第一主成分", ylab = "第二主成分")
abline(h = 0, lty = 2)
abline(v = 0, lty = 2)
text(y1,y2, ex5.3[, 1], adj = -0.05)
```

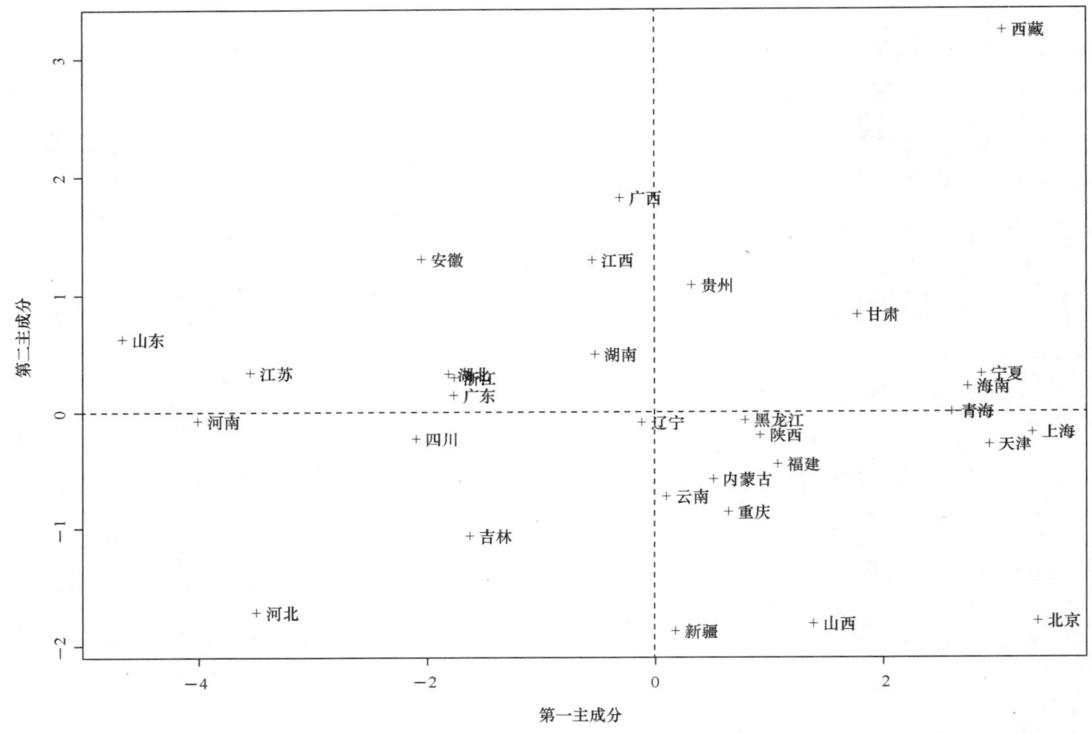

图 5-5　主成分得分的散点图

由图可知，分布在第一象限的地区是广西、江西、安徽、湖南、浙江、广东、湖北、江苏和山东，说明这些省区的规模以上的水泥企业的经济效益较好，企业整体规模大且收入高，盈利能力强；分布在第三象限的地区是黑龙江、陕西、福建、云南、重庆、山西、新疆、上海、天津、北京，说明这些地区的规模以上的水泥企业的经济效益较差，企业整体规模小且盈利能力弱，尤其是北京地区的水泥企业的经济效益最差，主要是由于北京地区较大规模的水泥企业比较少。

虽然可以根据各地区的主成分得分对各地区规模以上工业企业的经济效益或规模以上水泥企业的经济效益进行比较分析或分类研究，但因为此处主成分的意义并不十分明朗，我们把更深入的分析放到下一章，以期得到更合理、更容易解释的结果。

主成分分析的一个重要应用是解决回归建模中的多重共线性问题，即所谓的主成分回归，可参见参考文献［6］。

参考文献

[1] 张尧庭，方开泰. 多元分析引论. 北京：科学出版社，1982.

[2] 方开泰. 实用多元分析. 上海：华东师范大学出版社，1989.

[3] 王静龙. 多元统计分析. 北京：科学出版社，2008.

[4] 王惠文. 偏最小二乘回归方法及应用. 北京：国防工业出版社，1999.

[5] I. T. Jolliffe. Principal Component Analysis. New York：Springer-Verlag，Inc.，1986.

[6] 何晓群，刘文卿. 应用回归分析. 3 版. 北京：中国人民大学出版社，2011.

[7] 何晓群. 多元统计分析. 第 2 版. 北京：中国人民大学出版社，2008.

思考与练习

1. 主成分的基本思想是什么?
2. 主成分在应用中的主要作用是什么?
3. 由协方差阵出发和由相关阵出发求主成分有什么不同?
4. 读者自己找一个实际问题的数据，应用 R 软件试做主成分分析。

第 6 章 因子分析

Chapter 6

学 习 目 标

1. 理解因子分析方法的思想；
2. 了解因子分析的基本理论；
3. 掌握求解因子的方法步骤；
4. 分辨因子分析与主成分分析的异同；
5. 能够用 R 软件进行因子分析，并正确理解系统输出结果。

因子分析（factor analysis）模型是主成分分析的推广。它也是利用降维的思想，从研究原始变量相关矩阵内部的依赖关系出发，把一些具有错综复杂关系的变量归结为少数几个综合因子的一种多变量统计分析方法。相比主成分分析，因子分析更倾向于描述原始变量之间的相关关系，因此，因子分析的出发点是原始变量的相关矩阵。因子分析的思想始于 1904 年查尔斯·斯皮尔曼（Charles Spearman）对学生考试成绩的研究。近年来，随着电子计算机的快速发展，人们将因子分析成功地应用于心理学、医学、气象、地质、经济学等各个领域，也使得因子分析的理论和方法更加丰富。本章主要介绍因子分析的基本理论及方法、运用因子分析方法分析实际问题的主要步骤及因子分析的上机实现等内容。

6.1 因子分析的基本理论

6.1.1 因子分析的基本思想

因子分析的基本思想是根据相关性大小把原始变量分组，使得同组内的变量之间相关性较高，不同组的变量间的相关性则较低。每组变量代表一个基本结构，并用一个不可观测的综合变量表示，这个基本结构就称为公共因子。对于所研究的某一具体问题，原始变量可以分解成两部分之和的形式，一部分是少数几个不可测的所谓公共因子的线性函数，另一部分是与公共因子无关的特殊因子。在经济统计中，描述一种经济现象的指标可以有很多，比如要反映物价的变动情况，对各种商品的价格做全面调查固然可以达到目的，但这样做显然耗时耗力，为实际工作者所不取。实际上，某一类商品中很多商品的价格之间存在明显的相关性或相互依赖性，只要选择几种主要商品的价格，进而对这几种主要商品的价格进行综合，得到一种假想的“综合商品”的价格，就足以反映某一类物价的变动情况，这里，“综合商品”的价格就是提取出来的因子。这样，对各类商品物价或仅对主要类别商品的物价进行类似分析然后加以综合，就可以反映出物价的整体变动情况。这一过程也就是从一些有错综复杂关系的经济现象中找出少数几个主要因子，每一个主要因子代表经济变量间相互依赖的一种经济作用。抓住这些主要因子就可以帮助我们对复杂的经济问题进行分析和解释。

因子分析还可用于对变量或样品的分类处理，我们在得出因子的表达式之后，可以把原始变量的数据代入表达式得出因子得分，根据因子得分在因子所构成的空间中把变量或样品点画出来，形象直观地达到分类的目的。

因子分析不仅可以用来研究变量之间的相关关系，而且可以用来研究样品之间的相关关系，通常将前者称为 R 型因子分析，后者称为 Q 型因子分析。下面着重介绍 R 型因子分析。

6.1.2　因子分析的基本理论及模型

1. 查尔斯·斯皮尔曼提出因子分析时用到的例子

为了对因子分析的基本理论有一个完整的认识，我们先给出查尔斯·斯皮尔曼 1904 年用到的例子。斯皮尔曼在该例中研究了 33 名学生古典语（C）、法语（F）、英语（E）、数学（M）、判别（D）和音乐（Mu）6 门考试成绩之间的相关性，得到如下相关矩阵：

$$
\begin{array}{c|cccccc}
 & C & F & E & M & D & Mu \\
\hline
C & 1.00 & 0.83 & 0.78 & 0.70 & 0.66 & 0.63 \\
F & 0.83 & 1.00 & 0.67 & 0.67 & 0.65 & 0.57 \\
E & 0.78 & 0.67 & 1.00 & 0.64 & 0.54 & 0.51 \\
M & 0.70 & 0.67 & 0.64 & 1.00 & 0.45 & 0.51 \\
D & 0.66 & 0.65 & 0.54 & 0.45 & 1.00 & 0.40 \\
Mu & 0.63 & 0.57 & 0.51 & 0.51 & 0.40 & 1.00
\end{array}
$$

斯皮尔曼注意到上面相关矩阵中一个有趣的规律，即如果不考虑对角元素的话，任意两列的元素大致成比例，对 C 列和 E 列有

$$\frac{0.83}{0.67}\approx\frac{0.70}{0.64}\approx\frac{0.66}{0.54}\approx\frac{0.63}{0.51}\approx 1.2$$

于是斯皮尔曼指出每一科目的考试成绩都遵从以下形式：

$$X_i=a_iF+e_i \tag{6.1}$$

式中，X_i 为第 i 门科目标准化后的考试成绩，均值为 0，方差为 1；F 为公共因子，对各科考试成绩均有影响，也是均值为 0，方差为 1；e_i 为仅对第 i 门科目考试成绩有影响的特殊因子，F 与 e_i 相互独立。也就是说，每一门科目的考试成绩都可以看作一个公共因子（可以认为是一般智力）与一个特殊因子的和。在满足以上假定的条件下，就有

$$\mathrm{cov}(X_i, X_j)=E[(a_iF+e_i)(a_jF+e_j)]=a_ia_j\mathrm{var}(F)=a_ia_j$$

于是，有

$$\frac{\mathrm{cov}(X_i, X_j)}{\mathrm{cov}(X_i, X_k)}=\frac{a_j}{a_k} \tag{6.2}$$

式（6.2）与 i 无关，与在相关矩阵中观察到的比例关系相一致。

此外，还可以得到如下有关 X_i 方差的关系式：

$$\begin{aligned}\mathrm{var}(X_i)&=\mathrm{var}(a_iF+e_i)=\mathrm{var}(a_iF)+\mathrm{var}(e_i)\\&=a_i^2\mathrm{var}(F)+\mathrm{var}(e_i)\\&=a_i^2+\mathrm{var}(e_i)\end{aligned}$$

因为 a_i 是一个常数，F 与 e_i 相互独立，且 F 与 X_i 的方差均被假定为 1，于是有

$$1=a_i^2+\mathrm{var}(e_i) \tag{6.3}$$

常数 a_i 的意义就在于其平方表示了公共因子 F 解释 X_i 方差的比例，因此称为因子载荷，a_i^2 称为共同度。

对斯皮尔曼的例子进行推广，假定每一门科目的考试成绩都受到 m 个公共因子及一个特殊因子的影响，于是式（6.1）就变成了如下因子分析模型的一般形式：

$$X_i=a_{i1}F_1+a_{i2}F_2+\cdots+a_{im}F_m+e_i \tag{6.4}$$

式中，X_i 为标准化后的第 i 门科目的考试成绩，均值为 0，方差为 1；F_1，F_2，…，F_m 是彼此独立的公共因子，都满足均值为 0，方差为 1；e_i 为特殊因子，与每一个公共因子均不相关且均值为 0；a_{i1}，a_{i2}，…，a_{im} 为对第 i 门科目考试成绩的因子载荷。对该模型，有

$$\mathrm{var}(X_i)=a_{i1}^2+a_{i2}^2+\cdots+a_{im}^2+\mathrm{var}(e_i)=1 \tag{6.5}$$

式中，$a_{i1}^2+a_{i2}^2+\cdots+a_{im}^2$ 表示公共因子解释 X_i 方差的比例，称为 X_i 的共同度；相对地，$\mathrm{var}(e_i)$可称为 X_i 的特殊度或剩余方差，表示 X_i 的方差中与公共因子无关的部分。因为共同度不会大于 1，所以$-1\leqslant a_{ij}\leqslant 1$。由模型（6.4）还可以很容易地得到如下 X_i 与 X_j 相关系数的关系式：

$$r_{ij}=a_{i1}a_{j1}+a_{i2}a_{j2}+\cdots+a_{im}a_{jm} \tag{6.6}$$

当 X_i 与 X_j 在某一公共因子上的载荷均较大时，也就表明了 X_i 与 X_j 的相关性较强。

2. 一般因子分析模型

下面给出更为一般的因子分析模型：设有 n 个样品，每个样品观测 p 个指标，这 p 个指标之间有较强的相关性（要求 p 个指标相关性较强的理由是很明确的，只有相关性较强，才能从原始变量中提取出公共因子）。为了便于研究并消除观测量纲的差异及数量级不同所造成的影响，对样本观测数据进行标准化处理，使标准化后的变量均值为 0，方差为 1。为方便起见，把原始变量及标准化后的变量向量均用 $\boldsymbol{X}$ 表示，用 F_1，F_2，…，F_m（$m<p$）表示标准化的公共因子。如果：

(1) $\boldsymbol{X}=(X_1, X_2, \cdots, X_p)'$是可观测随机向量，均值向量 $E(\boldsymbol{X})=\boldsymbol{0}$，协方差矩阵 $\mathrm{cov}(\boldsymbol{X})=\boldsymbol{\Sigma}$，且协方差矩阵 $\boldsymbol{\Sigma}$ 与相关阵 $\boldsymbol{R}$ 相等；

(2) $\boldsymbol{F}=(F_1, F_2, \cdots, F_m)'$（$m<p$）是不可观测的变量，其均值向量$E(\boldsymbol{F})=\boldsymbol{0}$，协方差矩阵 $\mathrm{cov}(\boldsymbol{F})=\boldsymbol{I}$，即向量 $\boldsymbol{F}$ 的各分量是相互独立的；

(3) $\boldsymbol{\varepsilon}=(\varepsilon_1, \varepsilon_2, \cdots, \varepsilon_p)'$与$\boldsymbol{F}$ 相互独立，且 $E(\boldsymbol{\varepsilon})=\boldsymbol{0}$，$\boldsymbol{\varepsilon}$ 的协方差矩阵$\boldsymbol{\Sigma}_\varepsilon$ 是对角方阵

$$\mathrm{cov}(\boldsymbol{\varepsilon})=\boldsymbol{\Sigma}_\varepsilon=\begin{bmatrix}\sigma_{11}^2 & & & 0\\ & \sigma_{22}^2 & & \\ & & \ddots & \\ 0 & & & \sigma_{pp}^2\end{bmatrix}$$

即 $\boldsymbol{\varepsilon}$ 的各分量之间也是相互独立的，则模型

$$\begin{cases}X_1=a_{11}F_1+a_{12}F_2+\cdots+a_{1m}F_m+\varepsilon_1\\ X_2=a_{21}F_1+a_{22}F_2+\cdots+a_{2m}F_m+\varepsilon_2\\ \quad\vdots\\ X_p=a_{p1}F_1+a_{p2}F_2+\cdots+a_{pm}F_m+\varepsilon_p\end{cases}\tag{6.7}$$

称为因子模型。模型（6.7）的矩阵形式为：

$$\boldsymbol{X}=\boldsymbol{AF}+\boldsymbol{\varepsilon}\tag{6.8}$$

式中　$$\boldsymbol{A}=\begin{bmatrix}a_{11} & a_{12} & \cdots & a_{1m}\\ a_{21} & a_{22} & \cdots & a_{2m}\\ \vdots & \vdots & & \vdots\\ a_{p1} & a_{p2} & \cdots & a_{pm}\end{bmatrix}$$

由模型（6.7）及其假设前提知，公共因子 F_1，F_2，…，F_m 相互独立且不可测，是在原始变量的表达式中都出现的因子。公共因子的含义必须结合实际问题的具体意义确定。ε_1，ε_2，…，ε_p 叫作特殊因子，是向量 $\boldsymbol{X}$ 的分量 X_i（$i=1, 2, \cdots, p$）所特有的因子。各特殊因子之间以及特殊因子与所有公共因子之间都是相互独立的。矩阵 $\boldsymbol{A}$ 中的元素 a_{ij} 称为因子载荷，a_{ij} 的绝对值越大($|a_{ij}|\leqslant 1$)，表明 X_i 与 F_j 的相依程度越大，或称公共因子 F_j 对于 X_i 的载荷量越大，进行因子分析的目的之一就是要求出各个因子载荷的值。经过后面的分析会看到，因子载荷的概念与上一章主成分分析中的因子负荷量相对等，实际上，由于因子分析与主成分分析非常类似，在模型（6.7）中，若将 ε_i 看作 $a_{i,m+1}F_{m+1}+$

$a_{i,m+2}F_{m+2}+\cdots+a_{i,p}F_p$的综合作用，则除了此处的因子为不可测变量这一区别，因子载荷与主成分分析中的因子负荷量是一致的。很多人对这两个概念并不加以区分而都称作因子载荷。矩阵 **A** 称为因子载荷矩阵。

为了更好地理解因子分析方法，有必要讨论一下载荷矩阵 **A** 的统计意义以及公共因子与原始变量之间的关系。

（1）因子载荷 a_{ij} 的统计意义。由模型（6.7）

$$\begin{aligned}\operatorname{cov}(X_i, F_j) &= \operatorname{cov}\left(\sum_{j=1}^{m} a_{ij}F_j+\varepsilon_i, F_j\right)\\ &= \operatorname{cov}\left(\sum_{j=1}^{m} a_{ij}F_j, F_j\right)+\operatorname{cov}(\varepsilon_i, F_j)\\ &= a_{ij}\end{aligned}$$

即 a_{ij} 是 X_i 与 F_j 的协方差，注意到，X_i 与 F_j（$i=1, 2, \cdots, p$；$j=1, 2, \cdots, m$）都是均值为 0，方差为 1 的变量，因此，a_{ij} 同时也是 X_i 与 F_j 的相关系数。请读者对比第 5 章“主成分分析”中有关因子负荷量的论述并对两者进行比较。

（2）变量共同度与剩余方差。在上面斯皮尔曼的例子中我们提到了共同度与剩余方差的概念，对一般因子模型（6.7）的情况，重新总结这两个概念如下：

称 $a_{i1}^2+a_{i2}^2+\cdots+a_{im}^2$ 为变量 X_i 的共同度，记为 $h_i^2(i=1, 2, \cdots, p)$。由因子分析模型的假设前提，易得

$$\operatorname{var}(X_i)=1=h_i^2+\operatorname{var}(\varepsilon_i) \tag{6.9}$$

记 $\operatorname{var}(\varepsilon_i)=\sigma_i^2$，则

$$\operatorname{var}(X_i)=1=h_i^2+\sigma_i^2 \tag{6.10}$$

上式表明共同度 h_i^2 与剩余方差 σ_i^2 有互补的关系，h_i^2 越大，表明 X_i 对公共因子的依赖程度越大，公共因子能解释 X_i 方差的比例越大，因子分析的效果也就越好。

（3）公共因子 F_j 的方差贡献。共同度考虑的是所有公共因子 $F_1, F_2, \cdots, F_m$ 与某一个原始变量的关系，与此类似，考虑某一个公共因子 F_j 与所有原始变量 $X_1, X_2, \cdots, X_p$ 的关系。

记 $g_j^2=a_{1j}^2+a_{2j}^2+\cdots+a_{pj}^2$（$j=1, 2, \cdots, m$），则 g_j^2 表示的是公共因子 F_j 对于 **X** 的每一分量 X_i（$i=1, 2, \cdots, p$）所提供的方差的总和，称为公共因子 F_j 对原始变量向量 **X** 的方差贡献，它是衡量公共因子相对重要性的指标。g_j^2 越大，表明公共因子 F_j 对 **X** 的贡献越大，或者说对 **X** 的影响和作用就越大。如果将因子载荷矩阵 **A** 的所有 g_j^2（$j=1, 2, \cdots, m$）都计算出来，并按其大小排序，就可以依此提炼出最有影响的公共因子。

6.2 因子载荷的求解

因子分析可以分为确定因子载荷、因子旋转及计算因子得分三个步骤。首要的步骤即

为确定因子载荷或者根据样本数据确定因子载荷矩阵 $\boldsymbol{A}$。有很多方法可以完成这项工作，如主成分法、主轴因子法、最小二乘法、极大似然法、α 因子提取法等。这些方法求解因子载荷的出发点不同，所得的结果也不完全相同。下面着重介绍比较常用的主成分法、主轴因子法与极大似然法。

6.2.1　主成分法

用主成分法确定因子载荷是在进行因子分析之前先对数据进行一次主成分分析，然后把前几个主成分作为未旋转的公共因子。相对于其他确定因子载荷的方法而言，主成分法比较简单。由于用这种方法所得的特殊因子 ε_1，ε_2，…，ε_p 之间并不相互独立，用主成分法确定因子载荷不完全符合因子模型的假设前提，也就是说所得的因子载荷并不完全正确。当共同度较大时，特殊因子所起的作用较小，特殊因子之间的相关性所带来的影响几乎可以忽略。事实上，很多有经验的分析人员在进行因子分析时，总是先用主成分法进行分析，然后尝试其他方法。

用主成分法寻找公共因子的方法如下：假定从相关阵出发求解主成分，设有 p 个变量，则可以找出 p 个主成分。将所得的 p 个主成分按由大到小的顺序排列，记为 Y_1，Y_2，…，Y_p，则主成分与原始变量之间存在如下关系式：

$$\begin{cases} Y_1=\gamma_{11}X_1+\gamma_{21}X_2+\cdots+\gamma_{p1}X_p \\ Y_2=\gamma_{12}X_1+\gamma_{22}X_2+\cdots+\gamma_{p2}X_p \\ \quad\vdots \\ Y_p=\gamma_{1p}X_1+\gamma_{2p}X_2+\cdots+\gamma_{pp}X_p \end{cases} \tag{6.11}$$

式中，γ_{ij} 为随机向量 $\boldsymbol{X}$ 的相关矩阵的特征根所对应的特征向量的分量，因为特征向量之间彼此正交，从 $\boldsymbol{X}$ 到 $\boldsymbol{Y}$ 的转换关系是可逆的，很容易得出由 $\boldsymbol{Y}$ 到 $\boldsymbol{X}$ 的转换关系为：

$$\begin{cases} X_1=\gamma_{11}Y_1+\gamma_{12}Y_2+\cdots+\gamma_{1p}Y_p \\ X_2=\gamma_{21}Y_1+\gamma_{22}Y_2+\cdots+\gamma_{2p}Y_p \\ \quad\vdots \\ X_p=\gamma_{p1}Y_1+\gamma_{p2}Y_2+\cdots+\gamma_{pp}Y_p \end{cases} \tag{6.12}$$

对上面每一等式只保留前 m 个主成分而把后面的部分用 ε_i 代替，则式（6.12）转化为：

$$\begin{cases} X_1=\gamma_{11}Y_1+\gamma_{12}Y_2+\cdots+\gamma_{1m}Y_m+\varepsilon_1 \\ X_2=\gamma_{21}Y_1+\gamma_{22}Y_2+\cdots+\gamma_{2m}Y_m+\varepsilon_2 \\ \quad\vdots \\ X_p=\gamma_{p1}Y_1+\gamma_{p2}Y_2+\cdots+\gamma_{pm}Y_m+\varepsilon_p \end{cases} \tag{6.13}$$

式（6.13）在形式上已经与因子模型（6.7）相一致，并且 Y_i（$i=1$，2，…，m）之间相互独立，Y_i 与 ε_i 之间相互独立。为了把 Y_i 转化成合适的公共因子，现在要做的工作

只是把主成分 Y_i 变成方差为 1 的变量。为完成此变换，必须将 Y_i 除以其标准差，由上一章中主成分分析的知识知其标准差即为特征根的平方根 $\sqrt{\lambda_i}$。于是，令 $F_i=Y_i/\sqrt{\lambda_i}$，$a_{ij}=\sqrt{\lambda_j}\gamma_{ji}$，则式（6.13）变为：

$$\begin{cases}X_1=a_{11}F_1+a_{12}F_2+\cdots+a_{1m}F_m+\varepsilon_1\\X_2=a_{21}F_1+a_{22}F_2+\cdots+a_{2m}F_m+\varepsilon_2\\\quad\vdots\\X_p=a_{p1}F_1+a_{p2}F_2+\cdots+a_{pm}F_m+\varepsilon_p\end{cases}$$

这与因子模型（6.7）完全一致，这样就得到了载荷矩阵 $\boldsymbol{A}$ 和一组初始公共因子（未旋转）。

一般设 λ_1，λ_2，…，λ_p（$\lambda_1\geqslant\lambda_2\geqslant\cdots\geqslant\lambda_p$）为样本相关阵 $\boldsymbol{R}$ 的特征根，$\boldsymbol{\gamma}_1$，$\boldsymbol{\gamma}_2$，…，$\boldsymbol{\gamma}_p$ 为对应的标准正交化特征向量。设 $m<p$，则因子载荷矩阵 $\boldsymbol{A}$ 的一个解为：

$$\hat{\boldsymbol{A}}=(\sqrt{\lambda_1}\boldsymbol{\gamma}_1,\sqrt{\lambda_2}\boldsymbol{\gamma}_2,\cdots,\sqrt{\lambda_m}\boldsymbol{\gamma}_m)\tag{6.14}$$

共同度的估计为：

$$\hat{h}_i^2=\hat{a}_{i1}^2+\hat{a}_{i2}^2+\cdots+\hat{a}_{im}^2\tag{6.15}$$

那么如何确定公共因子的数目 m 呢？一般而言，这取决于问题的研究者本人。对同一问题进行因子分析时，不同的研究者可能会给出不同的公共因子数。当然，有时由数据本身的特征可以很明确地确定因子数目。当用主成分法进行因子分析时，也可以借鉴确定主成分个数的准则，如所选取的公共因子的信息量的和达到总体信息量的一个合适比例为止。但对这些准则不应生搬硬套，应具体问题具体分析，总之，要使所选取的公共因子能够合理地描述原始变量相关阵的结构，同时要有利于因子模型的解释。

6.2.2 主轴因子法

主轴因子法也比较简单，应用比较普遍。用主轴因子法求解因子载荷矩阵的方法的思路与主成分法有类似的地方，两者均从分析矩阵的结构入手，不同的地方在于主成分法是在所有的 p 个主成分都能解释标准化原始变量所有方差的基础之上进行分析的，主轴因子法中，假定 m 个公共因子只能解释原始变量的部分方差，利用公共因子方差（或共同度）来代替相关矩阵主对角线上的元素 1，并以这个新得到的矩阵（称为调整相关矩阵）为出发点，对其分别求解特征根与特征向量，从而得到因子解。

在因子模型（6.7）中，不难得到如下关于 $\boldsymbol{X}$ 的相关矩阵 $\boldsymbol{R}$ 的关系式：

$$\boldsymbol{R}=\boldsymbol{A}\boldsymbol{A}'+\boldsymbol{\Sigma}_\varepsilon$$

式中，$\boldsymbol{A}$ 为因子载荷矩阵；$\boldsymbol{\Sigma}_\varepsilon$ 为对角阵，其对角元素为相应特殊因子的方差。称 $\boldsymbol{R}^*=\boldsymbol{R}-\boldsymbol{\Sigma}_\varepsilon=\boldsymbol{A}\boldsymbol{A}'$ 为调整相关矩阵，显然 $\boldsymbol{R}^*$ 的主对角元素不再是 1 而是共同度 h_i^2。分别求解 $\boldsymbol{R}^*$ 的特征根与标准正交特征向量，进而求出因子载荷矩阵 $\boldsymbol{A}$。此时，$\boldsymbol{R}^*$ 有 m 个正的特

征根。设 λ_1^*，λ_2^*，…，λ_m^*（$\lambda_1^* \geqslant \lambda_2^* \geqslant \cdots \geqslant \lambda_m^*$）为 $\boldsymbol{R}^*$ 的特征根，$\boldsymbol{\gamma}_1^*$，$\boldsymbol{\gamma}_2^*$，…，$\boldsymbol{\gamma}_m^*$ 为对应的标准正交化特征向量。$m<p$，则因子载荷矩阵 $\boldsymbol{A}$ 的一个主轴因子解为：

$$\hat{\boldsymbol{A}}=(\sqrt{\lambda_1^*}\boldsymbol{\gamma}_1^*,\sqrt{\lambda_2^*}\boldsymbol{\gamma}_2^*,\cdots,\sqrt{\lambda_m^*}\boldsymbol{\gamma}_m^*) \tag{6.16}$$

注意到，上面的分析是以首先得到调整相关矩阵 $\boldsymbol{R}^*$ 为基础的，实际上，$\boldsymbol{R}^*$ 与共同度（或相对的剩余方差）都是未知的，需要先进行估计。一般先给出一个初始估计，然后估计出载荷矩阵 $\boldsymbol{A}$，再给出较好的共同度或剩余方差的估计。得到初始估计的方法有很多，可尝试对原始变量先进行一次主成分分析，给出初始估计值。

6.2.3　极大似然法

如果假定公共因子 $\boldsymbol{F}$ 和特殊因子 $\boldsymbol{\varepsilon}$ 服从正态分布，则能够得到因子载荷和特殊因子方差的极大似然估计。设 $\boldsymbol{X}_1$，$\boldsymbol{X}_2$，…，$\boldsymbol{X}_p$ 为来自正态总体 $N(\boldsymbol{\mu},\boldsymbol{\Sigma})$ 的随机样本，其中 $\boldsymbol{\Sigma}=\boldsymbol{A}\boldsymbol{A}'+\boldsymbol{\Sigma}_\varepsilon$。从似然函数的理论知

$$L(\boldsymbol{\mu},\boldsymbol{\Sigma})=\frac{1}{(2\pi)^{np/2}\,|\boldsymbol{\Sigma}|^{n/2}}\mathrm{e}^{-1/2\mathrm{tr}\left\{\boldsymbol{\Sigma}^{-1}\left[\sum_{j=1}^{n}(\boldsymbol{X}_j-\bar{\boldsymbol{X}})(\boldsymbol{X}_j-\bar{\boldsymbol{X}})'+n(\bar{\boldsymbol{X}}-\boldsymbol{\mu})(\bar{\boldsymbol{X}}-\boldsymbol{\mu})'\right]\right\}} \tag{6.17}$$

它通过 $\boldsymbol{\Sigma}$ 依赖于 $\boldsymbol{A}$ 和 $\boldsymbol{\Sigma}_\varepsilon$。但式（6.17）并不能唯一确定 $\boldsymbol{A}$，为此，添加如下条件：

$$\boldsymbol{A}'\boldsymbol{\Sigma}_\varepsilon^{-1}\boldsymbol{A}=\boldsymbol{\Lambda} \tag{6.18}$$

这里，$\boldsymbol{\Lambda}$ 是一个对角阵，用数值极大化的方法可以得到极大似然估计 $\hat{\boldsymbol{A}}$ 和 $\hat{\boldsymbol{\Sigma}}_\varepsilon$。极大似然估计 $\hat{\boldsymbol{A}}$，$\hat{\boldsymbol{\Sigma}}_\varepsilon$ 和 $\hat{\boldsymbol{\mu}}=\bar{\boldsymbol{X}}$，将使 $\hat{\boldsymbol{A}}'\hat{\boldsymbol{\Sigma}}_\varepsilon^{-1}\hat{\boldsymbol{A}}$ 为对角阵，且使式（6.17）达到最大。

6.2.4　因子旋转

不管用何种方法确定初始因子载荷矩阵 $\boldsymbol{A}$，它们都不是唯一的。设 F_1，F_2，…，F_m 是初始公共因子，则可以建立它们的如下线性组合得到新的一组公共因子 F_1'，F_2'，…，F_m'，使得 F_1'，F_2'，…，F_m' 彼此相互独立，同时也能很好地解释原始变量之间的相关关系。

$$\begin{aligned}
F_1'&=d_{11}F_1+d_{12}F_2+\cdots+d_{1m}F_m\\
F_2'&=d_{21}F_1+d_{22}F_2+\cdots+d_{2m}F_m\\
&\vdots\\
F_m'&=d_{m1}F_1+d_{m2}F_2+\cdots+d_{mm}F_m
\end{aligned}$$

这样的线性组合可以找到无数组，由此便引出了因子分析的第二个步骤——因子旋转。建立因子分析模型的目的不仅仅在于找到公共因子，更重要的是知道每一个公共因子的意义，以便对实际问题进行分析。然而，我们得到的初始因子解各主因子的典型代表变量不是很突出，容易使因子的意义含糊不清，不便于对实际问题进行分析。出于这种考虑，可以对初始公共因子进行线性组合，即进行因子旋转，以期找到意义更为明确、实际

意义更明显的公共因子。经过旋转后，公共因子对 X_i 的贡献 h_i^2 并不改变，但由于载荷矩阵发生变化，公共因子本身就可能发生很大的变化，每一个公共因子对原始变量的贡献 g_i^2 不再与原来相同，经过适当的旋转，就可以得到比较令人满意的公共因子。

因子旋转分为正交旋转与斜交旋转。正交旋转由初始载荷矩阵 $\boldsymbol{A}$ 右乘一正交阵得到。经过正交旋转得到的新的公共因子仍然保持彼此独立的性质。斜交旋转则放弃了因子之间彼此独立这个限制，因而可能达到更为简洁的形式，其实际意义也更容易解释。不论是正交旋转还是斜交旋转，都应当使新的因子载荷系数要么尽可能地接近零，要么尽可能地远离零。因为一个接近零的载荷 a_{ij} 表明 X_i 与 F_j 的相关性很弱，一个绝对值比较大的载荷 a_{ij} 则表明公共因子 F_j 在很大程度上解释了 X_i 的变化。这样，如果任一原始变量都与某些公共因子存在较强的相关关系而与另外的公共因子几乎不相关的话，公共因子的实际意义就会比较容易确定。

对于一个具体问题做因子旋转，有时需要进行多次才能得到令人满意的效果。每一次旋转后，矩阵各列平方的相对方差之和总会比上一次有所增加。如此继续下去，当总方差的改变不大时，就可以停止旋转，这样就得到了一组新的公共因子及相应的因子载荷矩阵，使得其各列元素平方的相对方差之和最大。

6.2.5 因子得分

因子模型建立之后，往往需要反过来考察每一个样品的性质及样品之间的相互关系。比如关于企业经济效益的因子模型建立之后，我们希望知道每一个企业经济效益的优劣，或者把诸企业划分归类，如哪些企业经济效益较好，哪些企业经济效益一般，哪些企业经济效益较差等。这就需要进行因子分析的第三个步骤，即计算因子得分。顾名思义，因子得分就是公共因子 F_1，F_2，…，F_m 在每一个样品点上的得分。这需要我们给出公共因子用原始变量表示的线性表达式，这样的表达式一旦能够得到，就可以很方便地把原始变量的取值代入表达式中，求出各因子的得分值。

在上一章的分析中曾给出了主成分得分的概念，其意义和作用与因子得分相似。但是在此处，公共因子用原始变量线性表示的关系式并不易得到。在主成分分析中，主成分是原始变量的线性组合，当取 p 个主成分时，主成分与原始变量之间的变换关系是可逆的，只要知道了原始变量用主成分线性表示的表达式，就可以方便地得到用原始变量表示主成分的表达式；在因子模型中，公共因子的个数少于原始变量的个数，且公共因子是不可观测的隐变量，载荷矩阵 $\boldsymbol{A}$ 不可逆，因而不能直接求得公共因子用原始变量表示的精确线性组合。解决该问题的一种方法是用回归的思想求出线性组合系数的估计值，即建立如下以公共因子为因变量、原始变量为自变量的回归方程：

$$F_j = \beta_{j1}X_1 + \beta_{j2}X_2 + \cdots + \beta_{jp}X_p, \quad j = 1, 2, \cdots, m \tag{6.19}$$

此处因为原始变量与公共因子变量均为标准化变量，所以回归模型中不存在常数项。在最小二乘意义下，可以得到 $\boldsymbol{F}$ 的估计值：

$$\hat{\boldsymbol{F}} = \boldsymbol{A}'\boldsymbol{R}^{-1}\boldsymbol{X} \tag{6.20}$$

式中，$\boldsymbol{A}$ 为因子载荷矩阵；$\boldsymbol{R}$ 为原始变量的相关阵；$\boldsymbol{X}$ 为原始变量向量。这样，在得到一组样本值后，就可以代入上面的关系式求出公共因子的估计得分，从而用少数公共因子去描述原始变量的数据结构，用公共因子得分去描述原始变量的取值。在估计出公共因子得分后，可以利用因子得分进一步分析，如样本点之间的比较分析、对样本点的聚类分析等。当因子数 m 较少时，还可以方便地把各样本点在图上标示出来，直观地描述样本的分布情况，从而便于把研究工作引向深入。

6.2.6　主成分分析与因子分析的区别

（1）因子分析把展示在我们面前的诸多变量看成由对每一个变量都有作用的一些公共因子和一些仅对某一个变量有作用的特殊因子线性组合而成。因此，我们的目的就是要从数据中探查能对变量起解释作用的公共因子和特殊因子以及公共因子和特殊因子的组合系数。主成分分析则简单一些，它只是从空间生成的角度寻找能解释诸多变量绝大部分变异的几组彼此不相关的新变量（主成分）。

（2）因子分析中，把变量表示成各因子的线性组合，在主成分分析中，把主成分表示成各变量的线性组合。

（3）主成分分析中不需要有一些专门假设，因子分析则需要一些假设。因子分析的假设包括：各个公共因子之间不相关，特殊因子之间不相关，公共因子和特殊因子之间不相关。

（4）提取主因子的方法不仅有主成分法，还有极大似然法等，基于这些不同算法得到的结果一般也不同。主成分只能用主成分法提取。

（5）主成分分析中，当给定的协方差矩阵或者相关矩阵的特征根唯一时，主成分一般是固定的；因子分析中，因子不是固定的，可以旋转得到不同的因子。

（6）在因子分析中，因子个数需要分析者指定，随指定的因子数量不同而结果不同。在主成分分析中，主成分的数量是一定的，一般有几个变量就有几个主成分。

（7）和主成分分析相比，因子分析可以使用旋转技术帮助解释因子，因此在解释方面更加有优势。如果想把现有的变量变成少数几个新的变量（新的变量几乎带有原来所有变量的信息）来进行后续分析，则可以使用主成分分析。当然，这种情况也可以通过计算因子得分处理。因此，这种区分不是绝对的。

6.3　因子分析的步骤与逻辑框图

上面介绍了因子分析的基本思想及基本的理论方法，下面对因子分析的步骤及逻辑框图进行总结，使读者能更加清楚因子分析各步骤之间的脉络关系，更好地运用因子分析方法解决实际问题。

6.3.1　因子分析的步骤

进行因子分析应包括如下几步：

（1）根据研究问题选取原始变量。

（2）对原始变量进行标准化并求其相关阵，分析变量之间的相关性。

（3）求解初始公共因子及因子载荷矩阵。

（4）因子旋转。

（5）计算因子得分。

（6）根据因子得分做进一步分析。

6.3.2　因子分析的逻辑框图

因子分析的逻辑框图如图 6－1 所示。

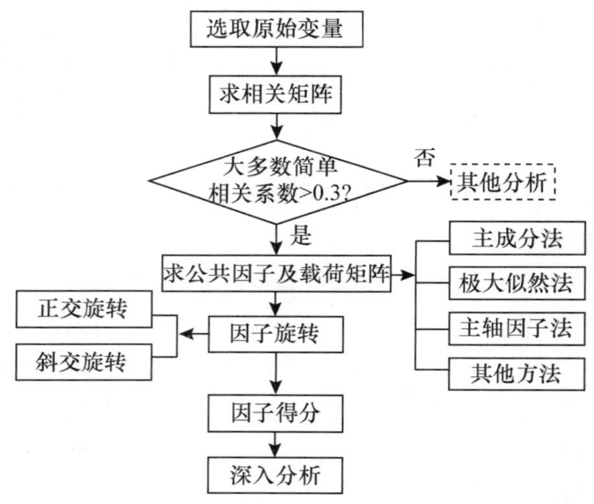

图 6－1　因子分析的逻辑框图

6.4　因子分析的上机实现

R 包 stats 的函数 factanal 可以实现极大似然方法因子载荷求解，psych 包的 principal 函数使用主成分方法计算因子载荷。为了和前面主成分相比较，本书采用主成分方法进行因子载荷求解。

【例 6－1】 为了与主成分分析进行比较，此处仍沿用例 5－3 的数据（见表 5－4），对衡量水泥企业经济效益的 7 项指标建立因子分析模型。

第 1 步：读入数据，选择因子个数。输出结果显示前两个因子的方差解释度大于 90%，因此，我们选择前两个因子。

```
> ex5.3 <- read.table("例 5-3.txt", head = TRUE, fileEncoding = "utf8")
> dat53 <- ex5.3[, -1]
> rownames(dat53) <- ex5.3[, 1]
> dat53 <- scale(dat53, center = TRUE, scale = TRUE)
> p <- dim(dat53)[2]
> library(psych)
> # 建立模型
> fit61 <- principal(dat53, nfactors = 2, rotate = "none", covar = TRUE)
> lam <- fit61$values # 特征值
> # 方差解释
> cumlam <- cumsum(lam)/sum(lam)
> VE <- data.frame(lam, lam/sum(lam), cumlam)
> colnames(VE) <- c("特征值","比例","累计比例")
> round(VE, 3)
   特征值   比例  累计比例
1  5.163  0.738   0.738
2  1.209  0.173   0.910
3  0.342  0.049   0.959
4  0.195  0.028   0.987
5  0.049  0.007   0.994
6  0.034  0.005   0.999
7  0.008  0.001   1.000
```

第 2 步：计算因子载荷和因子得分。因子载荷阵是用标准化的主成分（公共因子）近似表示标准化原始变量的系数矩阵。如果用 F_1，F_2 表示各公共因子，以 X_1 为例，可得

$$X_1^* \approx 0.925F_1 + 0.048F_2$$

使用主成分法求解公因子，当保留全部主成分时，标准化原始变量与公共因子之间有如下精确的关系式：

$$X_1^* = 0.925F_1 + 0.048F_2 - 0.199F_3 + 0.301F_4 + 0.106F_5 + 0.028F_6 + 0.002F_7$$

由此可知，主成分法求解公共因子就是把后面不重要的部分作为特殊因子反映在因子模型中。由 Total Variance Explained 表可知，特殊因子的方差（特殊度）为 1−91.036%＝8.964%。

最后因子得分系数矩阵是用标准化原始变量表示标准化主成分（公共因子）的系数矩

阵。由该得分系数矩阵可得两个公共因子关于标准化原始变量的线性表达式分别为：

$$F_1=0.179X_1^*+0.180X_2^*+0.185X_3^*+0.176X_4^*+0.188X_5^*+0.166X_6^*+0.032X_7^*$$

$$F_2=0.040X_1^*-0.141X_2^*-0.162X_3^*-0.245X_4^*+0.064X_5^*+0.327X_6^*+0.780X_7^*$$

此外，由主成分法求解公共因子时，因子得分系数与因子载荷之间存在密切联系。如表中因子得分系数矩阵中的第一个元素为 0.179，它等于因子载荷阵的第一个元素 0.925 除以第一主成分的方差 5.163。之所以是除以方差而非标准差，是因为公共因子是标准化的主成分。同理，有 0.040=0.048/1.209。由于用主成分法做因子分析中计算因子载荷阵和主成分分析中计算主成分的系数矩阵的方法本质上是一致的，两者的结果可以互相推导得到，因此，有些研究者也使用采用主成分法做因子分析得到的结果进行主成分分析。

```
> # 因子载荷
> load <- as.matrix.data.frame(fit61$loadings)
> rownames(load) <- colnames(dat53)
> round(load, 3)
      [,1]    [,2]
X1   0.925   0.048
X2   0.931  -0.170
X3   0.957  -0.196
X4   0.909  -0.296
X5   0.969   0.077
X6   0.856   0.395
X7   0.167   0.943
> # 因子得分
> varci <- fit61$Vaccounted[1, ]
> varci_mat <- matrix(varci, p, 2,  byrow = TRUE)
> score_mat <- load / varci_mat
> rownames(score_mat) <- colnames(dat53)
> round(score_mat, 3)
      [,1]    [,2]
X1   0.179   0.040
X2   0.180  -0.141
X3   0.185  -0.162
X4   0.176  -0.245
```

```
X5  0.188    0.064
X6  0.166    0.327
X7  0.032    0.780
```

实际上，在进行因子分析前，我们往往先要了解变量之间的相关性，以判断是否适合对数据做因子分析。

```
>#协方差
> sigm  <- cov(dat53)
> round(sigm, 3)
         X1    X2    X3    X4    X5    X6    X7
X1  1.000 0.763 0.852 0.795 0.902 0.821 0.157
X2  0.763 1.000 0.923 0.897 0.881 0.715 0.025
X3  0.852 0.923 1.000 0.981 0.875 0.694 0.025
X4  0.795 0.897 0.981 1.000 0.810 0.582 -0.051
X5  0.902 0.881 0.875 0.810 1.000 0.903 0.188
X6  0.821 0.715 0.694 0.582 0.903 1.000 0.428
X7  0.157 0.025 0.025 -0.051 0.188 0.428 1.000
>#检验
> psych::KMO(dat53)
Kaiser-Meyer-Olkin factor adequacy
Call: psych::KMO(r = dat53)
Overall MSA =  0.78
MSAfor each item =
  X1   X2   X3   X4   X5   X6   X7
0.88 0.88 0.77 0.73 0.82 0.70 0.38
> ocov.test(x=dat53, Sigma0=diag(p))
$m2kog
[1] 377
$p.value
[1] 0
```

KMO 检验用于检查变量间的相关性和偏相关性，KMO 统计量的取值在 0～1 之间。KMO 统计量的取值越接近 1，表明变量间的相关性越强，偏相关性越弱，因子分析的效果越好。实际分析中，当 KMO 统计量在 0.7 以上时，认为做因子分析的效果比较好；当 KMO 统计量在 0.5 以下时，不适合做因子分析，应考虑重新选取变量或者采用其他分析方法。如果变量间相互独立，则无法从中提取公因子，也就无法应用因子分析法。Bartlett 球形检验的原假设是相关阵为单位阵。如果拒绝原假设，则说明各变量间具有相关性，因子分析有效；如果不拒绝原假设，则说明变量间相互独立，不适合做因子分析。

除了变量 X_7，原始各变量之间存在较强的相关性。另外，KMO 检验和 Bartlett 球形检验的结果显示，KMO 统计量的值为 0.78，在 0.01 的显著性水平下，球形检验拒绝相关阵为单位阵的原假设，说明适合做因子分析而且因子分析的效果较好。

另外，得到初始载荷矩阵与公共因子后，为了解释方便，往往需要对因子进行旋转。我们首先进行方差最大正交旋转。

```
> fit61_var<- psych::principal(dat53, nfactors = 2, rotate = 'varimax', covar = TRUE)
>#因子载荷
> load_var <- as.matrix.data.frame(fit61_var$loadings)
> rownames(load) <- colnames(dat53)
> round(load_var, 3)
        [,1]   [,2]
[1,]   0.899  0.224
[2,]   0.946  0.010
[3,]   0.977 -0.010
[4,]   0.949 -0.118
[5,]   0.936  0.261
[6,]   0.765  0.551
[7,]  -0.016  0.958
>#旋转矩阵
> fit61_var$rot.mat
        [,1]   [,2]
[1,]   0.982  0.191
[2,]  -0.191  0.982
>##因子得分
> xx <- t(dat53) %*% dat53
> xy_var <- t(dat53) %*% fit61_var$scores
> score_mat_var <- solve(xx) %*% xy_var
> rownames(score_mat_var) <- colnames(dat53)
> round(score_mat_var, digits = 3)
       RC1     RC2
X1   0.168   0.073
X2   0.204  -0.104
X3   0.213  -0.124
X4   0.219  -0.207
```

```
X5   0.172    0.099
X6   0.100    0.353
X7  -0.117    0.772
```

由输出结果可以看到，旋转后公共因子解释原始数据的能力没有提高，但因子载荷矩阵及因子得分系数矩阵都发生了变化，因子载荷矩阵中的元素更倾向于 0 或±1。有时为了使公共因子的实际意义更容易解释，往往需要放弃公共因子之间互不相关的约束而进行斜交旋转，最常用的斜交旋转方法为 Promax 方法。

```
> fit61_pro <- psych::principal(dat53, nfactors = 2, rotate = 'promax', covar = TRUE)
> # Pattern Matrix
> load_pro <- as.matrix.data.frame(fit61_pro$loadings)
> round(load_pro, 3)
         [,1]    [,2]
 [1,]   0.890   0.111
 [2,]   0.971  -0.115
 [3,]   1.006  -0.140
 [4,]   0.993  -0.247
 [5,]   0.923   0.144
 [6,]   0.703   0.466
 [7,]  -0.161   0.989
> # Structure Matrix
> fit61_pro$Structure
      RC1     RC2
X1 0.920 0.3519
X2 0.940 0.1477
X3 0.968 0.1323
X4 0.926 0.0217
X5 0.962 0.3942
X6 0.829 0.6568
X7 0.107 0.9451
> score_mat_pro <- fit61_pro$scores
> load_pro %*% cor(score_mat_pro)
         RC1     RC2
 [1,] 0.920 0.3519
 [2,] 0.940 0.1477
 [3,] 0.968 0.1323
```

```
[4,] 0.926 0.0217
[5,] 0.962 0.3942
[6,] 0.829 0.6568
[7,] 0.107 0.9451
```

Pattern Matrix 即因子载荷矩阵，Structure Matrix 为公共因子与标准化原始变量的相关阵。也就是说，在斜交旋转中，因子载荷系数不再等于公共因子与标准化原始变量的相关系数。上面给出的三个矩阵存在如下关系：

$$\text{Structure Matrix} = \text{Pattern Matrix} \times \text{Correlation Matrix}$$

由 Pattern Matrix 可知，变量 X_2，X_3，X_4 在第一公共因子上的载荷均较大，尤其 X_3的载荷最大，因此第一公共因子主要反映水泥企业的规模；变量 X_6，X_7在第二公共因子上的载荷较大，则第二公共因子主要反映水泥企业的盈利能力。总之，两个公共因子均较未旋转前更容易解释。

下面我们对因子得分值进行分析。两个变量的标准差均为 1，变量均值为 0。得到各样品的因子得分后，可以对样本进行分析，如用因子得分值代替原始数据进行归类分析或者回归分析等。同时，还可以在一张二维图上画出各数据点，描述各样本点之间的相关关系。

```
> summary(score_mat_pro)
       RC1                RC2
 Min.   :-1.522   Min.   :-2.047
 1st Qu.:-0.653   1st Qu.:-0.645
 Median :-0.031   Median :-0.149
 Mean   : 0.000   Mean   : 0.000
 3rd Qu.: 0.774   3rd Qu.: 0.526
 Max.   : 2.026   Max.   : 2.314
> apply(score_mat_pro, 2, sd)
RC1 RC2
  1   1
> plot(fit61_pro$scores, pch = "+", xlab = "第一因子", ylab = "第二因子")
> abline(h = 0, lty = 2)
> abline(v = 0, lty = 2)
> text(fit61_pro$scores, ex5.3[, 1], adj = -0.05)
```

图形中添加辅助线，调整坐标轴刻度，则可得到散点图，如图 6-2 所示，它与图 5-5 基本一致，此处不再赘述。

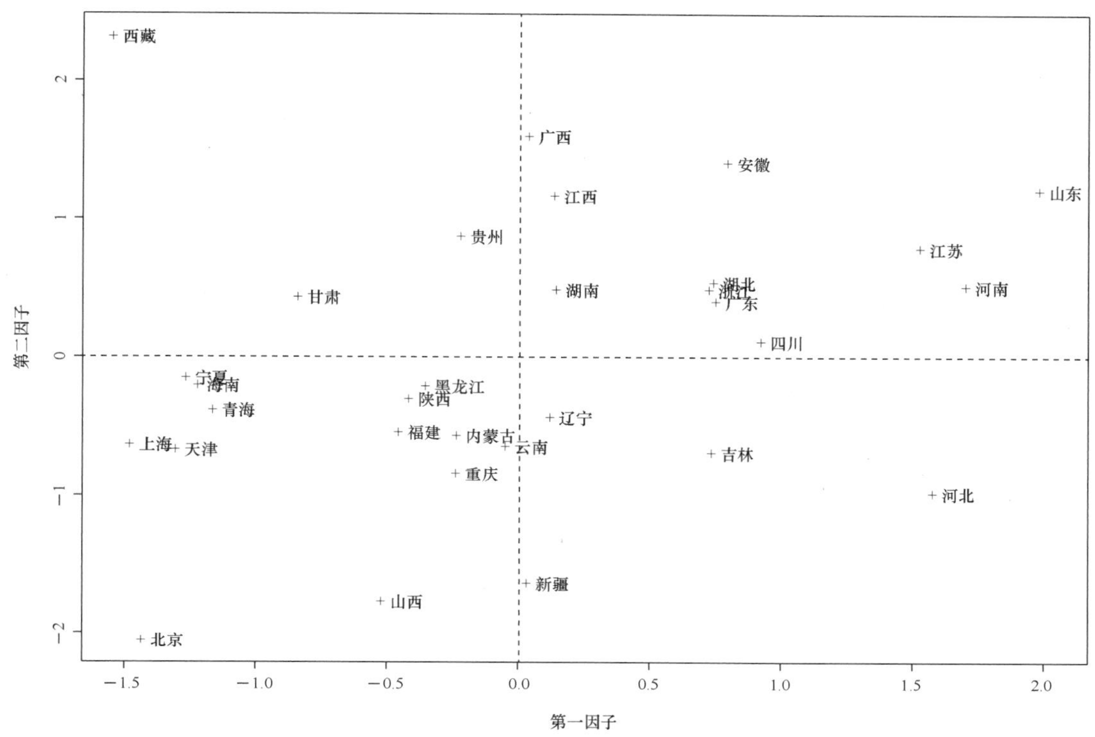

图 6-2　散点图

【例 6-2】 近年来，关于交通运输业上市公司的股票投资备受关注。投资者为了获得更多的收益，需要对公司的投资效益进行分析，掌握这些上市公司的经营状况、盈利状况等。表 6-1 给出了交通运输业的 30 家上市公司的 8 项财务指标数据（数据来源于巨潮资讯）。这 8 项指标分别为 X_1：基本每股收益（元）；X_2：每股净资产（元）；X_3：净资产收益率（%）；X_4：净利润率（%）；X_5：总资产报酬率（%）；X_6：存货周转率；X_7：固定资产周转率；X_8：总资产周转率。现使用因子分析方法对这些公司的整体投资效益进行评价，以便投资者更好地进行决策。

表 6-1　2017 年交通运输业上市公司的财务指标数据（1）

上市公司	X_1	X_2	X_3	X_4	X_5	X_6	X_7	X_8
西部创业	0.060 0	2.759 1	2.190 0	13.19	1.72	5.90	0.19	0.13
铁龙物流	0.253 0	4.032 5	6.438 0	2.83	4.05	3.63	4.22	1.43
大秦铁路	0.900 0	6.686 2	13.500 0	23.99	10.63	25.57	0.77	0.44
广深铁路	0.140 0	4.049 5	3.590 0	5.54	3.04	50.13	0.77	0.55
渤海轮渡	0.750 0	6.732 4	11.670 0	24.00	8.83	25.79	0.48	0.37
深圳机场	0.322 5	5.446 4	6.050 0	19.92	5.17	438.82	0.44	0.26
中信海直	0.150 0	4.862 6	3.150 0	7.17	1.73	3.22	0.42	0.24
白云机场	0.820 0	7.251 8	12.240 0	23.60	7.93	53.26	0.87	0.34
上海机场	1.910 0	13.042 0	15.530 0	45.69	13.52	206.53	0.86	0.30

续表

上市公司	X_1	X_2	X_3	X_4	X_5	X_6	X_7	X_8
南方航空	0.600 0	4.916 1	12.840 0	4.64	2.82	69.59	0.84	0.61
东方航空	0.439 1	3.670 8	12.640 0	6.25	2.90	40.73	0.65	0.47
海航控股	0.182 0	3.117 6	5.910 0	5.55	1.92	376.10	0.91	0.35
外运发展	1.494 2	9.035 0	17.160 0	21.80	14.31	744.18	7.16	0.66
厦门空港	1.379 4	11.440 2	12.160 0	24.74	9.41	4215.49	0.54	0.38
中国国航	0.540 0	6.270 0	8.960 0	5.97	3.15	62.37	0.79	0.53
湖南投资	0.260 0	3.298 0	8.190 0	13.43	5.85	0.98	3.21	0.44
上港集团	0.497 8	2.998 4	17.918 0	30.83	8.94	1.62	1.11	0.29
现代投资	0.570 0	5.622 1	10.560 0	8.17	3.84	10.83	4.39	0.47
富临运业	0.329 2	3.475 5	9.790 0	9.60	3.67	240.52	1.33	0.38
宜昌交运	0.757 0	10.829 0	9.070 0	5.44	3.85	10.11	3.29	0.71
中远海能	0.438 1	6.924 5	6.384 4	18.10	2.98	13.55	0.26	0.16
皖通高速	0.658 0	5.654 8	12.120 0	38.14	8.00	186.79	3.13	0.21
中原高速	0.401 6	4.402 4	9.690 0	20.06	2.38	2.39	0.32	0.12
福建高速	0.239 1	3.166 9	7.660 0	26.52	3.69	105.39	0.16	0.14
长江投资	−0.300 0	2.359 2	−11.180 0	−3.30	−3.80	11.69	7.87	1.15
山东高速	0.550 0	5.530 5	10.290 0	35.83	5.49	0.78	1.14	0.15
五洲交通	0.440 0	3.925 1	11.570 0	20.52	3.33	0.36	0.28	0.16
宁沪高速	0.712 2	4.668 8	16.060 0	37.94	9.11	1.41	5.44	0.24
锦江投资	0.449 0	6.093 5	7.480 0	10.45	5.49	20.51	2.21	0.53
交运股份	0.430 0	5.472 8	8.130 0	4.79	4.96	8.21	3.72	1.04

第 1 步：读入数据，进行 KMO 检验和 Bartlett 检验。

KMO 统计量的值等于 0.66，说明勉强适合进行因子分析，Bartlett 检验的结果显示，在 0.01 的显著性水平下，拒绝协方差阵为单位阵的原假设，适合做因子分析。

```
> ex6.2 <- read.table("例6-2.txt", head = TRUE, fileEncoding = "utf8")
> dat62 <- ex6.2[, -1]
> rownames(dat62) <- ex6.2[, 1]
> dat62 <- scale(dat62, center = TRUE, scale = TRUE)
> library(psych)
> # 检验
> psych::KMO(dat62)
Kaiser-Meyer-Olkin factor adequacy
Call: psych::KMO(r = dat62)
```

```
Overall MSA =  0.66
MSAfor each item =
   X1   X2   X3   X4   X5   X6   X7   X8
0.66 0.59 0.67 0.69 0.80 0.79 0.47 0.51
> p <- dim(dat62)[2]
#Bartlett 检验
> ocov.test(x = dat62, Sigma0 = diag(p))
$m2kog
[1] 211
$p.value
[1] 0
```

第 2 步：选择因子个数。由方差解释表和碎石图（见图 6-3）可看出，前三个特征根较大，其余五个特征根较小，而且前三个公共因子的总方差贡献率为 84.1%，基本提取了样本所包含的信息，因此选择三个公共因子是合适的。我们也可以根据碎石图的变化趋势选择四个公共因子，读者可以自行尝试。

```
>#建模
> fit62_var <- psych::principal(dat62, nfactors = 3, rotate = 'varimax', covar = TRUE)
> lam62 <- fit62_var$values#特征值
>#方差解释
> cumlam62 <- cumsum(lam62)/sum(lam62)
> VE62 <- data.frame(lam62, lam62/sum(lam62), cumlam62)
> colnames(VE62) <- c("特征值","比例","累计比例")
> round(VE62, 3)
   特征值  比例  累计比例
1  3.950  0.494   0.494
2  1.739  0.217   0.711
3  1.041  0.130   0.841
4  0.538  0.067   0.909
5  0.422  0.053   0.961
6  0.189  0.024   0.985
7  0.087  0.011   0.996
8  0.033  0.004   1.000
>#碎石图
> plot(lam62, type = "o", xlab = "因子序号", ylab = "特征值")
```

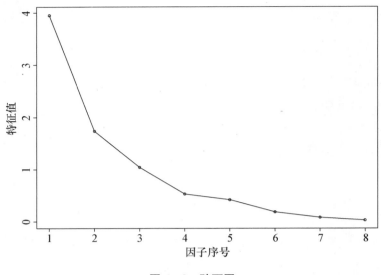

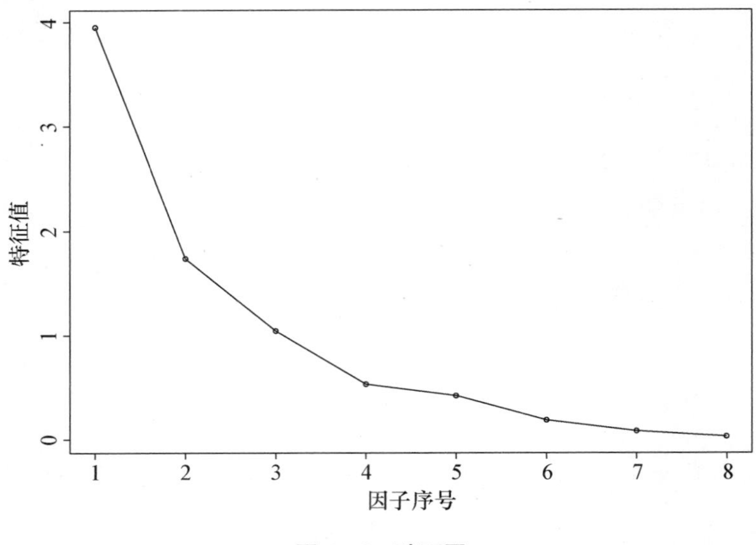

图 6-3　碎石图

第 3 步：计算因子载荷和因子得分。

```
> ##因子载荷
> load62 <- as.matrix.data.frame(fit62_var$loadings)
> rownames(load62) <- colnames(dat62)
> round(load62, 3)
       [,1]   [,2]   [,3]
X1    0.829  0.058  0.509
X2    0.558  0.109  0.687
X3    0.859 -0.174  0.053
X4    0.810 -0.369 -0.011
X5    0.928  0.048  0.236
X6    0.046 -0.096  0.900
X7    0.062  0.892 -0.121
X8   -0.297  0.878  0.098
> F123_62 <- fit62_var$scores
> #因子得分
> xx62 <- t(dat62) %*% dat62
> xy62 <- t(dat62) %*% F123_62
> score62_mat <- solve(xx62) %*% xy62
> rownames(score62_mat) <- colnames(dat62)
> print(score62_mat, digits = 2)
         RC1      RC2      RC3
```

```
22.X1   0.205   0.0912   0.179
23.X2   0.055   0.0773   0.387
24.X3   0.309  -0.0099  -0.170
25.X4   0.284  -0.1281  -0.193
26.X5   0.315   0.1176  -0.062
27.X6  -0.229  -0.1208   0.704
28.X7   0.159   0.5530  -0.180
29.X8  -0.044   0.4861   0.088
```

load62 是进行方差最大化正交旋转后的因子载荷。可以看出，第一个公共因子 F_1 主要由基本每股收益、净资产收益率、净利润率和总资产报酬率四个指标决定，尤其总资产报酬率对 F_1 的贡献最大，它主要代表公司的盈利能力，说明盈利能力在衡量公司的投资效益方面占有重要地位，公司的盈利能力越强，意味着越具有投资价值。第二个公共因子 F_2 主要由固定资产周转率和总资产周转率决定，是代表公司经营效率的指标，主要反映企业运营能力。第三个公共因子 F_3 主要由存货周转率和每股净资产决定，尤其前者在 F_3 上的因子载荷为 0.9，是衡量企业运营能力的主要指标；后者反映公司的资本规模，是衡量公司投资价值的重要指标。

因子得分系数表给出了三个公共因子关于标准化原始变量的线性关系，可由其计算各公共因子的得分，由表可得到三个公共因子的表达式分别为：

$$F_1=0.205X_1^*+0.055X_2^*+0.309X_3^*+0.284X_4^*+0.315X_5^*-0.229X_6^*+0.159X_7^*-0.044X_8^*$$

$$F_2=0.091X_1^*+0.077X_2^*-0.010X_3^*-0.128X_4^*+0.118X_5^*-0.121X_6^*+0.553X_7^*+0.486X_8^*$$

$$F_3=0.179X_1^*+0.387X_2^*-0.170X_3^*-0.193X_4^*-0.062X_5^*+0.704X_6^*-0.180X_7^*+0.088X_8^*$$

以各因子的方差贡献率占三个因子总方差贡献率的比重作为权重进行加权汇总，得到各公司的综合得分 F（这种综合评价方法目前应用较多，但也有较大争议，故应慎用）。根据综合得分 F 的大小降序排列，结果如表 6-2 所示。

表 6-2　公共因子得分和综合因子得分

上市公司	F_1	F_2	F_3	F
外运发展	2.021	2.147	0.517	1.821
上海机场	2.425	−0.048	0.912	1.552
宁沪高速	1.594	0.538	−1.232	0.884
大秦铁路	0.999	−0.082	−0.109	0.548
厦门空港	−0.088	−0.697	4.670	0.490
皖通高速	1.057	−0.155	−0.614	0.486

续表

上市公司	F_1	F_2	F_3	F
宜昌交运	−0.057	1.087	0.828	0.375
白云机场	0.685	−0.294	0.019	0.329
上港集团	1.052	−0.547	−1.127	0.302
渤海轮渡	0.668	−0.350	−0.073	0.290
交运股份	−0.311	1.534	−0.020	0.211
现代投资	0.008	0.775	−0.267	0.164
铁龙物流	−0.654	2.193	−0.144	0.160
山东高速	0.555	−0.818	−0.561	0.028
锦江投资	−0.198	0.318	−0.002	−0.034
湖南投资	−0.113	0.300	−0.695	−0.096
南方航空	−0.336	0.041	0.038	−0.181
中国国航	−0.485	−0.065	0.282	−0.258
东方航空	−0.391	−0.308	−0.282	−0.352
五洲交通	−0.054	−1.009	−0.534	−0.375
富临运业	−0.460	−0.336	−0.233	−0.393
深圳机场	−0.379	−0.785	0.208	−0.393
中远海能	−0.371	−0.904	0.126	−0.432
中原高速	−0.248	−1.076	−0.411	−0.487
福建高速	−0.252	−1.196	−0.606	−0.550
广深铁路	−1.037	−0.175	−0.039	−0.660
海航控股	−1.058	−0.561	0.016	−0.763
长江投资	−2.409	2.397	−0.234	−0.830
中信海直	−1.080	−0.776	−0.006	−0.835
西部创业	−1.085	−1.150	−0.427	−1.000

由上表可知，外运发展公司的投资价值最大，该公司的盈利能力和经营能力均较强，因此该公司的股票适合投资。其次是上海机场，虽然它的综合因子得分位于第二，但它的经营能力相对较弱。如果投资者较盈利能力更看重公司的经营能力的话，可能不会投资上海机场。综合得分主要衡量的是公司的综合投资价值，对于两方面表现均最差的公司，其投资价值也相应最低，如西部创业公司。

计算综合因子得分这种综合评价方法应用非常普遍，但有些文献提出不同看法，主要是认为产生公共因子的特征向量的各级分量符号不一致，很难进行排序评价，从而认为综合评价方法不严谨。我们认为这与其他统计方法一样，其实很多理论问题并没有解决，但似乎并不影响人们使用的热情。统计学应用中许多问题的完善需要人们去实践、去探讨，这个问题当然也在其中。

【例 6-3】区域公用事业的发展是地区综合发展的重要组成部分，是促进社会发展的重要因素。因此，分析评价全国 31 个省、直辖市、自治区在城市公共交通、市政、设施等各方面的建设，把握各地区公用事业的整体发展水平具有重要意义。下面应用因子分析模型，选取反映城市公用事业建设的12个指标作为原始变量，对全国各地区公用事业的整体发展水平做分析评价。这12个指标分别为 X_1：城区面积（平方公里）；X_2：建成区面积（平方公里）；X_3：人均公园绿地面积（平方米）；X_4：城市建设用地面积（平方公里）；X_5：年末实有道路长度（公里）；X_6：年末实有道路面积（万平方米）；X_7：城市排水管道长度（公里）；X_8：城市道路照明灯（千盏）；X_9：年末公共交通车辆运营数（辆）；X_{10}：运营线路总长度（公里）；X_{11}：每万人拥有公共交通车辆（标台）；X_{12}：出租汽车数量（辆）。原始数据来源于2017年《中国统计年鉴》。参见表6-3。

表6-3　2016年区域公用事业指标数据

地区	X_1	X_2	X_3	X_4	X_5	X_6	X_7	X_8	X_9	X_{10}	X_{11}	X_{12}
北京	16 410.0	1 419.7	16.01	1 463.8	8 086	14 316	16 901	300.6	27 892	20 392	24.31	68 484
天津	2 583.3	1 007.9	10.59	961.7	7 888	14 466	20 951	353.1	13 655	17 932	18.09	31 940
河北	6 613.4	2 056.5	14.31	1 944.9	14 418	33 252	17 954	753.1	21 479	26 077	13.68	53 034
山西	2 893.3	1 157.6	11.86	1 129.0	7 671	16 705	8 169	543.3	8 895	13 813	9.42	30 690
内蒙古	4 871.7	1 241.6	19.77	1 146.9	9 728	20 808	12 971	756.6	8 000	16 495	10.26	45 499
辽宁	15 148.1	2 798.2	11.33	2 718.2	16 394	29 277	18 275	1 282.6	22 950	26 222	12.91	80 743
吉林	5 111.5	1 425.8	13.37	1 379.5	10 669	17 084	8 445	527.9	11 670	13 267	10.26	56 413
黑龙江	2 735.6	1 810.2	11.91	1 821.8	12 750	19 667	10 722	646.0	16 939	20 256	13.58	64 158
上海	6 340.5	998.8	7.83	1 913.3	5 129	10 582	19 508	559.1	20 718	24 787	12.70	47 271
江苏	15 277.6	4 299.3	14.79	4 367.4	44 999	79 733	72 823	3 510.4	41 131	62 726	16.57	53 376
浙江	11 311.8	2 673.3	13.17	2 573.4	21 215	41 286	40 550	1 526.3	32 551	70 040	16.27	37 781
安徽	6 100.4	2 001.7	14.02	1 959.7	14 154	33 100	26 388	1 015.0	14 605	14 785	11.95	39 199
福建	4 440.9	1 469.2	13.08	1 365.6	8 656	17 657	14 329	723.3	16 238	23 563	15.26	21 727
江西	2 369.3	1 371.0	14.16	1 279.3	8 977	18 936	13 326	686.7	8 136	14 311	8.86	13 712
山东	22 424.2	4 795.5	17.91	4 540.0	40 685	83 011	56 796	1 869.8	47 419	82 149	15.88	61 314
河南	4 822.8	2 544.3	10.43	2 424.6	13 140	31 621	21 376	897.5	22 955	20 840	10.88	46 598
湖北	8 334.2	2 248.9	10.99	2 111.8	18 622	33 293	23 922	746.9	20 915	18 826	12.76	36 415
湖南	4 373.1	1 625.6	10.57	1 511.1	12 292	22 477	13 846	697.2	19 363	17 779	15.13	26 173
广东	17 086.3	5 808.1	17.87	5 266.6	38 930	71 204	56 323	2 596.8	63 670	102 707	14.20	68 504
广西	5 752.0	1 333.8	11.77	1 292.6	8 585	18 555	11 480	677.3	9 093	13 143	9.77	17 337
海南	1 428.2	321.0	12.02	302.1	2 503	5 195	4 192	173.7	3 080	5 866	11.35	6 683
重庆	7 438.5	1 350.7	16.86	1 179.6	8 498	17 776	15 553	569.6	12 810	14 565	10.70	21 100
四川	7 872.7	2 615.6	12.47	2 468.5	14 835	31 352	26 486	1 189.1	23 583	24 910	12.90	33 394
贵州	3 104.8	844.6	14.98	776.9	4 022	8 208	6 060	473.6	6 565	8 656	11.36	19 021
云南	3 127.7	1 131.3	11.33	1 027.2	5 995	14 768	13 133	514.8	11 166	20 821	13.17	19 130
西藏	449.8	145.2	7.84	186.8	1 134	1 986	1 422	60.2	580	1 035	6.20	1 882

续表

地区	X_1	X_2	X_3	X_4	X_5	X_6	X_7	X_8	X_9	X_{10}	X_{11}	X_{12}
陕西	2 334.8	1 127.4	12.30	1 096.3	6 783	15 265	8 678	653.9	12 696	10 542	16.01	24 458
甘肃	1 580.1	870.4	13.94	806.0	4 668	9 933	5 802	306.9	5 233	6 429	9.16	23 395
青海	688.2	197.4	10.78	176.0	1 019	2 059	1 744	122.1	2 248	3 039	14.49	8 344
宁夏	2 119.2	441.8	18.30	384.1	2 214	6 578	1 626	258.3	3 357	5 019	13.47	12 504
新疆	3 034.9	1 199.4	12.22	1 187.0	7 791	13 673	6 864	631.5	9 250	8 429	15.24	32 284

第 1 步：读入数据，进行 KMO 检验和 Bartlett 检验。结果显示该例的数据非常适合做因子分析。

```
> ex6.3 <- read.table("例 6-3.txt", head = TRUE, fileEncoding = "utf8")
> dat63 <- ex6.3[, -1]
> rownames(dat63) <- ex6.3[, 1]
> dat63 <- scale(dat63, center = TRUE, scale = TRUE)
> #检验
> library(psych)
> psych::KMO(dat63)
Kaiser-Meyer-Olkin factor adequacy
Call: psych::KMO(r = dat63)
Overall MSA =  0.84
MSAfor each item =
  X1   X2   X3   X4   X5   X6   X7   X8   X9  X10  X11  X12
0.96 0.89 0.59 0.80 0.86 0.81 0.89 0.81 0.81 0.92 0.52 0.78
> p <- dim(dat63)[2]
> ocov.test(x = dat63, Sigma0 = diag(p))
$m2kog
[1] 808

$p.value
[1] 0
```

第 2 步：选择因子个数。方差解释表和碎石图（见图 6－4）显示，前三个公共因子总的方差贡献率为 90.8%，基本提取了样本所包含的信息；随着公共因子个数大于 3，碎石图中曲线的变化趋势明显趋于平稳，因此确定选择三个公共因子。

```
>##########方差解释
> fit63_var <- psych::principal(dat63, nfactors = 3, rotate = 'varimax', covar = TRUE)
> lam63 <- fit63_var$values#特征值
```

```
> #方差解释
> cumlam63 <- cumsum(lam63)/sum(lam63)
> VE63 <- data.frame(lam63, lam63/sum(lam63), cumlam63)
> colnames(VE63) <- c("特征值","比例","累计比例")
> round(VE63, 3)
     特征值   比例  累计比例
1    8.980  0.748    0.748
2    1.049  0.087    0.836
3    0.866  0.072    0.908
4    0.551  0.046    0.954
5    0.215  0.018    0.972
6    0.155  0.013    0.985
7    0.075  0.006    0.991
8    0.056  0.005    0.996
9    0.032  0.003    0.998
10   0.011  0.001    0.999
11   0.006  0.000    1.000
12   0.004  0.000    1.000
> #碎石图
> plot(lam63, type = "o", xlab = "因子序号", ylab = "特征值")
```

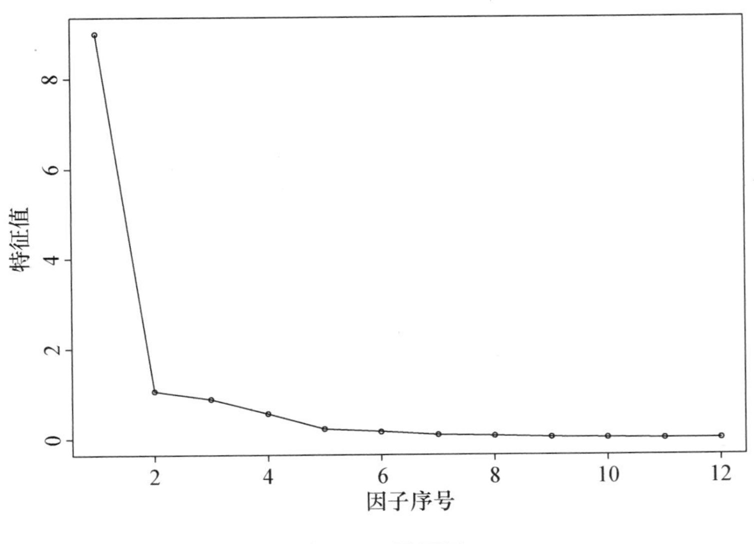

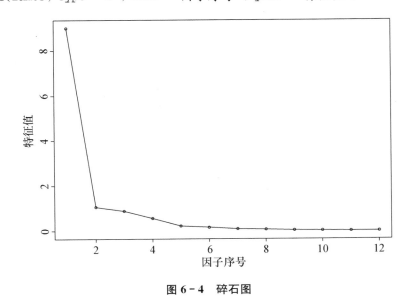

图 6-4　碎石图

第 3 步：因子载荷和因子得分。为便于解释公共因子的实际意义，旋转载荷矩阵表中给出了进行方差最大化正交旋转后的因子载荷。可以看出，第一个公共因子 F_1 主要由 X_2

建成区面积、X_4城市建设用地面积、X_5年末实有道路长度、X_6年末实有道路面积、X_7城市排水管道长度、X_8城市道路照明灯、X_9年末公共交通车辆运营数、X_{10}运营线路总长度决定，而且各指标对 F_1 的贡献基本相当。X_2，X_4是反映城市基础建设的指标，X_5，X_6，X_7，X_8是反映城市市政设施建设的指标，X_9，X_{10}是反映公共交通建设的指标。因此，F_1 是相对综合的因子，基本反映了城市公共建设的整体水平。第二个公共因子 F_2 主要由每万人拥有公共交通车辆决定，主要反映公共交通的建设水平，拥有的公共交通车辆越多，公民的出行越便利。第三个公共因子 F_3 主要由人均公园绿地面积决定，主要反映城市基础建设的情况。

```
>##因子载荷
> load63 <- as.matrix.data.frame(fit63_var $ loadings)
> rownames(load63) <- colnames(dat63)
> round(load63, 3)
      [,1]  [,2]  [,3]
X1  0.743 0.500 0.239
X2  0.948 0.210 0.153
X3  0.204 0.096 0.972
X4  0.957 0.240 0.083
X5  0.952 0.178 0.168
X6  0.951 0.150 0.196
X7  0.930 0.217 0.113
X8  0.933 0.093 0.135
X9  0.876 0.413 0.097
X10 0.889 0.248 0.176
X11 0.093 0.922 0.070
X12 0.541 0.592 0.059
>#各地区公共因子得分
> round(fit63_var $ scores, 3)
             RC1     RC2     RC3
北京      -1.203   3.851   0.924
天津      -0.651   1.192  -0.926
河北       0.057   0.389   0.301
山西      -0.214  -0.878  -0.347
内蒙古    -0.524  -0.613   2.443
辽宁       0.556   0.962  -0.856
吉林      -0.261  -0.178   0.075
```

```
>##图 6-5
> plot(fit63_var$scores, pch="o", xlab = "第一因子", ylab="第二因子")
> abline(h=1, lty=1)
> abline(v=0, lty=1)
> text(fit63_var$scores, ex6.3[, 1], adj = -0.05)
```

为更加直观地分析各地区公用事业建设的水平，以 F_1 因子得分为 x 轴，F_2 因子得分为 y 轴画散点图，如图 6－5 所示。

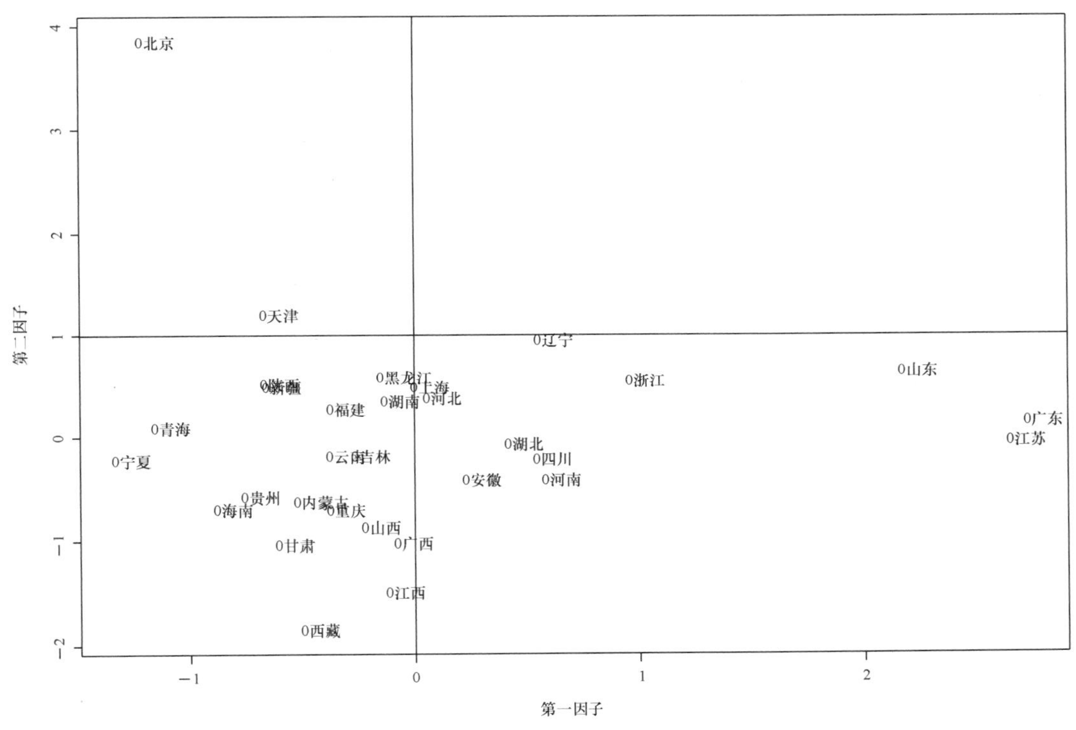

图 6－5　因子的散点图

由散点图可知，除北京在因子 F_2 上的得分较大外，其他地区在 F_2 上的得分相差不是特别大，说明北京的公共交通极其便利，在其他地区中上海的公共交通最便利，西藏的公共交通建设最差，很明显，西藏地区的公共交通建设主要受地理因素的影响。在较为综合的因子 F_1 上，得分最高的是广东，说明广东省公用事业的综合发展水平较高，基础设施建设比较全面，但公共交通建设有待进一步加强。F_1 的得分较高的地区还有江苏、山东、浙江、河南，其中江苏和浙江地区的经济发展水平也较高，说明这些地区的发展相对比较全面，人民的生活质量可以较好地得到保障。另外，F_1 的得分较低的地区有宁夏、青海、海南、贵州、陕西、新疆。一方面这些地区的经济发展水平相对较低；另一方面这些地区所处的环境相对较差，可能会对公用事业建设产生较大影响。因此，全国各地区若要全面协调发展，国家应加大对西部地区的投资和帮扶力度，促进西部地区的发展。

参考文献

[1] 张尧庭，方开泰. 多元统计分析引论. 北京：科学出版社，1982.

[2] 王国梁，何晓群. 多变量经济数据统计分析. 西安：陕西科学技术出版社，1993.

[3] 方开泰. 实用多元统计分析. 上海：华东师范大学出版社，1989.

[4] M. 肯德尔. 多元分析. 北京：科学出版社，1983.

[5] Bryan F. J. Manly. Multivariate Statistical Methods：A Primer. Chapman and Hall，1986.

思考与练习

1. 因子分析与主成分分析有什么本质不同?
2. 因子载荷 a_{ij} 的统计定义是什么？它在实际问题分析中的作用是什么？
3. 试用 R 软件对一个实际问题的研究应用因子分析。

第 7 章

Chapter 7

对应分析

学 习 目 标

1. 理解列联表分析及对应分析的基本思想；
2. 了解对应分析的基本理论；
3. 掌握对应分析的方法；
4. 能够用 R 软件进行对应分析并正确理解输出结果。

对应分析是 R 型因子分析与 Q 型因子分析的结合，它也是利用降维的思想来达到简化数据结构的目的。与因子分析不同的是，对应分析同时对数据表中的行与列进行处理，寻求以低维图形表示数据表中行与列之间的关系。对应分析的思想首先由理查森（Richardson）和库德（Kuder）在 1933 年提出，后来法国统计学家让-保罗·贝内泽（Jean-Paul Benzécri）和日本统计学家林知己夫（Hayashi Chikio）对该方法进行了详细的论述而使其得到了发展。对应分析方法广泛应用于对由属性变量构成的列联表数据的研究，利用对应分析可以在一张二维图上同时画出属性变量不同取值的情况，列联表的每一行和每一列均以二维图上的一个点来表示，从而以直观、简洁的形式描述属性变量各种状态之间的相互关系及不同属性变量之间的相互关系。本章主要讲述对应分析的基本思想、对应分析的基本理论与方法及如何用 R 软件进行对应分析。

7.1 列联表及列联表分析

在讨论对应分析之前，我们先简要回顾一下列联表及列联表分析的有关内容。在实际研究工作中，人们常常用列联表的形式来描述属性变量（定类尺度或定序尺度）的各种状态或相关关系，这在某些调查研究项目中运用得尤为普遍。比如，公司的管理者为了解消费者对自己产品的满意情况，需要针对不同职业的消费者进行调查，调查数据很自然地就以列联表的形式呈现出来（见表 7－1）。

表 7－1

职业	评价					
	非常满意	比较满意	一般	不太满意	不满意	汇总
一般工人						
管理者						
行政官员						
⋮						
汇总						

以上是两变量列联表的一般形式，横栏与纵列交叉位置的数字是相应的频数。这样从表中数据就可以清楚地看到不同职业的人对该公司产品的评价以及所有被调查者对该公司产品的整体评价、被调查者的职业构成情况等信息。通过这张列联表还可以看出职业分布与各种评价之间的相关关系，如管理者与比较满意交叉单元格的数字相对较大（“相对”指应抵消不同职业在总的被调查者中的比例的影响），则说明职业栏的管理者这一部分与评价栏的比较满意这一部分有较强的相关性。由此可以看到，借助列联表可以得到很多有价值的信息。

在研究经济问题的时候，研究者也往往用列联表的形式把数据呈现出来。比如说横栏是不同规模的企业，纵列是不同水平的获利能力，通过这样的形式可以研究企业规模与获利能力之间的关系。更为一般地，可以对企业进行更广泛的分类，如按上市与非上市分类，按企业所属的行业分类，按不同所有制关系分类等。同时，用列联表的格式来研究企业的各种指标，如企业的盈利能力、企业的偿债能力、企业的发展能力等。这些指标既可以是简单的，也可以是综合的，甚至可以是用因子分析或主成分分析提取的公共因子。把这些指标按一定的取值范围进行分类，就可以很方便地用列联表来研究。

一般，假设按两个特性对事物进行研究，特性 A 有 n 类，特性 B 有 p 类，属于 A_i 和 B_j 的个体数目为 n_{ij}（$i=1, 2, \cdots, n$；$j=1, 2, \cdots, p$），则可以得到形如表 7－2 的列联表。

表 7－2

		特性 B						合计
		B_1	B_2	$\cdots$	B_j	$\cdots$	B_p	
特性 A	A_1	n_{11}	n_{12}	$\cdots$	n_{1j}	$\cdots$	n_{1p}	$n_{1.}$
	A_2	n_{21}	n_{22}	$\cdots$	n_{2j}	$\cdots$	n_{2p}	$n_{2.}$
	$\vdots$	$\vdots$	$\vdots$		$\vdots$		$\vdots$	$\vdots$
	A_i	n_{i1}	n_{i2}	$\cdots$	n_{ij}	$\cdots$	n_{ip}	$n_{i.}$
	$\vdots$	$\vdots$	$\vdots$		$\vdots$		$\vdots$	$\vdots$
	A_n	n_{n1}	n_{n2}	$\cdots$	n_{nj}	$\cdots$	n_{np}	$n_{n.}$
合计		$n_{.1}$	$n_{.2}$	$\cdots$	$n_{.j}$	$\cdots$	$n_{.p}$	n

在表 7－2 中，$n_{i.}=n_{i1}+n_{i2}+\cdots+n_{ip}$，$n_{.j}=n_{1j}+n_{2j}+\cdots+n_{nj}$，右下角元素 n 是所有频数的和，有 $n=n_{1.}+n_{2.}+\cdots+n_{n.}=n_{.1}+n_{.2}+\cdots+n_{.p}$。为了更为方便地表示各频数之间的关系，人们往往用频率来代替频数，即将列联表中每一个元素都除以元素的总和 n，令 $p_{ij}=\frac{n_{ij}}{n}$，于是得到如下频率意义上的列联表（见表 7－3）。

表 7－3

		特性 B						合计
		B_1	B_2	$\cdots$	B_j	$\cdots$	B_p	
特性 A	A_1	p_{11}	p_{12}	$\cdots$	p_{1j}	$\cdots$	p_{1p}	$p_{1.}$
	A_2	p_{21}	p_{22}	$\cdots$	p_{2j}	$\cdots$	p_{2p}	$p_{2.}$
	$\vdots$	$\vdots$	$\vdots$		$\vdots$		$\vdots$	$\vdots$
	A_i	p_{i1}	p_{i2}	$\cdots$	p_{ij}	$\cdots$	p_{ip}	$p_{i.}$
	$\vdots$	$\vdots$	$\vdots$		$\vdots$		$\vdots$	$\vdots$
	A_n	p_{n1}	p_{n2}	$\cdots$	p_{nj}	$\cdots$	p_{np}	$p_{n.}$
合计		$p_{.1}$	$p_{.2}$	$\cdots$	$p_{.j}$	$\cdots$	$p_{.p}$	1

上表中，令

$$\boldsymbol{P}=\begin{bmatrix} p_{11} & p_{12} & \cdots & p_{1p} \\ p_{21} & p_{22} & \cdots & p_{2p} \\ \vdots & \vdots & & \vdots \\ p_{n1} & p_{n2} & \cdots & p_{np} \end{bmatrix}$$

$$\boldsymbol{P}'_I=(p_{1.},\ p_{2.},\ \cdots,\ p_{n.})$$

$$\boldsymbol{P}'_J=(p_{.1},\ p_{.2},\ \cdots,\ p_{.p})$$

$$\boldsymbol{1}'=(1,\ 1,\ \cdots,\ 1)$$

则由上面的定义知，下列各式成立：

$$\boldsymbol{1}'\boldsymbol{P}\boldsymbol{1}=\boldsymbol{P}'_I\boldsymbol{1}=\boldsymbol{P}'_J\boldsymbol{1}=1,\quad \boldsymbol{P}\boldsymbol{1}=\boldsymbol{P}_I,\ \boldsymbol{P}'\boldsymbol{1}=\boldsymbol{P}_J$$

对于研究对象的总体，表 7－3 中的元素有概率的含义，p_{ij} 是特性 A 第 i 状态与特性 B 第 j 状态出现的概率，$p_{.j}$ 与 $p_{i.}$ 则表示边缘概率。考察各种特性之间的相关关系，可以通过研究各种状态出现的概率入手。如果特性 A 与特性 B 之间是相互独立的，则对任意的 i 与 j，有下式成立：

$$p_{ij}=p_{i.}\times p_{.j} \tag{7.1}$$

式（7.1）表示，如果特性 A 与特性 B 之间相互独立，特性 A 第 i 状态与特性 B 第 j 状态同时出现的概率则应该等于总体中第 i 状态出现的概率乘以第 j 状态出现的概率。由此令 $\hat{p}_{ij}=p_{i.}\times p_{.j}$ 表示由样本数据得到的特性 A 第 i 状态与特性 B 第 j 状态出现的期望概率的估计值。我们可以通过研究特性 A 第 i 状态和特性 B 第 j 状态同时出现的实际概率 p_{ij} 与特性 A 第 i 状态和特性 B 第 j 状态同时出现的期望概率 $\hat{p}_{ij}$ 的差别大小来判断特性 A 与特性 B 是否独立。此处 A 与 B 为属性变量，在实际研究中，根据实际问题它们可以有不同的意义，它们实质上是列联表的横栏与纵列按某种规则的分类。我们关心的是属性变量 A 与 B 是否独立，由此提出以下假设：

H_0：属性变量 A 与 B 相互独立

H_1：属性变量 A 与 B 不独立

由上面的假设构建如下 χ^2 统计量：

$$\chi^2=\sum_{i=1}^{n}\sum_{j=1}^{p}\frac{[n_{ij}-\hat{E}(n_{ij})]^2}{\hat{E}(n_{ij})}=n\sum_{i=1}^{n}\sum_{j=1}^{p}\frac{(p_{ij}-p_{i.}p_{.j})^2}{p_{i.}p_{.j}} \tag{7.2}$$

注意到，除了常数项 n 外，χ^2 统计量实际上反映了矩阵 $\boldsymbol{P}$ 中所有元素的观察值与理论值经过某种加权的总离差情况。可以证明，在 n 足够大的条件下，当原假设为 H_0 时，χ^2 遵从自由度为 $(n-1)(p-1)$ 的 χ^2 分布。拒绝域为：

$$\chi^2>\chi_\alpha^2[(n-1)(p-1)]$$

通过上面的方法，可以判断两个分类变量是否独立，在拒绝原假设后，我们进一步想了解两个分类变量及分类变量各个状态（取值）之间的相关关系，用对应分析方法可以解决这一问题。

7.2 对应分析的基本理论

当 A 与 B 的取值较少时，把所得到的数据放到一张列联表中，就可以很直观地对 A 与 B 之间及它们的各种取值之间的相关性做出判断。当 p_{ij} 比较大时，说明属性变量 A 的第 i 状态与变量 B 的第 j 状态之间有较强的依赖关系。但是，当 A 或者 B 的取值比较多时，就很难正确地做出判断，此时需要利用降维的思想来简化列联表的结构。由前面的讨论知道，因子分析（或主成分分析）是用少数综合变量提取原始变量大部分信息的有效方法。但因子分析也有不足之处，当我们要研究属性变量 A 的各种状态时，需要做 Q 型因子分析，即要分析一个 $n\times n$ 阶矩阵的结构，当我们要研究属性变量 B 的各种状态时，就是进行 R 型因子分析，需要分析一个 $p\times p$ 阶矩阵的结构。由于因子分析的局限性，无法使 R 型因子分析与 Q 型因子分析同时进行，当 n 或者 p 比较大时，单独进行因子分析就会加大计算量。对应分析可以弥补上述不足，同时对两个（或多个）属性变量进行分析。

如前所述，对应分析利用降维思想分析原始数据结构，旨在以简洁、明了的方式揭示属性变量之间及属性变量各种状态之间的相关关系。对应分析的一大特点就是可以在一张二维图上同时表示出两类属性变量的各种状态，以直观地描述原始数据结构。

假定下面讨论的都是形如表 7－3 的规格化的列联表数据。为了论述方便，先对有关概念进行说明。

7.2.1　有关概念

1. 行剖面与列剖面

在表 7-3 中，p_{ij} 表示变量 A 的第 i 状态与变量 B 的第 j 状态同时出现的概率，相应的 $p_{i.}$ 与 $p_{.j}$ 就有边缘概率的含义。所谓行剖面，是指当变量 A 的取值固定为 i 时（$i=1$，2，…，n），变量 B 的各个状态相对出现的概率情况，也就是把矩阵 $\boldsymbol{P}$ 中第 i 行的每一个元素均除以 $p_{i.}$，这样，就可以方便地把第 i 行表示成 p 维欧氏空间中的一个点，其坐标为：

$$\boldsymbol{p}_i^{r\prime} = \left(\frac{p_{i1}}{p_{i.}},\ \frac{p_{i2}}{p_{i.}},\ \cdots,\ \frac{p_{ip}}{p_{i.}}\right),\quad i=1,\ 2,\ \cdots,\ n \tag{7.3}$$

其中，$\boldsymbol{p}_i^r$ 中的分量$\dfrac{p_{ij}}{p_{i.}}$表示条件概率 $P(B=j|A=i)$，可知

$$\boldsymbol{p}_i^{r\prime}\mathbf{1}=1 \tag{7.4}$$

形象地，第 i 个行剖面 $\boldsymbol{p}_i^r$ 就是把矩阵 $\boldsymbol{P}$ 中第 i 行剖裂开来，单独研究第 i 行的各个取值在 p 维超平面 $x_1+x_2+\cdots+x_p=1$ 上的分布情况。记 n 个行剖面的集合为 $n(r)$。

由于列联表中行与列的地位是对等的，由上面定义行剖面的方法可以很容易地定义列剖面。对矩阵 $\boldsymbol{P}$ 第 j 列的每一个元素 p_{ij} 均除以该列各元素的和 $p_{.j}$，则第 j 个列剖面：

$$\boldsymbol{p}_j^{c\prime} = \left(\frac{p_{1j}}{p_{.j}},\ \frac{p_{2j}}{p_{.j}},\ \cdots,\ \frac{p_{nj}}{p_{.j}}\right),\quad j=1,\ 2,\ \cdots,\ p \tag{7.5}$$

表示当属性变量 B 的取值为 j 时，属性变量 A 的不同取值的条件概率，它是 n 维超平面 $x_1+x_2+\cdots+x_n=1$ 上的一个点。有 $\boldsymbol{p}_j^{c\prime}\mathbf{1}=1$，记 p 个列剖面的集合为 $p(c)$。

在定义行剖面与列剖面之后，我们看到，属性变量 A 的各个取值的情况可以用 p 维空间上的 n 个点来表示，B 的不同取值情况可以用 n 维空间上的 p 个点来表示。对应分析就是利用降维的思想，既把 A 的各个状态表现在一张二维图上，又把 B 的各个状态表现在一张二维图上，且通过后面的分析可以看到，这两张二维图的坐标轴有相同的含义，即可以把 A 的各个取值与 B 的各个取值同时在一张二维图上表示出来。

2. 距离与总惯量

通过上面行剖面与列剖面的定义，A 的不同取值就可以用 p 维空间中的不同点来表示，各个点的坐标分别为 $\boldsymbol{p}_i^r$（$i=1$，2，…，n）；B 的不同取值可以用 n 维空间中的不同点来表示，各个点的坐标分别为 $\boldsymbol{p}_j^c$（$j=1$，2，…，p）。对此，可以引入距离的概念来分别描述 A 的各个状态之间与 B 的各个状态之间的接近程度。由于对列联表行与列的研究是对等的，此处只对行做详细论述。

变量 A 的第 k 状态与第 l 状态的普通欧氏距离为：

$$d^2(k,\ l) = (\boldsymbol{p}_k^r-\boldsymbol{p}_l^r)'(\boldsymbol{p}_k^r-\boldsymbol{p}_l^r) = \sum_{j=1}^{p}\left(\frac{p_{kj}}{p_{k.}}-\frac{p_{lj}}{p_{l.}}\right)^2 \tag{7.6}$$

如此定义的距离有一个缺点，即受到变量 B 的各个状态边缘概率的影响，当变量 B 的第 j 状态出现的概率特别大时，式（7.6）所定义距离的$\left(\frac{p_{kj}}{p_{k.}}-\frac{p_{lj}}{p_{l.}}\right)^2$部分的作用就被高估了，因此，用$\frac{1}{p_{.j}}$作权重，得到如下加权的距离公式：

$$\begin{aligned} D^2(k,l) &= \sum_{j=1}^{p}\left(\frac{p_{kj}}{p_{k.}}-\frac{p_{lj}}{p_{l.}}\right)^2\bigg/p_{.j} \\ &= \sum_{j=1}^{p}\left(\frac{p_{kj}}{\sqrt{p_{.j}}p_{k.}}-\frac{p_{lj}}{\sqrt{p_{.j}}p_{l.}}\right)^2 \end{aligned} \tag{7.7}$$

因此，式（7.7）定义的距离也可以看作坐标为：

$$\left(\frac{p_{i1}}{\sqrt{p_{.1}}p_{i.}},\ \frac{p_{i2}}{\sqrt{p_{.2}}p_{i.}},\ \cdots,\ \frac{p_{ip}}{\sqrt{p_{.p}}p_{i.}}\right),\quad i=1,\ 2,\ \cdots,\ n \tag{7.8}$$

的任意两点之间的普通欧氏距离。

类似地，定义属性变量 B 的两个状态 s，t 之间的加权距离为：

$$D^2(s,t) = \sum_{i=1}^{n}\left(\frac{p_{is}}{\sqrt{p_{i.}}\,p_{.s}}-\frac{p_{it}}{\sqrt{p_{i.}}\,p_{.t}}\right)^2 \tag{7.9}$$

式（7.8）是行剖面消除了变量 B 的各个状态概率影响的相对坐标，下面给出式（7.8）定义的各点的平均坐标，即重心的表达式。由行剖面的定义，$\boldsymbol{p}_i^r$ 的各分量是当 A 取 i 时变量 B 各个状态出现的条件概率，也就是说，式（7.8）的坐标也同时消除了变量 A 的各个状态出现的概率影响。然而，当我们研究由式（7.8）定义的 n 个点的平均坐标时，这 n 个点的地位不是完全平等的，出现概率较大的状态应当占有较高的权重。因此，我们定义如下按 $p_{i.}$ 加权的 n 个点的平均坐标，其第 j 个分量为：

$$\sum_{i=1}^{n}\frac{p_{ij}}{\sqrt{p_{.j}}p_{i.}}p_{i.} = \frac{1}{\sqrt{p_{.j}}}\sum_{i=1}^{n}p_{ij} = \sqrt{p_{.j}},\quad j=1,\ 2,\ \cdots,\ p \tag{7.10}$$

因此，由式（7.8）定义的 n 个点的重心为：

$$\boldsymbol{p}_J^{1/2\prime} = (\sqrt{p_{.1}},\ \sqrt{p_{.2}},\ \cdots,\ \sqrt{p_{.p}})$$

其中，每一分量恰恰是矩阵 $\boldsymbol{P}$ 每一列边缘概率的平方根。根据上面的准备，可以给出如下行剖面集合 $n(r)$的总惯量的定义：由式（7.8）定义的 n 个点与其重心的加权欧氏距离之和称为行剖面集合 $n(r)$的总惯量，记为 I_I。有

$$I_I = \sum_{i=1}^{n}D^2(\boldsymbol{p}_i^r,\ \boldsymbol{p}_J^{1/2}) \tag{7.11}$$

令 $\boldsymbol{D}_p^{1/2}=\mathrm{diag}(\boldsymbol{p}_J^{1/2})$ 表示由向量 $\boldsymbol{p}_J^{1/2}$ 的各个分量为对角线元素构成的对角阵，则总惯

量式（7.11）可写为：

$$I_I = \sum_{i=1}^{n} d^2[\boldsymbol{p}_i^{r\prime}(\boldsymbol{D}_p^{1/2})^{-1}, \boldsymbol{p}_J^{1/2\prime}] = \sum_{i=1}^{n}\sum_{j=1}^{p} p_{i.}\left(\frac{p_{ij}}{p_{i.}\sqrt{p_{.j}}} - \sqrt{p_{.j}}\right)^2$$
$$= \sum_{i=1}^{n}\sum_{j=1}^{p} \frac{(p_{ij} - p_{i.}p_{.j})^2}{p_{i.}p_{.j}} = \frac{1}{n}\chi^2 \tag{7.12}$$

由式（7.12）可以看到，总惯量不仅反映了行剖面集在式（7.8）意义上定义的各点与其重心加权距离的总和，同时与 χ^2 统计量仅相差一个常数，由前面列联表的分析我们知道，χ^2 统计量反映了列联表横栏与纵列的相关关系，因此，此处总惯量也反映了两个属性变量各状态之间的相关关系。对应分析就是在总惯量信息损失最小的前提下，简化数据结构以反映两属性变量之间的相关关系。实际上，总惯量的概念类似于主成分分析或因子分析中方差总和的概念，在 R 软件中进行对应分析时，系统会给出对总惯量信息的提取情况。

完全对应地，可以得到对列联表的列进行分析的相应结论，列剖面 p 个点经 $p_{.j}$ 加权后的平均坐标，即重心为：

$$\boldsymbol{p}_I^{1/2\prime} = (\sqrt{p_{1.}}, \sqrt{p_{2.}}, \cdots, \sqrt{p_{n.}}) \tag{7.13}$$

列剖面集合 $p(c)$ 的总惯量为：

$$I_J = I_I = \frac{1}{n}\chi^2 \tag{7.14}$$

7.2.2　R 型与 Q 型因子分析的对等关系

经过以上数据变换，在引入加权距离函数之后，或者对行剖面集的各点进行式（7.8）的变换，对列剖面的各点进行类似变换之后，可以直接计算属性变量各状态之间的距离，通过距离的大小来反映各状态之间的接近程度，同类型的状态之间距离应当较短，不同类型的状态之间距离应当较长，据此可以对各种状态进行分类以简化数据结构。但是，这样做不能对两个属性变量同时进行分析，因此不计算距离，代之以求协方差矩阵，进行因子分析，提取主因子，用主因子所定义的坐标轴作为参照系，对两个变量的各状态进行分析。

先对行剖面进行分析，即 Q 型因子分析。假定各个行剖面的坐标均经过了形如式（7.8）的变换，以消除变量 B 的各个状态发生的边缘概率的影响。即变换后的行剖面为：

$$\boldsymbol{p}_i^{r\prime}(\boldsymbol{D}_p^{1/2})^{-1}, \quad i = 1, 2, \cdots, n$$

则变换后的 n 个行剖面所构成的矩阵为：

$$\boldsymbol{p}_r = \begin{bmatrix} \boldsymbol{p}_1^{r\prime}(\boldsymbol{D}_p^{1/2})^{-1} \\ \boldsymbol{p}_2^{r\prime}(\boldsymbol{D}_p^{1/2})^{-1} \\ \vdots \\ \boldsymbol{p}_n^{r\prime}(\boldsymbol{D}_p^{1/2})^{-1} \end{bmatrix} \tag{7.15}$$

进行 Q 型因子分析就是从矩阵 $\boldsymbol{p}_r$ 出发，分析其协方差矩阵，提取公共因子（主成分）的分析。设 $\boldsymbol{p}_r$ 的加权协方差阵为 $\boldsymbol{\Sigma}_r$ ，则有

$$\boldsymbol{\Sigma}_r = \sum_{i=1}^{n} p_{i.}[(\boldsymbol{D}_p^{1/2})^{-1}\boldsymbol{p}_i^r - \boldsymbol{p}_J^{1/2}][\boldsymbol{p}_i^{r\prime}(\boldsymbol{D}_p^{1/2})^{-1} - \boldsymbol{p}_J^{1/2\prime}] \tag{7.16}$$

因为对任意的 i（$i=1, 2, \cdots, n$），有

$$\begin{aligned}&[\boldsymbol{p}_i^{r\prime}(\boldsymbol{D}_p^{1/2})^{-1} - \boldsymbol{p}_J^{1/2\prime}]\boldsymbol{p}_J^{1/2}\\ &= \begin{bmatrix}\dfrac{p_{i1}-p_{i.}p_{.1}}{\sqrt{p_{.1}}p_{i.}} & \dfrac{p_{i2}-p_{i.}p_{.2}}{\sqrt{p_{.2}}p_{i.}} & \cdots & \dfrac{p_{ip}-p_{i.}p_{.p}}{\sqrt{p_{.p}}p_{i.}}\end{bmatrix}\begin{bmatrix}\sqrt{p_{.1}}\\ \sqrt{p_{.2}}\\ \vdots\\ \sqrt{p_{.p}}\end{bmatrix} = 0\end{aligned} \tag{7.17}$$

所以，$\boldsymbol{\Sigma}_r\boldsymbol{p}_J^{1/2}=0$。也就是说，变换后行剖面点集的重心 $\boldsymbol{p}_J^{1/2}$ 是 $\boldsymbol{\Sigma}_r$ 的一个特征向量，且其对应的特征根为零。因此，该因子轴对公共因子的解释而言是无用的，在对应分析中，总是不考虑该轴。实际上，在对列剖面进行分析时，也存在类似的情况，$\boldsymbol{p}_I^{1/2}$ 是变换后列剖面集所构成矩阵的协方差矩阵的一个特征向量，其对应的特征根也为零。因此，因子轴 $\boldsymbol{p}_I^{1/2}$ 也是无用的。

为了更清楚地了解对应分析的具体计算过程，我们看一下 $\boldsymbol{\Sigma}_r$ 中的元素。设

$$\boldsymbol{\Sigma}_r = (a_{ij})_{p\times p}$$

则有

$$\begin{aligned} a_{ij} &= \sum_{a=1}^{n}\left(\frac{p_{ai}}{\sqrt{p_{.i}}p_{a.}} - \sqrt{p_{.i}}\right)\left(\frac{p_{aj}}{\sqrt{p_{.j}}p_{a.}} - \sqrt{p_{.j}}\right)p_{a.}\\ &= \sum_{a=1}^{n}\left(\frac{p_{ai}}{\sqrt{p_{.i}}\sqrt{p_{a.}}} - \sqrt{p_{.i}}\sqrt{p_{a.}}\right)\left(\frac{p_{aj}}{\sqrt{p_{.j}}\sqrt{p_{a.}}} - \sqrt{p_{.j}}\sqrt{p_{a.}}\right)\\ &= \sum_{a=1}^{n}\left(\frac{p_{ai}-p_{.i}p_{a.}}{\sqrt{p_{.i}p_{a.}}}\right)\left(\frac{p_{aj}-p_{.j}p_{a.}}{\sqrt{p_{.j}p_{a.}}}\right)\\ &= \sum_{a=1}^{n} z_{ai}z_{aj} \end{aligned} \tag{7.18}$$

其中

$$z_{ij} = \frac{p_{ij}-p_{i.}p_{.j}}{\sqrt{p_{i.}p_{.j}}},\quad i=1, 2, \cdots, n;\quad j=1, 2, \cdots, p$$

若令 $\boldsymbol{Z}=(z_{ij})$，则有

$$\boldsymbol{\Sigma}_r = \boldsymbol{Z}\boldsymbol{Z}' \tag{7.19}$$

依照上述方法，可以对列剖面进行分析，设变换后的列剖面集所构成矩阵的协方差矩阵为 $\boldsymbol{\Sigma}_c$ ，则可以得到

$$\boldsymbol{\Sigma}_c = \boldsymbol{Z}'\boldsymbol{Z} \tag{7.20}$$

其中，矩阵 $\boldsymbol{Z}$ 的定义与上面完全一致。这样，对应分析的过程就转化为基于矩阵 $\boldsymbol{Z}$ 的分析过程。由式（7.19）和式（7.20）可以看出，矩阵 $\boldsymbol{\Sigma}_r$ 与 $\boldsymbol{\Sigma}_c$ 存在简单的对等关系，如果把

原始列联表中的数据 n_{ij} 变换成 z_{ij}，则 z_{ij} 对两个属性变量有对等性。

由矩阵的知识可知，$\boldsymbol{\Sigma}_r = \boldsymbol{ZZ}'$ 与 $\boldsymbol{\Sigma}_c = \boldsymbol{Z}'\boldsymbol{Z}$ 有完全相同的非零特征根，记作 $\lambda_1, \lambda_2, \cdots, \lambda_r$ $(\lambda_1 \geqslant \lambda_2 \geqslant \cdots \geqslant \lambda_r)$，经过上面的分析可知，$\boldsymbol{\Sigma}_r$ 与 $\boldsymbol{\Sigma}_c$ 均有一个特征根为零，且其所对应的特征向量分别为 $\boldsymbol{p}_J^{1/2}$，$\boldsymbol{p}_I^{1/2}$，由这两个特征向量构成的因子轴为无用轴。因此，在对应分析中，公共因子轴的最大维数为 $\min(n, p)-1$，有 $0<r\leqslant\min(n, p)-1$。设 $\boldsymbol{u}_1, \boldsymbol{u}_2, \cdots, \boldsymbol{u}_r$ 为相对于特征根 $\lambda_1, \lambda_2, \cdots, \lambda_r$ 的 $\boldsymbol{\Sigma}_r$ 的特征向量，则有

$$\boldsymbol{\Sigma}_r \boldsymbol{u}_j = \boldsymbol{ZZ}'\boldsymbol{u}_j = \lambda_j \boldsymbol{u}_j \tag{7.21}$$

对上式两边左乘矩阵 $\boldsymbol{Z}'$，有

$$\boldsymbol{Z}'\boldsymbol{Z}(\boldsymbol{Z}'\boldsymbol{u}_j) = \lambda_j(\boldsymbol{Z}'\boldsymbol{u}_j)$$

即

$$\boldsymbol{\Sigma}_c(\boldsymbol{Z}'\boldsymbol{u}_j) = \lambda_j(\boldsymbol{Z}'\boldsymbol{u}_j) \tag{7.22}$$

表明 $(\boldsymbol{Z}'\boldsymbol{u}_j)$ 即为相对于特征根 λ_j 的 $\boldsymbol{\Sigma}_c$ 的特征向量，这就建立了对应分析中 R 型因子分析与 Q 型因子分析的关系，这样，就可以由 R 型因子分析的结果很方便地得到 Q 型因子分析的结果，从而大大减少了计算量，特别是克服了当某一属性变量的状态特别多时计算上的困难。又由于 $\boldsymbol{\Sigma}_r$ 与 $\boldsymbol{\Sigma}_c$ 具有相同的非零特征根，这些特征根正是各个公共因子所解释的方差，或提取的总惯量的份额，即有 $\sum_{i=1}^{r}\lambda_i = I_I = I_J$。那么，在变量 B 的 p 维空间 R^p 中的第一主因子、第二主因子……直到第 r 个主因子与变量 A 的 n 维空间 R^n 中相对应的各个主因子在总方差中所占的百分比完全相同。这样就可以用相同的因子轴同时表示两个属性变量的各个状态，把两个变量的各个状态同时反映在具有相同坐标轴的因子平面上，以直观地反映两个属性变量及各个状态之间的相关关系。一般情况下，我们取两个公共因子，这样就可以在一张二维图上同时画出两个变量的各个状态。

下面简单介绍轮廓坐标（也称因子载荷）的计算。我们将矩阵 $\boldsymbol{Z}$ 进行奇异值分解，即 $\boldsymbol{Z}=\boldsymbol{U\Lambda V}'$，其中 $\boldsymbol{\Lambda}$ 是对角阵，并且对角线元素是奇异值 $\sqrt{\lambda_1}$，$\sqrt{\lambda_2}$，…，$\sqrt{\lambda_r}$。$\boldsymbol{U}$ 为 $\boldsymbol{\Sigma}_r$ 的特征向量，$\boldsymbol{V}$ 为 $\boldsymbol{\Sigma}_c$ 的特征向量。常见的轮廓坐标有两种：主成分轮廓坐标（principal coordinate）和标准轮廓坐标（standard coordinate），其计算公式如下：

行主成分轮廓坐标 $\mathrm{F}=\mathrm{diag}(\boldsymbol{p}_J^{-0.5})\boldsymbol{U\Lambda}$

列主成分轮廓坐标 $\mathrm{G}=\mathrm{diag}(\boldsymbol{p}_I^{-0.5})\boldsymbol{U\Lambda}$

行标准轮廓坐标 $\mathrm{X}=\mathrm{diag}(\boldsymbol{p}_J^{-0.5})\boldsymbol{U}$

列标准轮廓坐标 $\mathrm{Y}=\mathrm{diag}(\boldsymbol{p}_I^{-0.5})\boldsymbol{U}$

R 包 FactoMineR 中函数 CA 可以实现主成分轮廓坐标，ca 包中函数 ca 可以实现标准轮廓坐标。一般而言主成分轮廓坐标更常见，因为它考虑了奇异值的信息，因此本文主要考虑它。

7.2.3　对应分析应用于定量变量的情况

上面对对应分析方法的描述都是以属性变量数据为例展开的，这是因为在实际中，对应分析广泛地应用于对属性变量列联表数据的研究。实际上，对应分析方法也适用于定距

尺度与定比尺度的数据。假设要分析的数据为 $n \times p$ 的表格形式（n 个观测，p 个变量），沿用上面的思想，同样可以对数据进行规格化处理，再进行 R 型因子分析与 Q 型因子分析，进而把观测与变量在同一张低维图形上表示出来，分析各观测与各变量之间的接近程度。

其实，对于定距尺度与定比尺度的情况，完全可以把每一个观测都分别看成一类，这也是对原始数据进行的最细的分类，同时把每一个变量都看成一类。这样，对定距尺度数据与定比尺度数据的处理问题就变成与上面分析属性变量相同的问题了，自然可以运用对应分析来研究行与列之间的相关关系。但是应当注意，对应分析要求数据阵中每一个数据都是大于或等于零的，当用对应分析研究普通的 $n \times p$ 的表格形式的数据时，若有小于零的数据，则应当先对数据进行加工，比如将该变量的各个取值都加上一个常数。有的研究人员将对应分析方法用于对经济问题截面数据的研究，得到了比较深刻的结论。

本章第 4 节将通过例 7－2 给出一个具体的对应分析应用于分类汇总数据的例子，对该问题以及多重对应分析有兴趣的读者请参阅参考文献［2］和［6］。

7.2.4　需要注意的问题

需要注意的是，用对应分析生成的二维图上的各状态点实际上是两个多维空间上的点的二维投影，在某些特殊的情况下，在多维空间中相隔较远的点在二维平面上的投影却很接近。此时，我们需要对二维图上的各点做更深入的了解，即哪些状态对公共因子的贡献较大，这与因子分析判断原始变量对公共因子贡献的方法类似，不同的是，因为对应分析中 $\boldsymbol{\Sigma}_r$ 与 $\boldsymbol{\Sigma}_c$ 存在简单的对等关系，我们可以任选一个变量，分析其各个状态对公共因子的贡献，不妨以变量 A 的各个状态为例进行说明。由于

$$\text{var}(F_k) = \sum_{i=1}^{n} p_{i.} a_{ik}^2 = \lambda_k$$

式中，a_{ik} 为因子载荷。设状态 i 对公共因子的贡献为 $CTR(i)$，于是有 $CTR(i) = p_{i.} a_{ik}^2 / \lambda_k$，$CTR(i)$ 的值越大，说明状态 i 对第 k 个公共因子的贡献越大。同时，如有需要，我们可以仿照因子分析的方法分析每一个公共因子的贡献的大小，在此不再详述。

另外还需注意的是，对应分析只能用图形的方式提示变量之间的关系，但不能给出具体的统计量来度量这种相关程度，这容易使研究者在运用对应分析时得出主观性较强的结论。

7.3　对应分析的步骤及逻辑框图

7.3.1　对应分析的步骤

由前面的分析可知，对来源于实际问题的列联表数据，运用对应分析方法进行研究的

过程可以最终转化为进行 R 型因子分析与 Q 型因子分析的过程。一般来说，对应分析应包括如下几个步骤：

（1）由原始列联表数据计算规格化的概率意义上的列联表。

（2）计算 **Z** 矩阵，并推导出轮廓坐标等。

（3）在二维图上画出原始变量各个状态，并对原始变量相关性进行分析。

7.3.2　对应分析的逻辑框图

对应分析的逻辑框图如图 7－1 所示。

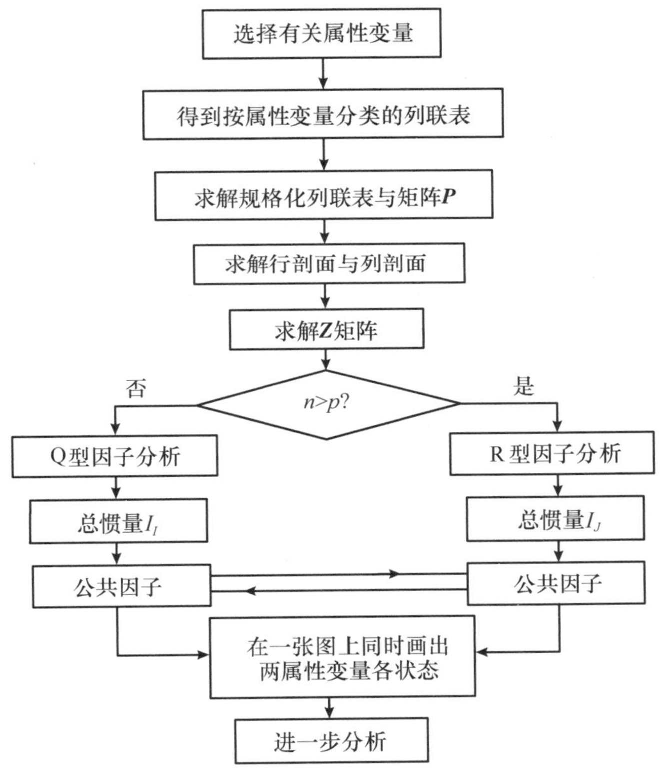

图 7－1　对应分析逻辑框图

7.4　对应分析的上机实现

【例 7－1】根据中国校友会网公布的 2020 年中国双一流大学排行榜，选取其中星级排名为 8 星级、7 星级、6 星级和 5 星级的 131 所高校。8 星级对应的办学层次是世界一流大学，7 星级对应的是世界知名高水平大学，6 星级对应的是世界高水平大学，5 星级对应的是中国一流大学。将这 131 所高校对应的星级排名和学校类型列于表 7－4 中，其中学校类型对应的各取值的含义为：1—综合类；2—理工类、师范类或农林类；3—医药类；4—财经类、政法类、语言或民族类；5—艺术类或体育类。试使用对应分析方法揭示高校的星级排名与学校类型之间的关系。

表 7-4　高校的星级排名和学校类型

星级	综合类	理工类等	医药类	财经类等	艺术类等
8 星级	6	4	0	0	0
7 星级	10	6	0	0	0
6 星级	5	17	6	5	9
5 星级	9	30	6	10	8

为了详细说明 R 实现，下面我们先进行自编，然后介绍函数 CA 的使用。

第 1 步：读入数据，并进行独立性检验。我们可以得到观测总数 $n=131$。χ^2 值为 33.862，对应的 p 值小于 0.05，这说明列联表的行与列之间有较强的相关性。

```
> rm(list = ls())
> ex7.1 <- read.table("例 7-1new.txt", head = TRUE, fileEncoding = "utf8")
> dat71 <- ex7.1[, -1]
> rownames(dat71) <- ex7.1[, 1]
> n <- sum(dat71)
> print(n)
[1] 131
> #卡方独立性检验
> chisq.test(dat71)
    Pearson's Chi-squared test
data:  dat71
X-squared = 33.862, df = 12, p-value = 0.0007091
```

第 2 步：计算 $\boldsymbol{P}$ 以及边际概率 $\boldsymbol{P}_I$ 与 $\boldsymbol{P}_J$。这一步主要为计算 $\boldsymbol{Z}$ 做准备。

```
> #P
> PP <- dat71 / sum(dat71)
> round(PP,3)
       综合类 理工类等 医药类 财经类等 艺术类等
8 星级  0.046    0.031  0.000    0.000    0.000
7 星级  0.076    0.046  0.000    0.000    0.000
6 星级  0.038    0.130  0.046    0.061    0.046
5 星级  0.069    0.229  0.046    0.092    0.046
> PI <- apply(PP, 1, sum) #pi.
```

```
> PJ <- apply(PP, 2, sum)#p.j
> round(PI,3)
8 星级 7 星级 6 星级 5 星级
0.076 0.122 0.321 0.481
> round(PJ,3)
   综合类 理工类等   医药类 财经类等  艺术类等
   0.229     0.435     0.092     0.153     0.092
```

第 3 步：计算矩阵 **Z**，并计算惯量。惯量是每一行（列）与其重心的加权距离的平方，可以看到 $I_I = I_J = 0.258$，即行剖面的总惯量等于列剖面的总惯量。卡方值等于总惯量与数量量之积。

```
>##################计算 Z
> pitpj <- PI %*% t(PJ)
> pitpj_sqr <- sqrt(pitpj)
> ZZ <- (PP - pitpj) / pitpj_sqr
>#行惯量
> round(apply(ZZ^2, 1, sum), 3)
8 星级 7 星级 6 星级 5 星级
0.072 0.126 0.039 0.022
>#列惯量
> round(apply(ZZ^2, 2, sum),3)
   综合类 理工类等   医药类 财经类等  艺术类等
   0.162     0.004     0.027     0.038     0.027
>#总惯量与卡方值的关系
> sum(ZZ^2)
[1] 0.2584921
> sum(ZZ^2) * n
[1] 33.86246
```

第 4 步：计算方差解释力度。从输出结果而言，最大特征值可以解释 96.5%，这说明一维也就够了。为了展示，我们仍以二维说明。

```
>#奇异值分解
> fit71 <-  svd(ZZ)
>#特征值
> lamc <- fit71$d^2
>#方差解释
```

```
> cumlamc <- cumsum(lamc)/sum(lamc)
> VEc <- data.frame(fit71$d, lamc, lamc/sum(lamc), cumlamc)
> colnames(VEc) <- c("奇异值","特征值","比例","累计比例")
> round(VEc, 3)
   奇异值 特征值  比例 累计比例
1  0.499  0.249  0.965    0.965
2  0.095  0.009  0.035    1.000
3  0.007  0.000  0.000    1.000
4  0.000  0.000  0.000    1.000
```

第 5 步：计算轮廓坐标，并画二维投影图。从图 7-2 可以看到 7 星级和 8 星级主要是综合类；6 星级主要是艺术类等和医药类，5 星级主要是理工类等和财经类等。

```
> #行主成分轮廓坐标
> FF <- diag(PI^(-0.5)) %*% fit71$u %*% diag(fit71$d)
> rownames(FF) <- rownames(dat71)
> round(FF, 3)
          [,1]   [,2]   [,3] [,4]
8 星级 -0.969  0.001 -0.020    0
7 星级 -1.014  0.035  0.012    0
6 星级  0.326  0.124 -0.001    0
5 星级  0.194 -0.091  0.001    0
> #列主成分轮廓坐标
> GG <- diag(PJ^(-0.5)) %*% fit71$v %*% diag(fit71$d)
> rownames(GG) <- colnames(dat71)
> round(GG, 3)
            [,1]   [,2]   [,3] [,4]
综合类    -0.839  0.053  0.003    0
理工类等   0.049 -0.079 -0.005    0
医药类     0.521  0.169 -0.003    0
财经类等   0.494 -0.057  0.014    0
艺术类等   0.521  0.169 -0.003    0
> #画图
> plot(FF[,1],FF[,2],xlab ="轮廓 1", ylab="轮廓 2", xlim=c(-1.5,1), ylim=c(-0.2,0.2))
> text(FF[, 1], FF[,2], rownames(dat71), adj=1.3)
> points(GG[, 1], GG[,2], pch=" + ")
> text(GG[, 1], GG[,2], colnames(dat71), adj= -0.2)
```

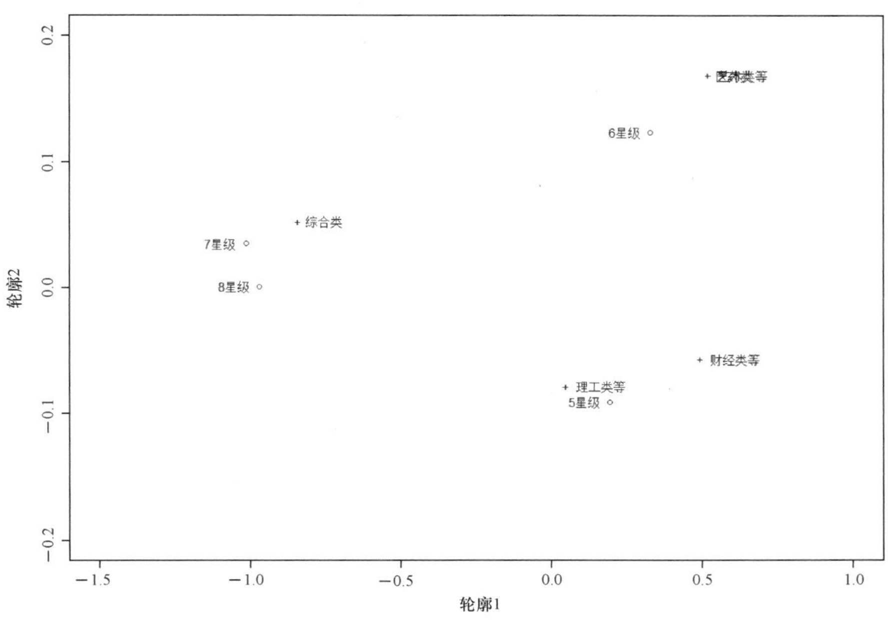

图 7-2　散点图

我们可以使用 R 包 FactoMineR 中的函数 CA 得到上面的结果，具体代码如下：

```
library(FactoMineR)
fit_ca <- FactoMineR::CA(dat71, graph = FALSE)
#方差解释
fit_ca$eig
#行惯量
fit_ca$row$inertia
#行主成分轮廓坐标
fit_ca$row$coord
#列惯量
fit_ca$col$inertia
#列主成分轮廓坐标
fit_ca$col$coord
```

【例 7-2】 按现行统计报表制度，农村居民可支配收入主要由四部分构成，即工资性收入、经营净收入、财产净收入、转移净收入。表 7-5 列出了 2018 年全国 31 个省、直辖市、自治区农村居民人均可支配收入的数据（数据来源于 2019 年《中国统计年鉴》）。试进行对应分析，揭示全国农村居民人均可支配收入的特征以及各省、直辖市、自治区与各收入类型间的关系。

表 7－5 2018 年各地区农村居民人均可支配收入　　单位：元

地区	工资性收入	经营净收入	财产净收入	转移净收入
北京	19 826.71	2 021.743	1 876.849	2 764.994
天津	13 568.08	5 334.594	921.5624	3 240.988
河北	7 454.096	4 611.55	298.711 2	1 666.532
山西	5 735.751	3 075.233	192.931 6	2 746.096
内蒙古	2 896.641	7 180.689	520.390 9	3 204.841
辽宁	5 644.759	6 263.842	334.482 5	2 413.244
吉林	3 521.494	7 756.244	256.546 2	2 213.891
黑龙江	3 009.1	7 053.345	679.000 9	3 062.208
上海	19 503.49	1 753.214	1 003.204	8 114.821
江苏	10 221.62	6 016.581	767.539 3	3 839.327
浙江	16 898.37	6 676.973	784.095 2	2 942.934
安徽	5 057.992	5 411.485	256.030 5	3 270.515
福建	8 214.715	6 705.625	322.450 4	2 578.398
江西	6 120.982	5271.867	235.459 1	2 831.583
山东	6 550.045	7 193.601	428.978 3	2 124.372
河南	5 335.616	4 790.713	221.392 3	3 483.023
湖北	4 886.791	6 270.848	185.941 7	3 634.24
湖南	5 769.335	4 785.686	179.336 6	3 358.152
广东	8 510.675	4 432.666	448.928 3	3 775.468
广西	3 691.364	5 393.41	241.352 8	3 108.641
海南	5 611.359	5 806.061	253.679 6	2 317.777
重庆	4 847.78	4 812.921	334.771 2	3 785.752
四川	4 311.011	5 117.185	379.456 9	3 523.724
贵州	4 276.231	3 226.708	126.226 5	2 086.94
云南	3 259.859	5 599.01	187.230 4	1 721.815
西藏	3 037.154	5 888.91	427.176 8	2 096.577
陕西	4 620.79	3 507.959	196.599 6	2 887.487
甘肃	2 534.719	3 823.725	211.542 8	2 234.144
青海	3 047.252	3 904.631	463.107 5	2 978.351
宁夏	4 547.847	4 638.489	362.776 9	2 158.53
新疆	2 945.188	6 623.889	235.142 6	2 170.281

R 软件的实际操作和分析如下（散点图见图 7－3）。

```
> rm(list = ls())
> ex7.2 <- read.table("例 7-2new.txt", head = TRUE, fileEncoding = "utf8")
> dat72 <- ex7.2[, -1]
```

```
> rownames(dat72) <- ex7.2[, 1]
> library(FactoMineR)
> fit_ca <- FactoMineR::CA(dat72, graph = FALSE)
>#方差解释
> fit_ca$eig
         eigenvalue percentage of variance cumulative percentage of variance
dim 1 0.099964808              81.135019                          81.13502
dim 2 0.018001200              14.610419                          95.74544
dim 3 0.005241959               4.254561                         100.00000
>#行主成分轮廓坐标
> FF <- fit_ca$row$coord
>#列主成分轮廓坐标
> GG <- fit_ca$col$coord
>#散点图
> plot(FF[, 1], FF[,2], xlab = "轮廓 1", ylab = "轮廓 2", xlim = c(-0.8, 0.8),
  ylim = c(-0.3, 0.3))
> text(FF[, 1], FF[,2], rownames(dat72), adj = 1.3)
> points(GG[, 1], GG[,2], pch = 15)
> text(GG[, 1], GG[,2], colnames(dat72), adj = -0.2, col = "red", cex = 1.5)
```

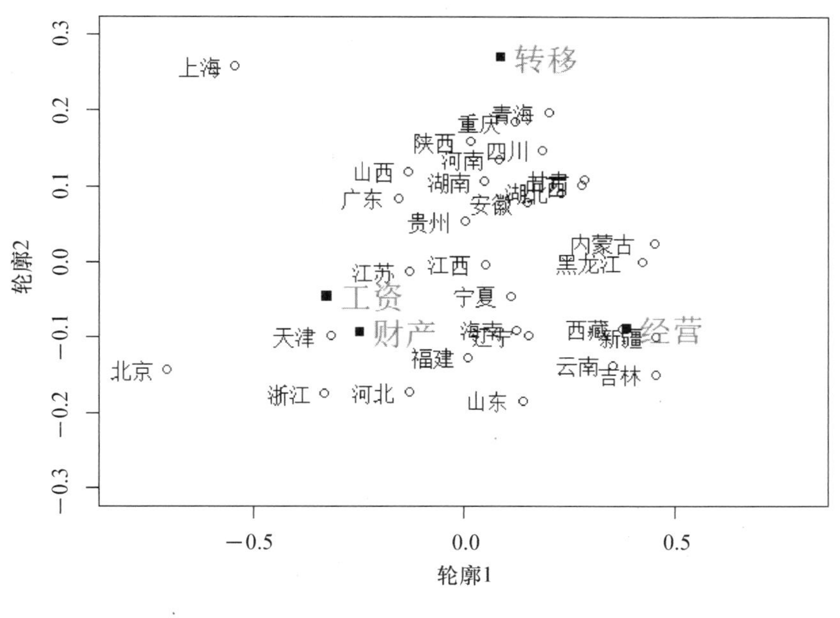

图 7－3　散点图

从散点图不难看出，我国经济发达地区，如浙江、江苏、天津、福建等，农村居民的收入来源主要以工资性收入和财产净收入为主；青海、重庆、四川等地区多以转移净收入为主要收入来源；西藏、新疆、云南、吉林等地区以经营净收入为主。

从我国目前的经济发展状况来看，大部分农民仍是以工资性收入和家庭经营性收入为主要的收入来源。在经济发达地区，农民外出打工较多，因此以工资性收入为主；在经济不发达地区，大部分农民还是以农业生产为主，因此以家庭经营性收入为主。随着我国社会经济不断发展，这种格局必然会发生一定的变化，转移性收入和财产性收入也会有所表现。

综上所述，对应分析方法较好地揭示了指标与指标、样品与样品、指标与样品之间的内在联系。因此，这种方法能够以较小的代价从原始数据中提取较多的信息。

参考文献

[1] 张尧庭，方开泰．多元统计分析引论．北京：科学出版社，1982.

[2] 王国梁，何晓群．多变量经济数据统计分析．西安：陕西科学技术出版社，1993.

[3] 方开泰．实用多元统计分析．上海：华东师范大学出版社，1989.

[4] 任若恩，王惠文．多元统计数据分析：理论、方法、实例．北京：国防工业出版社，1997.

[5] Joseph F. Hair，Rolph E. Anderson，Ronald L. Tatham，et al. Multivariate Data Analysis. Fifth Edition. Prentice-Hall，1998.

思考与练习

1. 试述对应分析的思想方法及特点。
2. 试述对应分析中总惯量的意义。
3. 试对一个实际问题运用 R 软件进行对应分析。

第 8 章 Chapter 8 典型相关分析

学 习 目 标

1. 理解典型相关分析的思想；
2. 了解典型相关分析的基本理论及分析方法；
3. 掌握利用 R 软件实现典型相关分析的方法并能正确理解和解释各种输出结果。

典型相关分析（canonical correlation analysis）是研究两组变量之间相关关系的多元分析方法。它借用主成分分析降维的思想，分别对两组变量提取主成分，且使从两组变量提取的主成分之间的相关程度达到最大，从同一组内部提取的各主成分之间互不相关，用从两组分别提取的主成分的相关性来描述两组变量整体的线性相关关系。典型相关分析的思想首先由霍特林于 1936 年提出，计算机的发展解决了典型相关分析在应用中计算方面的困难，目前它已成为普遍应用的两组变量之间相关性分析的技术。本章主要介绍典型相关分析的思想、基本理论及方法，并介绍利用 R 软件进行典型相关分析的方法。

8.1 典型相关分析的基本理论及方法

8.1.1 典型相关分析的统计思想

典型相关分析研究两组变量间整体的线性相关关系，它是将每一组变量作为一个整体来进行研究而不是分析每一组变量内部的各个变量。所研究的两组变量可以是一组变量为自变量，另一组变量为因变量的情况，也可以处于同等的地位，但典型相关分析要求两组变量都至少是间隔尺度的。

典型相关分析借助主成分分析的思想，对每一组变量分别寻找线性组合，使生成的新的综合变量能代表原始变量大部分的信息，同时，与由另一组变量生成的新的综合变量的相关程度最大，这样一组新的综合变量称为第一对典型相关变量，同样的方法可以找到第二对、第三对……使各对典型相关变量之间互不相关，典型相关变量之间的简单相关系数称为典型相关系数。典型相关分析就是用典型相关系数衡量两组变量之间的相关性。

一般，设 $\boldsymbol{x}=(X_1, X_2, \cdots, X_p)'$，$\boldsymbol{y}=(Y_1, Y_2, \cdots, Y_q)'$是两个相互关联的随机向量，利用主成分分析的思想，分别在两组变量中选取若干有代表性的综合变量U_i，V_i，使每一综合变量都是原变量的一个线性组合，即

$$\begin{aligned} U_i &= a_{i1}X_1+a_{i2}X_2+\cdots+a_{ip}X_p \equiv \boldsymbol{a}'\boldsymbol{x} \\ V_i &= b_{i1}Y_1+b_{i2}Y_2+\cdots+b_{iq}Y_q \equiv \boldsymbol{b}'\boldsymbol{y} \end{aligned} \tag{8.1}$$

我们可以只考虑方差为1的 $\boldsymbol{x}$，$\boldsymbol{y}$ 的线性函数 $\boldsymbol{a}'\boldsymbol{x}$ 与 $\boldsymbol{b}'\boldsymbol{y}$，求使它们的相关系数达到最大的这一组。若存在常向量 $\boldsymbol{a}_1$，$\boldsymbol{b}_1$，使得

$$\begin{aligned} &\rho(\boldsymbol{a}_1{}'\boldsymbol{x}, \boldsymbol{b}_1{}'\boldsymbol{y})=\max \rho(\boldsymbol{a}'\boldsymbol{x}, \boldsymbol{b}'\boldsymbol{y}) \\ &\mathrm{var}(\boldsymbol{a}'\boldsymbol{x})=\mathrm{var}(\boldsymbol{b}'\boldsymbol{y})=1 \end{aligned} \tag{8.2}$$

则称 $\boldsymbol{a}_1{}'\boldsymbol{x}$，$\boldsymbol{b}_1{}'\boldsymbol{y}$ 是 $\boldsymbol{x}$，$\boldsymbol{y}$ 的第一对典型相关变量。求出第一对典型相关变量之后，可以类似地去求第二对、第三对……使得各对之间互不相关。这些典型相关变量就反映了 $\boldsymbol{x}$，$\boldsymbol{y}$ 之间的线性相关情况。也可以按照相关系数绝对值的大小来排列各对典型相关变量的先后顺序，使得第一对典型相关变量相关系数的绝对值最大，第二对次之……更重要的是，我们可以检验各对典型相关变量相关系数的绝对值是否显著大于零。如果是，这一对综合变量就真的具有代表性；如果不是，这一对变量就不具有代表性，不具有代表性的变量可以忽略。这样就可通过对少数典型相关变量的研究，代替原来两组变量之间的相关关系的研究，从而容易抓住问题的本质。在研究实际问题时，可以通过典型相关分析找出几对主要的典型相关变量，根据典型相关变量相关程度及各典型相关变量线性组合中原变量系数的大小，结合对所研究实际问题的定性分析，尽可能给出较为深刻的分析结果。

8.1.2 典型相关分析的基本理论及方法

1. 总体典型相关和典型变量

设随机向量 $\boldsymbol{x}=(X_1, X_2, \cdots, X_p)'$，$\boldsymbol{y}=(Y_1, Y_2, \cdots, Y_q)'$，$\boldsymbol{x}$，$\boldsymbol{y}$ 的协方差矩阵为：

$$\mathrm{cov}\begin{bmatrix}\boldsymbol{x}\\ \boldsymbol{y}\end{bmatrix}=\boldsymbol{\Sigma}=\begin{bmatrix}\boldsymbol{\Sigma}_{11} & \boldsymbol{\Sigma}_{12}\\ \boldsymbol{\Sigma}_{21} & \boldsymbol{\Sigma}_{22}\end{bmatrix} \tag{8.3}$$

不失一般性，设 $p<q$，$\boldsymbol{\Sigma}_{11}$是 $p\times p$ 阶矩阵，它是第一组变量的协方差阵；$\boldsymbol{\Sigma}_{22}$是$q\times q$阶矩阵，它是第二组变量的协方差阵。$\boldsymbol{\Sigma}_{12}=\boldsymbol{\Sigma}_{21}'$是两组变量之间的协方差阵。当 $\boldsymbol{\Sigma}$ 是正定阵时，$\boldsymbol{\Sigma}_{12}$与 $\boldsymbol{\Sigma}_{21}$也是正定的。

为了研究两组变量 $\boldsymbol{x}$，$\boldsymbol{y}$ 之间的相关关系，我们考虑它们的线性组合：

$$\begin{cases}U_1=\boldsymbol{a}'\boldsymbol{x}=a_{11}X_1+a_{12}X_2+\cdots+a_{1p}X_p\\ V_1=\boldsymbol{b}'\boldsymbol{y}=b_{11}Y_1+b_{12}Y_2+\cdots+b_{1q}Y_q\end{cases} \tag{8.4}$$

式中，$\boldsymbol{a}=(a_{11}, a_{12}, \cdots, a_{1p})'$，$\boldsymbol{b}=(b_{11}, b_{12}, \cdots, b_{1q})'$，是任意非零常数向量。我们希望在 $\boldsymbol{x}$，$\boldsymbol{y}$ 及 $\boldsymbol{\Sigma}$ 给定的条件下，选取 $\boldsymbol{a}$，$\boldsymbol{b}$ 使 U_1 与 V_1 之间的相关系数

$$\rho=\frac{\operatorname{cov}(U_1, V_1)}{\sqrt{\operatorname{var}(U_1)\operatorname{var}(V_1)}}=\frac{\operatorname{cov}(\boldsymbol{a}'\boldsymbol{x}, \boldsymbol{b}'\boldsymbol{y})}{\sqrt{\operatorname{var}(\boldsymbol{a}'\boldsymbol{x})\operatorname{var}(\boldsymbol{b}'\boldsymbol{y})}} \tag{8.5}$$

达到最大。

由于随机变量 U_1，V_1 乘以任意常数并不改变它们之间的相关关系，不妨限定取标准化的随机变量 U_1 与 V_1，即规定 U_1 与 V_1 的方差为 1，也即

$$\begin{cases}\operatorname{var}(U_1)=\operatorname{var}(\boldsymbol{a}'\boldsymbol{x})=\boldsymbol{a}'\boldsymbol{\Sigma}_{11}\boldsymbol{a}=1\\ \operatorname{var}(V_1)=\operatorname{var}(\boldsymbol{b}'\boldsymbol{y})=\boldsymbol{b}'\boldsymbol{\Sigma}_{22}\boldsymbol{b}=1\end{cases} \tag{8.6}$$

所以
$$\rho=\operatorname{cov}(\boldsymbol{a}'\boldsymbol{x}, \boldsymbol{b}'\boldsymbol{y})=\boldsymbol{a}'\operatorname{cov}(\boldsymbol{x}, \boldsymbol{y})\boldsymbol{b}=\boldsymbol{a}'\boldsymbol{\Sigma}_{12}\boldsymbol{b} \tag{8.7}$$

于是，我们的问题是，在式（8.6）的约束下，求 $\boldsymbol{a}\in R^p$，$\boldsymbol{b}\in R^q$，使得式（8.7）达到最大。由拉格朗日乘数法，这一问题等价于求 $\boldsymbol{a}$，$\boldsymbol{b}$，使

$$G=\boldsymbol{a}'\boldsymbol{\Sigma}_{12}\boldsymbol{b}-\frac{\lambda}{2}(\boldsymbol{a}'\boldsymbol{\Sigma}_{11}\boldsymbol{a}-1)-\frac{\mu}{2}(\boldsymbol{b}'\boldsymbol{\Sigma}_{22}\boldsymbol{b}-1) \tag{8.8}$$

达到最大。式中，λ，μ 为拉格朗日乘数因子。将 G 分别对 $\boldsymbol{a}$ 及 $\boldsymbol{b}$ 求偏导并令其为 0，得方程组：

$$\begin{cases}\dfrac{\partial G}{\partial \boldsymbol{a}}=\boldsymbol{\Sigma}_{12}\boldsymbol{b}-\lambda\boldsymbol{\Sigma}_{11}\boldsymbol{a}=0\\ \dfrac{\partial G}{\partial \boldsymbol{b}}=\boldsymbol{\Sigma}_{21}\boldsymbol{a}-\mu\boldsymbol{\Sigma}_{22}\boldsymbol{b}=0\end{cases} \tag{8.9}$$

用 $\boldsymbol{a}'$，$\boldsymbol{b}'$分别左乘式（8.9）的两式，有

$$\begin{cases}\boldsymbol{a}'\boldsymbol{\Sigma}_{12}\boldsymbol{b}=\lambda\boldsymbol{a}'\boldsymbol{\Sigma}_{11}\boldsymbol{a}=\lambda\\ \boldsymbol{b}'\boldsymbol{\Sigma}_{21}\boldsymbol{a}=\mu\boldsymbol{b}'\boldsymbol{\Sigma}_{22}\boldsymbol{b}=\mu\end{cases}$$

又
$$(\boldsymbol{a}'\boldsymbol{\Sigma}_{12}\boldsymbol{b})'=\boldsymbol{b}'\boldsymbol{\Sigma}_{21}\boldsymbol{a}$$

所以有
$$\mu=\boldsymbol{b}'\boldsymbol{\Sigma}_{21}\boldsymbol{a}=(\boldsymbol{a}'\boldsymbol{\Sigma}_{12}\boldsymbol{b})'=\lambda \tag{8.10}$$

也就是说，λ 恰好等于线性组合 U 与 V 之间的相关系数，于是式（8.9）可写为：

$$\begin{cases}\boldsymbol{\Sigma}_{12}\boldsymbol{b}-\lambda\boldsymbol{\Sigma}_{11}\boldsymbol{a}=0\\ \boldsymbol{\Sigma}_{21}\boldsymbol{a}-\lambda\boldsymbol{\Sigma}_{22}\boldsymbol{b}=0\end{cases} \tag{8.11}$$

或者可以写为：

$$\begin{bmatrix}-\lambda\boldsymbol{\Sigma}_{11} & \boldsymbol{\Sigma}_{12}\\ \boldsymbol{\Sigma}_{21} & -\lambda\boldsymbol{\Sigma}_{22}\end{bmatrix}\begin{bmatrix}\boldsymbol{a}\\ \boldsymbol{b}\end{bmatrix}=\boldsymbol{0} \tag{8.12}$$

式（8.12）有非零解的充要条件是：

$$\begin{vmatrix}-\lambda\boldsymbol{\Sigma}_{11} & \boldsymbol{\Sigma}_{12}\\ \boldsymbol{\Sigma}_{21} & -\lambda\boldsymbol{\Sigma}_{22}\end{vmatrix}=0 \tag{8.13}$$

式（8.13）左端为 λ 的 $p+q$ 次多项式，因此有 $p+q$ 个根，设为 λ_1，λ_2，…，λ_{p+q}（$\lambda_1\geqslant\lambda_2\geqslant\cdots\geqslant\lambda_{p+q}$），再以 $\boldsymbol{\Sigma}_{12}\boldsymbol{\Sigma}_{22}^{-1}$ 左乘式(8.11) 中第二式，则有

$$\boldsymbol{\Sigma}_{12}\boldsymbol{\Sigma}_{22}^{-1}\boldsymbol{\Sigma}_{21}\boldsymbol{a}-\lambda\boldsymbol{\Sigma}_{12}\boldsymbol{\Sigma}_{22}^{-1}\boldsymbol{\Sigma}_{22}\boldsymbol{b}=0$$

即

$$\boldsymbol{\Sigma}_{12}\boldsymbol{\Sigma}_{22}^{-1}\boldsymbol{\Sigma}_{21}\boldsymbol{a}=\lambda\boldsymbol{\Sigma}_{12}\boldsymbol{b} \tag{8.14}$$

又由式（8.11）中第一式，得

$$\boldsymbol{\Sigma}_{12}\boldsymbol{b}=\lambda\boldsymbol{\Sigma}_{11}\boldsymbol{a}$$

代入式（8.14），得

$$\boldsymbol{\Sigma}_{12}\boldsymbol{\Sigma}_{22}^{-1}\boldsymbol{\Sigma}_{21}\boldsymbol{a}-\lambda^2\boldsymbol{\Sigma}_{11}\boldsymbol{a}=0$$

$$(\boldsymbol{\Sigma}_{12}\boldsymbol{\Sigma}_{22}^{-1}\boldsymbol{\Sigma}_{21}-\lambda^2\boldsymbol{\Sigma}_{11})\boldsymbol{a}=0 \tag{8.15}$$

再用 $\boldsymbol{\Sigma}_{11}^{-1}$ 左乘式(8.15)，得

$$(\boldsymbol{\Sigma}_{11}^{-1}\boldsymbol{\Sigma}_{12}\boldsymbol{\Sigma}_{22}^{-1}\boldsymbol{\Sigma}_{21}-\lambda^2\boldsymbol{\Sigma}_{11}^{-1}\boldsymbol{\Sigma}_{11})\boldsymbol{a}=0$$

$$(\boldsymbol{\Sigma}_{11}^{-1}\boldsymbol{\Sigma}_{12}\boldsymbol{\Sigma}_{22}^{-1}\boldsymbol{\Sigma}_{21}-\lambda^2\boldsymbol{I}_p)\boldsymbol{a}=0 \tag{8.16}$$

因此，对 λ^2 有 p 个解，设为 λ_1^2，λ_2^2，…，λ_p^2（$\lambda_1^2\geqslant\lambda_2^2\geqslant\cdots\geqslant\lambda_p^2$），对 $\boldsymbol{a}$ 也有 p 个解。

类似地，用 $\boldsymbol{\Sigma}_{21}\boldsymbol{\Sigma}_{11}^{-1}$ 左乘式(8.11) 中第一式，则有

$$\boldsymbol{\Sigma}_{21}\boldsymbol{\Sigma}_{11}^{-1}\boldsymbol{\Sigma}_{12}\boldsymbol{b}-\lambda\boldsymbol{\Sigma}_{21}\boldsymbol{\Sigma}_{11}^{-1}\boldsymbol{\Sigma}_{11}\boldsymbol{a}=0 \tag{8.17}$$

又由式（8.11）中第二式，得

$$\boldsymbol{\Sigma}_{21}\boldsymbol{a}=\lambda\boldsymbol{\Sigma}_{22}\boldsymbol{b}$$

代入式(8.17)，得

$$(\boldsymbol{\Sigma}_{21}\boldsymbol{\Sigma}_{11}^{-1}\boldsymbol{\Sigma}_{12}-\lambda^2\boldsymbol{\Sigma}_{22})\boldsymbol{b}=0 \tag{8.18}$$

再以 $\boldsymbol{\Sigma}_{22}^{-1}$ 左乘式(8.18)，得

$$(\boldsymbol{\Sigma}_{22}^{-1}\boldsymbol{\Sigma}_{21}\boldsymbol{\Sigma}_{11}^{-1}\boldsymbol{\Sigma}_{12}-\lambda^2\boldsymbol{I}_q)\boldsymbol{b}=0 \tag{8.19}$$

因此对 λ^2 有 q 个解，对 $\boldsymbol{b}$ 也有 q 个解，λ^2 为 $\boldsymbol{\Sigma}_{11}^{-1}\boldsymbol{\Sigma}_{12}\boldsymbol{\Sigma}_{22}^{-1}\boldsymbol{\Sigma}_{21}$ 的特征根，$\boldsymbol{a}$ 为对应于 λ^2 的特征向量。同时 λ^2 也是 $\boldsymbol{\Sigma}_{22}^{-1}\boldsymbol{\Sigma}_{21}\boldsymbol{\Sigma}_{11}^{-1}\boldsymbol{\Sigma}_{12}$ 的特征根，$\boldsymbol{b}$ 为相应的特征向量。式(8.16)、式(8.19)有非零解的充分必要条件为：

$$|\boldsymbol{\Sigma}_{11}^{-1}\boldsymbol{\Sigma}_{12}\boldsymbol{\Sigma}_{22}^{-1}\boldsymbol{\Sigma}_{21}-\lambda^2\boldsymbol{I}_p|=0 \tag{8.20}$$

$$|\boldsymbol{\Sigma}_{22}^{-1}\boldsymbol{\Sigma}_{21}\boldsymbol{\Sigma}_{11}^{-1}\boldsymbol{\Sigma}_{12}-\lambda^2\boldsymbol{I}_q|=0 \tag{8.21}$$

对式(8.20)，由于 $\boldsymbol{\Sigma}_{11}>0$，$\boldsymbol{\Sigma}_{22}>0$，故 $\boldsymbol{\Sigma}_{11}^{-1}>0$，$\boldsymbol{\Sigma}_{22}^{-1}>0$，所以

$$\boldsymbol{\Sigma}_{11}^{-1}\boldsymbol{\Sigma}_{12}\boldsymbol{\Sigma}_{22}^{-1}\boldsymbol{\Sigma}_{21}=\boldsymbol{\Sigma}_{11}^{-1/2}\boldsymbol{\Sigma}_{11}^{-1/2}\boldsymbol{\Sigma}_{12}\boldsymbol{\Sigma}_{22}^{-1/2}\boldsymbol{\Sigma}_{22}^{-1/2}\boldsymbol{\Sigma}_{21}$$

而 $\boldsymbol{\Sigma}_{11}^{-1/2}\boldsymbol{\Sigma}_{11}^{-1/2}\boldsymbol{\Sigma}_{12}\boldsymbol{\Sigma}_{22}^{-1/2}\boldsymbol{\Sigma}_{22}^{-1/2}\boldsymbol{\Sigma}_{21}$ 与 $\boldsymbol{\Sigma}_{11}^{-1/2}\boldsymbol{\Sigma}_{12}\boldsymbol{\Sigma}_{22}^{-1/2}\boldsymbol{\Sigma}_{22}^{-1/2}\boldsymbol{\Sigma}_{21}\boldsymbol{\Sigma}_{11}^{-1/2}$ 有相同的特征根。如果记

$$\boldsymbol{T}=\boldsymbol{\Sigma}_{11}^{-1/2}\boldsymbol{\Sigma}_{12}\boldsymbol{\Sigma}_{22}^{-1/2}$$

则

$$\boldsymbol{\Sigma}_{11}^{-1/2}\boldsymbol{\Sigma}_{12}\boldsymbol{\Sigma}_{22}^{-1/2}\boldsymbol{\Sigma}_{22}^{-1/2}\boldsymbol{\Sigma}_{21}\boldsymbol{\Sigma}_{11}^{-1/2}=\boldsymbol{T}\boldsymbol{T}'$$

类似地，对式(8.21)，可得

$$\boldsymbol{\Sigma}_{22}^{-1/2}\boldsymbol{\Sigma}_{21}\boldsymbol{\Sigma}_{11}^{-1/2}\boldsymbol{\Sigma}_{11}^{-1/2}\boldsymbol{\Sigma}_{12}\boldsymbol{\Sigma}_{22}^{-1/2}=\boldsymbol{T}'\boldsymbol{T}$$

而 $\boldsymbol{T}\boldsymbol{T}'$ 与 $\boldsymbol{T}'\boldsymbol{T}$ 有相同的非零特征根，从而推知式(8.16)、式(8.19)的非零特征根是相同的。设已求得 $\boldsymbol{T}\boldsymbol{T}'$ 的 p 个特征根依次为：

$$\lambda_1^2\geqslant\lambda_2^2\geqslant\cdots\geqslant\lambda_p^2>0$$

则 $\boldsymbol{T}'\boldsymbol{T}$ 的 q 个特征根中，除了上面的 p 个之外，其余的 $q-p$ 个都是零。故 p 个特征根排列是 $\lambda_1^2\geqslant\lambda_2^2\geqslant\cdots\geqslant\lambda_p^2>0$，因此，只要取最大的 λ_1，U_1 与 V_1 即具有最大的相关系数。令 $\boldsymbol{a}_1$，$\boldsymbol{b}_1$ 为式（8.12）的解，且按式（8.6）进行了正规化，这时 $U_1=\boldsymbol{a}_1'\boldsymbol{x}$ 与 $V_1=\boldsymbol{b}_1'\boldsymbol{y}$ 即分别为 $\boldsymbol{x}$ 与 $\boldsymbol{y}$ 的正规化的线性组合，且具有最大的相关系数 λ_1。

综上所述，有如下定义。

定义 8.1 在一切使方差为 1 的线性组合 $\boldsymbol{a}'\boldsymbol{x}$ 与 $\boldsymbol{b}'\boldsymbol{y}$ 中，其中两者相关系数最大的 $U_1=\boldsymbol{a}_1'\boldsymbol{x}$ 与 $V_1=\boldsymbol{b}_1'\boldsymbol{y}$ 称为第一对典型相关变量，它们的相关系数 λ_1 称为第一典型相关系数。

更一般地，在定义了 $i-1$ 对典型相关变量后，在一切使方差为 1 且与前 $i-1$ 对典型相关变量都不相关的线性组合 $U_i=\boldsymbol{a}_i'\boldsymbol{x}$ 与 $V_i=\boldsymbol{b}_i'\boldsymbol{y}$ 中，其两者相关系数最大者称为第 i 对典型相关变量，其相关系数称为第 i 对典型相关系数。

由上述推导，进一步有：求 $\boldsymbol{x}$ 与 $\boldsymbol{y}$ 的第 i 个典型相关系数就是求方程（8.13）的第 i 个最大根 λ_i，第 i 对典型变量即为 $U_i=\boldsymbol{a}_i'\boldsymbol{x}$ 与 $V_i=\boldsymbol{b}_i'\boldsymbol{y}$，其中 $\boldsymbol{a}_i$ 与 $\boldsymbol{b}_i$ 为方程（8.12）在 $\lambda=\lambda_i$ 时所求得的解。

我们不加证明地给出典型变量的以下两个性质。

(1) 由 X_1，X_2，…，X_p 所组成的典型变量 U_1，U_2，…，U_p 互不相关，同样，由 Y_1，Y_2，…，Y_q 所组成的典型变量 V_1，V_2，…，V_p 也互不相关，且它们的方差均等于1。即

$$\operatorname{cov}(U_i,U_j)=\begin{cases}1, & i=j\\ 0, & i\neq j\end{cases}$$

$$\operatorname{cov}(V_i,V_j)=\begin{cases}1, & i=j\\ 0, & i\neq j\end{cases}$$

(2) 同一对典型变量 U_i 与 V_i 之间的相关系数为 λ_i，不同对的典型变量 U_i 与 V_j（$i\neq j$）间互不相关。即

$$\operatorname{cov}(U_i,V_i)=\lambda_i\neq 0,\quad i=1,2,\cdots,p$$

$$\operatorname{cov}(U_i,V_j)=0,\quad i\neq j$$

2. 样本典型相关和典型变量

上面的讨论都是基于总体情况已知的情形进行的，实际研究中总体协方差阵 $\boldsymbol{\Sigma}$ 常常是未知的，我们只获得了样本数据，必须根据样本数据对 $\boldsymbol{\Sigma}$ 进行估计。

设 $\begin{bmatrix}\boldsymbol{x}_i\\ \boldsymbol{y}_i\end{bmatrix}$（$i=1, 2, \cdots, n$）是来自正态总体 $N_{p+q}(\boldsymbol{\mu}, \boldsymbol{\Sigma})$ 的容量为 n 的样本，则总体协方差阵 $\boldsymbol{\Sigma}=\begin{bmatrix}\boldsymbol{\Sigma}_{11} & \boldsymbol{\Sigma}_{12}\\ \boldsymbol{\Sigma}_{21} & \boldsymbol{\Sigma}_{22}\end{bmatrix}$，$\boldsymbol{\Sigma}_{(p+q)\times(p+q)}$（$\boldsymbol{\Sigma}>0$）的极大似然估计为：

$$\hat{\boldsymbol{\Sigma}}=\boldsymbol{A}=\frac{1}{n}\begin{bmatrix}\boldsymbol{A}_{11} & \boldsymbol{A}_{12}\\ \boldsymbol{A}_{21} & \boldsymbol{A}_{22}\end{bmatrix} \tag{8.22}$$

其中

$$\boldsymbol{A}_{11}=\sum_{i=1}^{n}(\boldsymbol{x}_i-\bar{\boldsymbol{x}})(\boldsymbol{x}_i-\bar{\boldsymbol{x}})' \tag{8.23}$$

$$\boldsymbol{A}_{22}=\sum_{i=1}^{n}(\boldsymbol{y}_i-\bar{\boldsymbol{y}})(\boldsymbol{y}_i-\bar{\boldsymbol{y}})' \tag{8.24}$$

$$\boldsymbol{A}_{12}=\sum_{i=1}^{n}(\boldsymbol{x}_i-\bar{\boldsymbol{x}})(\boldsymbol{y}_i-\bar{\boldsymbol{y}})'=\boldsymbol{A}_{21}' \tag{8.25}$$

当 $n>p+q$ 时，在正态情况下，$P(\hat{\boldsymbol{\Sigma}}>0)=1$，且由 $\boldsymbol{\Sigma}$ 所定义的 $\boldsymbol{\Sigma}_{11}^{-1}\boldsymbol{\Sigma}_{12}\boldsymbol{\Sigma}_{22}^{-1}\boldsymbol{\Sigma}_{21}$ 和 $\boldsymbol{\Sigma}_{22}^{-1}\boldsymbol{\Sigma}_{21}\boldsymbol{\Sigma}_{11}^{-1}\boldsymbol{\Sigma}_{12}$ 的非零特征根以概率 1 互不相同，故由极大似然估计的性质得，$\hat{\boldsymbol{\Sigma}}$ 所产生的

$$\hat{\boldsymbol{\Sigma}}_{11}^{-1}\hat{\boldsymbol{\Sigma}}_{12}\hat{\boldsymbol{\Sigma}}_{22}^{-1}\hat{\boldsymbol{\Sigma}}_{21}=\boldsymbol{A}_{11}^{-1}\boldsymbol{A}_{12}\boldsymbol{A}_{22}^{-1}\boldsymbol{A}_{21} \tag{8.26}$$

是 $\boldsymbol{\Sigma}_{11}^{-1}\boldsymbol{\Sigma}_{12}\boldsymbol{\Sigma}_{22}^{-1}\boldsymbol{\Sigma}_{21}$ 的极大似然估计。$\boldsymbol{A}_{22}^{-1}\boldsymbol{A}_{21}\boldsymbol{A}_{11}^{-1}\boldsymbol{A}_{12}$ 是 $\boldsymbol{\Sigma}_{22}^{-1}\boldsymbol{\Sigma}_{21}\boldsymbol{\Sigma}_{11}^{-1}\boldsymbol{\Sigma}_{12}$ 的极大似然估计。$\boldsymbol{A}_{11}^{-1}\boldsymbol{A}_{12}\boldsymbol{A}_{22}^{-1}\boldsymbol{A}_{21}$ 和 $\boldsymbol{A}_{22}^{-1}\boldsymbol{A}_{21}\boldsymbol{A}_{11}^{-1}\boldsymbol{A}_{12}$ 的非零特征根 $\hat{\lambda}_1^2$，$\hat{\lambda}_2^2$，…，$\hat{\lambda}_k^2$（$k=\min(\operatorname{rank}(\boldsymbol{A}_{11}), \operatorname{rank}(\boldsymbol{A}_{22}))$）是 λ_1^2，λ_2^2，…，λ_k^2 的极大似然估计，相应的特征向量 $\hat{\boldsymbol{a}}_1$，$\hat{\boldsymbol{a}}_2$，…，$\hat{\boldsymbol{a}}_k$ 为 $\boldsymbol{a}_1$，

$\boldsymbol{a}_2$，…，$\boldsymbol{a}_k$ 的极大似然估计，$\hat{\boldsymbol{b}}_1$，$\hat{\boldsymbol{b}}_2$，…，$\hat{\boldsymbol{b}}_k$ 是 $\boldsymbol{b}_1$，$\boldsymbol{b}_2$，…，$\boldsymbol{b}_k$ 的极大似然估计。因此平行于总体的讨论，$\hat{\lambda}_1$，$\hat{\lambda}_2$，…，$\hat{\lambda}_k$ 称为样本的典型相关系数，($\hat{\boldsymbol{a}}'_1\boldsymbol{x}$，$\hat{\boldsymbol{b}}'_1\boldsymbol{y}$)，($\hat{\boldsymbol{a}}'_2\boldsymbol{x}$，$\hat{\boldsymbol{b}}'_2\boldsymbol{y}$)，…，($\hat{\boldsymbol{a}}'_k\boldsymbol{x}$，$\hat{\boldsymbol{b}}'_k\boldsymbol{y}$) 称为典型相关变量。

如果将样本 ($\boldsymbol{x}_i$，$\boldsymbol{y}_i$)($i=1$，2，…，n) 代入典型变量 $\hat{U}_i$ 和 $\hat{V}_i$ 中，求得的值称为第 i 对典型变量的得分。利用典型变量的得分可以绘出样本的典型变量的散点图，类似因子分析可以对样品进行分类研究。

3. 典型相关系数的显著性检验

典型相关系数的显著性检验可以用巴特莱特提出的大样本的 χ^2 检验来完成。

如果随机向量 $\boldsymbol{x}$ 与 $\boldsymbol{y}$ 之间互不相关，则协方差矩阵 $\boldsymbol{\Sigma}_{12}$ 仅包含零，因而典型相关系数

$$\lambda_i=\boldsymbol{a}'_i\boldsymbol{\Sigma}_{12}\boldsymbol{b}_i$$

都变为零。

这样，检验典型相关系数的显著性问题即变为进行如下检验：

$$H_0:\lambda_1=0,\quad H_1:\lambda_1\neq 0$$

求出 $\boldsymbol{\Sigma}_{11}^{-1}\boldsymbol{\Sigma}_{12}\boldsymbol{\Sigma}_{22}^{-1}\boldsymbol{\Sigma}_{21}$ 的 p 个特征根，并按大小顺序排列：

$$\lambda_1^2\geqslant\lambda_2^2\geqslant\cdots\geqslant\lambda_p^2$$

做乘积：

$$\Lambda_1=(1-\lambda_1^2)(1-\lambda_2^2)\cdots(1-\lambda_p^2)=\prod_{i=1}^{p}(1-\lambda_i^2)$$

则对于大的 n（这里要求 $n>\dfrac{p+q+1}{2}+k$，k 为非零特征根个数)，计算统计量

$$Q_1=-\left[n-1-\frac{1}{2}(p+q+1)\right]\ln\Lambda_1$$

Q_1 近似服从 $\chi^2(pq)$。因此在检验水平 α 下，若 $Q_1>\chi_\alpha^2(pq)$，则拒绝原假设 H_0，说明至少有第一对典型变量显著相关，或说相关性系数 λ_1 在显著性水平 α 下是显著的。

在去掉第一典型相关系数后，继续检验余下的 $p-1$ 个典型相关系数的显著性。更一般地，若前 $j-1$ 个典型相关系数在水平 α 下是显著的，则当检验第 j 个典型相关系数的显著性时，计算

$$\Lambda_j=(1-\lambda_j^2)(1-\lambda_{j+1}^2)\cdots(1-\lambda_p^2)=\prod_{i=j}^{p}(1-\lambda_i^2)$$

并计算统计量

$$Q_j=-\left[n-j-\frac{1}{2}(p+q+1)\right]\ln\Lambda_j$$

则 Q_j 服从自由度为 $(p-j+1)(q-j+1)$ 的 χ^2 分布。在检验水平 α 下，若 $Q_j>\chi_\alpha^2[(p-j+1)(q-j+1)]$，则拒绝 H_0，接受 H_1，即认为第 j 个典型相关系数在显著性水平 α 下是显著的。

8.2 典型相关分析的步骤及逻辑框图

典型相关分析的步骤有 6 个：（1）确定典型相关分析的目标；（2）设计典型相关分析；（3）检验典型相关分析的基本假设；（4）推导典型函数，评价整体拟合情况；（5）解释典型变量；（6）验证模型。更详细的内容可见参考文献［5］。它的逻辑框图如图 8－1 所示。

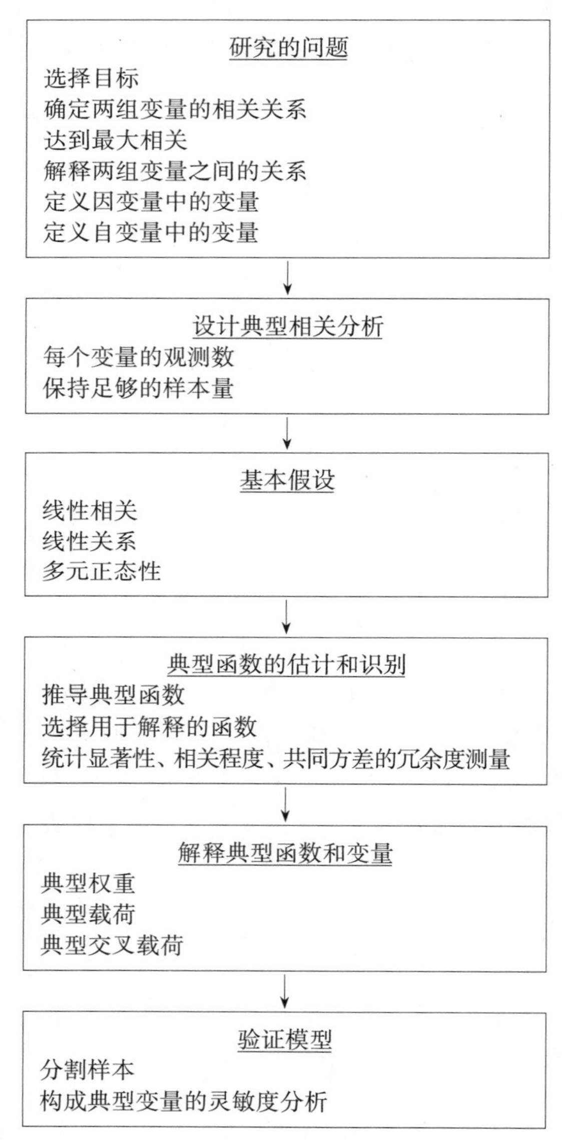

图 8－1 典型相关分析的逻辑框图

第 1 步：确定典型相关分析的目标

典型相关分析所适用的数据是两组变量。我们假定每组变量都能赋予一定的理论意义，通常一组可以定义为自变量，另一组可以定义为因变量。典型相关分析可以达到以下目标：

(1) 确定两组变量相互独立，或者相反，确定两组变量间存在关系的强弱。

(2) 为每组变量推导出一组权重，使得每组变量的线性组合达到最大程度相关。最大化余下的相关关系的其他的线性函数与前面的线性函数是独立的。

(3) 解释自变量与因变量组中存在的相关关系，通常是通过测量每个变量对典型函数的相对贡献来衡量。

第 2 步：设计典型相关分析

典型相关分析作为一种多元分析方法，与其他多元分析技术有共同的基本要求。其他方法（尤其是多元回归、判别分析和方差分析）所讨论的测量误差的影响、变量类型及变换也与典型相关分析有很大关系。

样本大小的影响和每个变量需要足够的观测，都是典型相关分析经常遇到的。研究者容易使自变量组和因变量组包含很多变量而没有认识到样本量的含义。小的样本不能很好地代表相关关系，这样掩盖了有意义的相关关系。建议研究者至少保持每个变量 10 个观测，以避免数据的过度拟合。

第 3 步：检验典型相关分析的基本假定

线性假定影响典型相关分析的两个方面。首先，任意两个变量间的相关系数是基于线性关系的。如果这个关系不是线性的，则一个或者两个变量需要变换。其次，典型相关是变量间的相关。如果关系不是线性的，典型相关分析将不能测量到这种关系。

典型相关分析能够包容任何没有严格正态性假定的度量变量。正态性是有意义的，因为它使分布标准化，允许变量间更高程度的相关。但在严格意义上，如果变量的分布形式（比如高度偏态）不会削弱与其他变量的相关关系，典型相关分析是可以包含这种非正态变量的，这就允许使用非正态变量。然而，对于每个典型函数的多元正态性的统计检验是必要的。由于多元正态性检验不一定可行，流行的准则是保证每个单变量的正态性。这样，尽管不严格要求正态性，但建议所有变量都检验正态性。如有必要，对变量进行变换。

第 4 步：推导典型函数，评价整体拟合情况

每个典型函数都包括一对变量，通常一个代表自变量，另一个代表因变量。可从变量组中提取的典型变量（函数）的最大数目等于最小数据组中的变量数目。比如，一个研究问题包含 5 个自变量和 3 个因变量，可提取的典型函数的最大数目是 3。

(1) 推导典型函数。典型函数的推导类似于没有旋转的因子分析的过程（参见前面推导）。典型相关分析集中说明两组变量间的最大相关关系而不是一组变量。结果是第一对典型变量在两组变量中有最大的相关关系。第二对典型变量得到第一对典型变量没有解释的两组变量间的最大相关关系。简言之，随着典型变量的提取，接下来的典型变量是基于剩余残差提取的，并且典型相关系数会越来越小。每对典型变量是正交的，并且与其他典型变量是独立的。

典型相关程度是通过相关系数的大小来衡量的。典型相关系数的平方表示一个典型变量通过另一个典型变量所解释的方差比例，也可称作两个典型变量间共同方差的比例。典型相关系数的平方称作典型根或者特征根。

(2) 典型函数的解释。一般来讲，实际提取的典型函数都是典型相关系数在某个水平（比如 0.05）上显著的函数。对显著的典型变量的解释是基于这样的假设，即认为相关的函数中，每组中的变量都对共同方差有较大贡献。

海尔等（Hair，et al.，1998）推荐结合使用三个准则来解释典型函数。这三个准则是：1）函数的统计显著性水平；2）典型相关的大小；3）两个数据集中方差解释的冗余测量。

通常认为，一个有统计显著性的相关系数的可接受显著性水平是 0.05（也有 0.01 的水平）。统计软件所提供的最常见的检验是基于 Rao 近似的 F 统计量。除了对每个典型函数分别进行检验以外，全部典型根的多元检验也可以用来评价典型根的显著性。许多评价判别函数显著性的测量，包括 Wilks' Lambda、Hotelling 迹、Pillai 迹和 Roy's gcr，这里也可以给出。

典型函数的实际重要性是由典型相关系数的大小代表的。当决定解释哪些函数时，应当考虑典型相关系数。

前面讲到典型相关系数的平方可以提供典型变量间共同方差的一个估计。尽管这是对共同方差的一个简单明了的估计，它还是可能引起一些误解，因为典型相关系数的平方表示由因变量组和自变量组的线性组合所共享的方差而不是来自两组变量的方差。这样，虽然两个典型变量可能并没有从它们各自的变量组中提取显著方差，但这两个典型变量（线性组合）间仍可能得到一个相对较强的典型相关系数。为了克服在使用典型根（典型相关系数平方）作为共同方差的测量中可能出现的有偏性和不稳定性，提出了冗余指数。它等价于在整个自变量组与因变量组的每一个因变量之间计算多元相关系数的平方，然后将这些平方系数平均得到一个平均的 R^2。这个指数提供了一组自变量（取整个组）解释因变量（每次取一个）变化的能力的综合测量。这样，冗余测量就像多元回归的 R^2 统计量，作为一个指数的值也是类似的。Stewart-Love 冗余指数计算一组变量的方差能被另一组变量的方差解释的比例。请注意，典型相关不同于多元回归之处在于：它不是处理单个因变量而是处理因变量的组合，而且这个组合只有每个因变量的全部方差的一部分。由于这个原因，我们不能假定因变量组中 100%的方差能由自变量组解释。自变量组期望能够解释的只是因变量组的典型变量的共同方差。这样，计算冗余指数分三步：(1) 计算共同方差的比例。在典型相关分析中，我们关心因变量组的典型变量与每个因变量的相关关系，这可以从典型载荷（L_1）中获得，表示每个输入变量与它的典型变量间的相关系数。通过平方每个因变量的载荷（L_i^2），可以得到每个因变量通过因变量组的典型变量解释的方差比例。为了计算典型变量所解释的共同方差的比例，将典型载荷平方进行简单平均。(2) 计算解释的方差比例。第二步是要计算通过自变量典型变量能够解释的因变量典型变量的方差比例。也就是自变量典型变量与因变量典型变量间相关系数的平方，即典型相关系数的平方。(3) 计算冗余指数。一个典型变量的冗余指数就是这个变量的共同方差比例乘以典型相关系数平方，得到每个典型函数可以解释的共同方差部分。要得到较高的冗余指数，必须有较高的典型相关系数和由因变量典型变量解释的较高的共同方差比例。研究者应注意，虽然在典型函数中两个典型变量的典型相关系数是相同的，但是两个典型变量的冗余指数有可能差异很大，因为每个都有不同的共同方差比例。已有人提出关于冗余指数的检验，但还没有得到广泛应用。

第 5 步：解释典型变量

即使典型相关系数在统计上是显著的，典型根和冗余系数大小也是可接受的，研究者仍需对结果做大量的解释。这些解释包括研究典型函数中原始变量的相对重要性。主要使用以下三种方法：（1）典型权重（标准化系数）；（2）典型载荷（结构系数）；（3）典型交叉载荷。

（1）典型权重。传统的解释典型函数的方法包括观察每个原始变量在它的典型变量中的典型权重的符号和大小。有较大的典型权重，则说明原始变量对它的典型变量贡献较大，反之则相反。原始变量的典型权重有相反的符号，说明变量之间存在一种反向关系，反之则有正向关系。但是，这种解释遭到了很多批评。因此，在解释典型相关的时候应慎用典型权重。

（2）典型载荷。由于典型权重的缺陷，典型载荷逐步成为解释典型相关分析结果的基础。典型载荷，也称典型结构相关系数，是原始变量（自变量或者因变量）与它的典型变量间的简单线性相关系数。典型载荷反映原始变量与典型变量的共同方差，它的解释类似于因子载荷，也就是每个原始变量对典型函数的相对贡献。

（3）典型交叉载荷。它的提出是作为典型载荷的替代。计算典型交叉载荷包括使每个原始因变量与自变量典型变量直接相关。交叉载荷提供了一个更直接地测量因变量组与自变量组关系的指标。

第 6 步：验证模型

与其他多元分析方法一样，典型相关分析的结果应该验证，以保证结果不是只适合样本而是适合总体。最直接的方法是构造两个子样本（如果样本量允许），对每个子样本分别做分析，这样可以比较典型函数的相似性、典型载荷等。如果存在显著差别，研究者应深入分析，保证最后结果是总体的代表而不只是单个样本的反映。

另一种方法是测量结果对于剔除一个因变量或自变量的灵敏度，保证典型权重和典型载荷的稳定性。

另外，还必须看到典型相关分析的局限性。这些局限性中，对结论和解释影响最大的是：

（1）典型相关反映变量组的线性组合所共享的方差而不是从变量提取的方差。

（2）计算典型函数推导的典型权重有较大的不稳定性。

（3）推导的典型权重是最大化线性组合间的相关关系而不是提取的方差。

（4）典型变量的解释可能会比较困难，因为它们是用来最大化线性关系的，没有类似于方差分析中变量旋转的有助于解释的工具。

（5）难以识别自变量和因变量的子集间有意义的关系，只能通过一些不充分的测量，比如载荷和交叉载荷。

8.3　典型相关分析的上机实现

【例 8-1】 这里使用一个较为经典的例子来说明使用 R 软件进行典型相关分析的计算代码及相应运行结果的分析。对 20 名中年男性分别测量三项生理指标——体重(weight)、腰围（waist)、脉搏（pulse）和三项运动指标——引体向上（chins)、仰卧起坐（situps)、跳跃次数（jumps)，测量数据列于表 8-1 中，现使用典型相关分析研究这两组变量之间的相关关系。

表 8-1

序号	体重	腰围	脉搏	引体向上	仰卧起坐	跳跃次数
1	191	36	50	5	162	60
2	193	38	58	12	101	101
3	189	35	46	13	155	58
4	211	38	56	8	101	38
5	176	31	74	15	200	40
6	169	34	50	17	120	38
7	154	34	64	14	215	105
8	193	36	46	6	70	31
9	176	37	54	4	60	25
10	156	33	54	15	225	73
11	189	37	52	2	110	60
12	162	35	62	12	105	37
13	182	36	56	4	101	42
14	167	34	60	6	125	40
15	154	33	56	17	251	250
16	166	33	52	13	210	115
17	247	46	50	1	50	50
18	202	37	62	12	210	120
19	157	32	52	11	230	80
20	138	33	68	2	110	43

首先，将上表中除第一列外的数据全部录入 Excel 表中，并保存为.csv 格式的文件“例 8-1.csv”，直接存储在 E 盘下以便于读取（读者可以自行选择存储位置，实际运行时只需更改相应的文件读取路径即可)。然后，使用 R 语言编程读取数据并进行相应的计算，具体计算程序如表 8-2 所示，其中＃号后面的内容为相应的说明语句。

表 8－2　计算程序

```
fit<-read.csv("E:/例 8-1.csv",head=T)   #读取数据文件
PHY<-fit[,1:3]   #将生理指标数据单独保存并命名为 PHY
EXER<-fit[,4:6]   #将运动指标数据单独保存并命名为 EXER
install.packages("CCA")   #安装做典型相关分析的包 CCA
library(CCA)   #加载 CCA 包
matcor(PHY,EXER)
# matcor()函数分别计算 PHY 和 EXER 的自相关矩阵以及两组变量的相关阵
cc1<-cc(PHY,EXER)   #cc()是进行典型相关分析的函数
cc1[1] #输出典型相关系数
cc1[3:4] #输出原始典型系数
cc1[5]   #输出典型变量得分及典型变量与原始变量的相关系数矩阵

##   计算标准化典型系数即典型权重
sdx<-sapply(PHY,function(x) sd(x))      #计算生理指标各变量的标准差
s1<-diag(sdx)          #生成以 sdx 为对角线元素的对角矩阵
s1 %*% cc1$xcoef       #输出生理指标各变量的标准化典型系数
sdy<-sapply(EXER,function(x) sd(x))      #计算运动指标各变量的标准差
s2<-diag(sdy)          #生成对角阵
s2 %*% cc1$ycoef      #输出运动指标各变量的标准化典型系数

##   典型相关系数的显著性检验(根据 8.1.2 节中相应理论编写)
ev<-cc1$cor^2   #cc1$cor 是典型相关系数,其平方即为典型根
ev2<-1-ev
n<-dim(PHY)[1]   #将样本量赋值给 n
p<-length(PHY)   #将 PHY 所含变量的个数赋给 p
q<-length(EXER)   #将 EXER 所含变量的个数赋给 q
l<-length(ev)   #提取典型变量的个数
m<-n -1 - (p+q+1)/2
w<-cbind(NULL)   #定义 w 以保存中间计算值
for (i in 1:l){
  w<-cbind(w,prod(ev2[i:l]))}
d<-cbind(NULL)
Q<-cbind(NULL)
for (i in 1:l){
  Q<-cbind(Q,-(m-(i-1))*log(w[i]))
  d<-cbind(d,(p-i+1)*(q-i+1))}
pvalue<-pchisq(Q,d,lower.tail=FALSE)   #计算卡方统计量对应的概率
bat<-cbind(t(Q),t(d),t(pvalue))   #将统计量、自由度和相应的 p 值合在一起
colnames(bat)<-c("Chi-Squared","df","pvalue")
rownames(bat)<-c(seq(1:l))
bat
```

运行上述代码，得到输出结果 8－1。

输出结果 8-1

```
> matcor(PHY,EXER)
$Xcor
          weight       waist       pulse
weight    1.0000000    0.8702435   -0.3657620
waist     0.8702435    1.0000000   -0.3528921
pulse    -0.3657620   -0.3528921    1.0000000

$Ycor
         chins       situps      jumps
chins    1.0000000   0.6957274   0.4957602
situps   0.6957274   1.0000000   0.6692061
jumps    0.4957602   0.6692061   1.0000000

$XYcor
          weight       waist       pulse         chins        situps        jumps
weight    1.0000000    0.8702435   -0.36576203   -0.3896937   -0.4930836   -0.22629556
waist     0.8702435    1.0000000   -0.35289213   -0.5522321   -0.6455980   -0.19149937
pulse    -0.3657620   -0.3528921    1.00000000    0.1506480    0.2250381    0.03493306
chins    -0.3896937   -0.5522321    0.15064802    1.0000000    0.6957274    0.49576018
situps   -0.4930836   -0.6455980    0.22503808    0.6957274    1.0000000    0.66920608
jumps    -0.2262956   -0.1914994    0.03493306    0.4957602    0.6692061    1.00000000

> cc1[1]  #输出典型相关系数
$cor
[1]0.79560815    0.20055604    0.07257029

> cc1[3:4]  #输出原始典型系数
$xcoef
               [,1]           [,2]           [,3]
weight    0.031404688    0.07631951   -0.007735047
waist    -0.493241676   -0.36872299    0.158033647
pulse     0.008199315    0.03205199    0.145732242

$ycoef
              [,1]          [,2]           [,3]
chins     0.06611399    0.071041211   -0.245275347
situps    0.01684623   -0.001973745    0.019767637
jumps    -0.01397157   -0.020714106   -0.008167472

> cc1[5]  #输出典型变量得分及典型变量与原始变量的相关系数矩阵
$scores
$scores$xscores
              [,1]          [,2]          [,3]
[1,]     0.043457300    0.52961092   -0.89006107
[2,]    -0.814622152    0.20121991    0.57639407
 ⋮            ⋮             ⋮             ⋮
[19,]    0.965063246   -0.52625635   -0.96773958
[20,]    0.006321548   -1.83221805    1.66897582

$scores$yscores
             [,1]          [,2]           [,3]
[1,]     0.12682042   -0.135246206    1.50077789
[2,]    -1.01083608   -0.366837618   -1.75684178
 ⋮           ⋮              ⋮              ⋮
[19,]    1.38961665   -0.257495751    1.20997570
[20,]   -0.71000887    0.106404727    1.34753383
```

```
$scores$corr.X.xscores
              [,1]        [,2]        [,3]
weight  -0.6206424   0.7723919  -0.13495886
waist   -0.9254249   0.3776614  -0.03099486
pulse    0.3328481  -0.0414842   0.94206752

$scores$corr.Y.xscores
           [,1]        [,2]        [,3]
chins   0.5789047  -0.0475222  -0.04671717
situps  0.6505914  -0.1149232   0.00395139
jumps   0.1290401  -0.1922586  -0.01697689

$scores$corr.X.yscores
             [,1]         [,2]          [,3]
weight  -0.4937881   0.154907853  -0.009794003
waist   -0.7362756   0.075742277  -0.002249306
pulse    0.2648166  -0.008319907   0.068366110

$scores$corr.Y.yscores
           [,1]        [,2]        [,3]
chins   0.7276254  -0.2369522  -0.64375064
situps  0.8177285  -0.5730231   0.05444915
jumps   0.1621905  -0.9586280  -0.23393722

> s1%*%cc1$xcoef   #输出生理指标各变量的标准化典型系数
           [,1]         [,2]        [,3]
[1,]   0.77539761   1.8843672  -0.1909822
[2,]  -1.57934657  -1.1806411   0.5060195
[3,]   0.05912012   0.2311068   1.0507838

> s2%*%cc1$ycoef    #输出运动指标各变量的标准化典型系数
          [,1]         [,2]        [,3]
[1,]   0.3494969    0.3755436  -1.2965937
[2,]   1.0540110   -0.1234905   1.2367934
[3,]  -0.7164267   -1.0621670  -0.4188073

> bat
  Chi-Squared  df    pvalue
1  16.2549575   9  0.06174456
2   0.6718487   4  0.95475464
3   0.0712849   1  0.78947507
```

输出结果 8－1 中的第一部分为原始变量间的相关阵，其中体重与腰围有较强的正相关关系，在生理指标与运动指标的相关关系中，我们可以看到体重和腰围与三个运动指标的相关系数为负数，说明体重和腰围较大对运动能力有负面影响。

第二部分为典型相关系数，各典型相关系数的平方是典型根，是矩阵 $A_{11}^{-1}A_{12}A_{22}^{-1}A_{21}$ 和 $A_{22}^{-1}A_{21}A_{11}^{-1}A_{12}$ 的特征根。

第三部分为原始典型系数，是典型变量关于各原始变量的系数。其中，$xcoef 对应的系数矩阵是生理测量的典型变量关于体重、腰围和脉搏指标变量的系数，如它的第一典型变量的表达式为：

$$U_1=0.0314\times \text{weight}-0.4932\times \text{waist}+0.0082\times \text{pulse}$$

\$ycoef 对应的系数矩阵是运动因素的典型变量关于引体向上、仰卧起坐和跳跃次数指标变量的系数，如它的第一典型变量的表达式为：

$$V_1=0.0661\times \text{chins}+0.0168\times \text{situps}-0.0140\times \text{jumps}$$

第四部分为典型变量得分及典型变量与原始变量的相关系数矩阵（即典型载荷和交叉载荷）。\$scores\$xscores 下面的结果为生理测量的三个典型变量的得分，\$scores\$yscores 下面的结果为运动因素的三个典型变量的得分。由于篇幅的限制，这部分输出结果并未全部列出，未列出的样本对应的典型变量的得分使用省略号表示。\$scores\$corr. X. xscores 下面的矩阵为生理测量的典型变量与原始变量的相关系数阵（典型载荷），\$scores \$corr. Y. xscores 下面的矩阵为运动因素的典型变量与生理测量的原始变量的相关系数阵。后面矩阵所代表的含义类似，此处不再赘述。

第五部分和第六部分为根据原始的典型系数计算的标准化的典型系数（典型权重）。其中，第五部分是生理测量的典型变量关于标准化的体重、腰围和脉搏指标变量的系数，第六部分是运动因素的典型变量关于标准化的引体向上、仰卧起坐和跳跃次数指标变量的系数。

第七部分为对典型相关系数显著性的检验结果，结果显示只有第一个典型相关系数在 0.1 的水平上是显著的，说明我们可以只提取第一个典型变量。

根据前面对典型权重、典型载荷和交叉载荷的介绍，我们可以结合第四、五、六部分的内容，对变量间的关系进行分析。在典型载荷中，生理测量的第一个典型变量与腰围的相关系数的绝对值最大，但呈现负相关，说明这个典型变量主要反映人的体形肥胖程度，则典型变量的得分越高，人的体形越瘦；运动因素的第一个典型变量与仰卧起坐次数和引体向上次数有较强的相关关系，说明这个典型变量主要反映人的运动能力和身体素质。在典型交叉载荷中，腰围与运动的第一典型变量有较强的负相关性，这也说明了腰围大的（体形较胖）则运动能力差；仰卧起坐和引体向上与生理测量的第一典型变量呈正相关关系，但生理测量的第一典型变量与腰围呈负相关关系，说明人的体形肥胖程度与这两种运动能力呈负相关关系，运动对人的体形影响较大。

8.4 社会经济案例研究

【例 8 - 2】 近年来，我国经济发展的速度越来越快，同时也出现了越来越严重的雾霾等问题，为研究城市的经济发展水平与空气质量的关系，选取我国 36 个主要城市的经济发展水平数据（见表 8 - 3）与空气质量数据（见表 8 - 4），进行典型相关分析。表 8 - 3 的数据来源于 2017 年《中国统计年鉴》，表 8 - 4 的数据来源于中国空气质量在线监测分析平台的历史数据。各地区的空气质量数据是对各地区 2016 年 1—12 月的月平均数据进行平均后的年平均数据。

表 8-3　2016 年主要城市的经济发展水平指标

地区	地区生产总值（亿元）	第二产业增加值（亿元）	第三产业增加值（亿元）	人均地区生产总值（元）	生产总值增长率（%）	固定资产投资（万元）
北京	25 669.13	4 944.44	20 594.90	118 198	6.8	78 887.00
天津	17 885.39	7 571.35	10 093.82	115 053	9.1	127 563.59
石家庄	5 927.73	2 693.92	2 752.93	55 177	6.8	56 784.63
太原	2 955.60	1 067.49	1 849.34	68 234	7.5	20 277.12
呼和浩特	3 173.59	884.43	2 175.67	103 235	7.75	18 491.70
沈阳	5 460.01	2 135.63	3 058.02	66 893	—5.6	16 316.21
大连	6 730.33	2 793.69	3 473.86	97 470	6.5	14 363.56
长春	5 917.94	2 915.66	2 678.74	79 434	7.7	46 590.42
哈尔滨	6 101.61	1 896.66	3 513.77	63 445	7.3	50 400.55
上海	28 178.65	8 406.28	19 662.90	116 562	6.9	67 516.77
南京	10 503.02	4 117.32	6 133.16	127 264	8.0	55 335.64
杭州	11 313.72	4 120.93	6 888.59	124 286	9.6	58 424.19
宁波	8 686.49	4 455.34	3 929.10	110 656	7.1	49 613.93
合肥	6 274.38	3 181.24	2 822.97	80 138	9.8	65 011.69
福州	6 197.64	2 590.43	3 114.96	82 251	8.5	51 843.601
厦门	3 784.27	1 544.59	2 216.49	97 282	7.9	21 598.097
南昌	4 354.99	2 307.24	1 865.98	81 598	9.0	45 402.63
济南	6 536.12	2 368.90	3 849.91	90 999	7.76	39 743.28
青岛	10 011.29	4 160.67	5 479.61	109 407	7.9	74 547.01
郑州	8 025.31	3 728.66	4 140.29	84 114	8.47	69 986.44
武汉	11 912.61	5 227.05	6 294.94	111 469	7.8	70 397.91
长沙	9 455.36	4 521.02	4 563.40	124 122	9.4	66 933.19
广州	19 547.44	5 751.59	13 556.57	141 933	8.2	57 035.86
深圳	19 492.60	7 780.45	11 704.97	167 411	9.0	40 781.64
南宁	3 703.39	1 427.16	1 875.57	52 723	5.9	37 588.28
海口	1 257.67	233.56	960.20	56 315	7.75	12 717.29
重庆	17 740.59	7 898.92	8 538.43	57 902	10.7	172 457.65
成都	12 170.23	5 232.02	6 463.27	76 960	7.7	83 525.00
贵阳	3 157.70	1 218.79	1 801.77	67 772	10.1	33 807.31
昆明	4 300.08	1 660.11	2 439.46	64 156	8.5	39 200.75
拉萨	424.95	162.80	247.03	23 838	10.1	5 822.75
西安	6 257.18	2 197.81	3 827.36	71 357	8.5	50 970.04
兰州	2 264.23	790.10	1 413.78	61 207	8.3	19 909.54
西宁	1 248.17	595.64	613.37	53 756	9.8	13 760.88
银川	1 617.71	825.61	733.48	74 288	8.1	17 081.89
乌鲁木齐	2 458.98	704.08	1 726.76	69 865	7.6	16 077.84

表 8-4 2016 年主要城市年平均空气质量数据

地区	PM2.5 ($\mu g/m^3$)	PM10 ($\mu g/m^3$)	SO_2 ($\mu g/m^3$)	CO (mg/m^3)	NO_2 ($\mu g/m^3$)	O_3 ($\mu g/m^3$)
北京	73.00	96.83	9.75	1.16	48.08	95.75
天津	68.58	107.58	21.08	1.37	48.08	85.25
石家庄	98.33	163.25	40.92	1.57	57.33	84.58
太原	66.08	125.08	68.33	1.55	45.50	77.92
呼和浩特	40.17	93.50	28.33	1.20	41.58	91.42
沈阳	53.83	93.58	46.58	0.93	40.58	95.00
大连	38.67	67.67	25.92	1.00	30.25	106.42
长春	46.17	78.50	28.25	0.87	39.67	88.08
哈尔滨	51.25	74.67	28.92	1.14	43.83	65.83
上海	44.67	64.42	14.67	0.79	43.33	102.92
南京	47.75	86.08	18.25	1.09	44.25	106.33
杭州	48.92	79.58	11.83	0.84	44.75	95.83
宁波	38.50	62.08	12.92	0.79	39.17	96.83
合肥	57.33	88.83	15.08	0.97	45.00	92.00
福州	27.25	52.92	6.25	0.72	30.33	76.58
厦门	28.08	49.25	10.75	0.63	30.92	65.50
南昌	42.75	78.75	16.67	0.98	32.83	88.17
济南	75.33	146.08	37.50	1.24	47.92	103.08
青岛	44.58	86.83	21.58	0.78	33.33	95.42
郑州	78.58	144.50	29.25	1.49	55.42	101.58
武汉	57.08	95.67	11.83	1.01	46.17	89.92
长沙	53.67	79.25	15.92	0.96	37.83	85.58
广州	36.00	56.92	11.75	0.96	46.17	82.50
深圳	27.00	42.67	8.25	0.81	32.92	85.42
南宁	36.58	63.00	12.33	0.90	31.83	74.33
海口	21.08	39.33	5.83	0.63	16.25	75.67
重庆	53.83	78.25	13.08	0.96	46.25	70.42
成都	62.92	104.83	14.58	1.16	53.58	95.50
贵阳	36.67	64.58	13.83	0.72	28.58	82.08
昆明	28.08	56.58	16.67	0.99	27.75	82.58
拉萨	27.50	78.83	7.67	0.55	24.17	103.33
西安	71.42	137.17	19.42	1.62	52.75	87.00
兰州	53.50	132.58	18.50	1.32	57.00	94.25
西宁	48.67	111.33	31.33	1.45	42.17	80.75
银川	54.75	112.83	54.50	1.17	36.83	95.58
乌鲁木齐	73.08	122.50	14.42	1.47	53.25	59.33

将表 8-3 和表 8-4 中的数据合并，录入 Excel 工作表中，并将衡量经济水平的指标变量分别命名为 x_1，x_2，x_3，x_4，x_5，x_6，将空气质量的指标变量分别命名为 y_1，y_2，y_3，y_4，y_5，y_6。保存该工作表为.csv 的格式，并命名为"例 8-2"保存在 E 盘下。与例 8-1 类似，计算典型相关系数、典型权重、典型载荷和交叉载荷，并对典型相关系数的显著性进行检验。计算代码与例 8-1 的代码大致相同，但由于本例数据量纲级别不一致，需要对数据进行标准化，因此本例是基于标准化的数据进行典型相关分析，将不需要单独计算标准化的典型系数，具体计算代码如表 8-5 所示。

表 8-5　计算代码

```
ccdata<-read.csv("E:/例 8-2.csv",head=T)  #读取数据文件,数据的第一列为地区
ECO<-ccdata[,2:7]  #将经济指标数据单独保存并命名为 ECO
ECOS<-scale(ECO)  #对数据进行标准化
AIR<-ccdata[,8:13]  #将空气质量指标数据单独保存并命名为 AIR
AIRS<-scale(AIR)
install.packages("CCA")  #安装做典型相关分析的包 CCA,若已经安装请跳过此句
library(CCA)  #加载 CCA 包
matcor(ECOS,AIRS)
cc1<-cc(ECOS,AIRS)
cc1[1]  #输出典型相关系数
cc1[3:4]  #输出典型系数,是标准化的典型系数即典型权重
cc1[5]  #输出典型变量得分及典型变量与各变量的相关系数矩阵

##  典型相关系数的显著性检验
ev<-cc1$cor^2
ev2<-1-ev
n<-dim(ECOS)[1]
p<-dim(ECOS)[2]
q<-dim(AIRS)[2]
l<-length(ev)
m<-n -1 - (p+q+1)/2
w<-cbind(NULL)
for (i in 1:l){
  w<-cbind(w,prod(ev2[i:l]))}
d<-cbind(NULL)
Q<-cbind(NULL)
for (i in 1:l){
  Q<-cbind(Q,-(m-(i-1))*log(w[i]))
  d<-cbind(d,(p-i+1)*(q-i+1))}
pvalue<-pchisq(Q,d,lower.tail=FALSE)
bat<-cbind(t(Q),t(d),t(pvalue))
colnames(bat)<-c("Chi-Squared","df","pvalue")
rownames(bat)<-c(seq(1:l))
bat  #输出统计量、自由度和相应的 p 值
```

在 R 中运行以上代码，得到输出结果 8-2。

输出结果 8 - 2

```
> matcor(ECOS,AIRS)
$Xcor
          x1          x2          x3           x4           x5            x6
x1  1.00000000  0.9143590   0.975789675  0.67163341   0.034972380  0.6562535
x2  0.91435898  1.0000000   0.805483491  0.66918757   0.104376471  0.7819314
x3  0.97578967  0.8054835   1.000000000  0.64215915  -0.001447979  0.5270527
x4  0.67163341  0.6691876   0.642159145  1.00000000   0.068638419  0.2595601
x5  0.03497238  0.1043765  -0.001447979  0.06863842   1.000000000  0.2594752
x6  0.65625354  0.7819314   0.527052728  0.25956011   0.259475165  1.0000000

$Ycor
          y1          y2          y3          y4           y5          y6
y1  1.0000000   0.8947128   0.4668693   0.80951128   0.8407508   0.10883346
y2  0.8947128   1.0000000   0.5744135   0.85616763   0.7696730   0.20130251
y3  0.4668693   0.5744135   1.0000000   0.55190731   0.2785972   0.10904524
y4  0.8095113   0.8561676   0.5519073   1.00000000   0.7671154  -0.04087364
y5  0.8407508   0.7696730   0.2785972   0.76711541   1.0000000   0.10194524
y6  0.1088335   0.2013025   0.1090452  -0.04087364   0.1019452   1.00000000

$XYcor
           x1          x2           x3           x4           x5            x6
x1   1.00000000   0.9143590   0.975789675   0.67163341   0.034972380   0.65625354
x2   0.91435898   1.0000000   0.805483491   0.66918757   0.104376471   0.78193141
x3   0.97578967   0.8054835   1.000000000   0.64215915  -0.001447979   0.52705273
x4   0.67163341   0.6691876   0.642159145   1.00000000   0.068638419   0.25956011
x5   0.03497238   0.1043765  -0.001447979   0.06863842   1.000000000   0.25947516
x6   0.65625354   0.7819314   0.527052728   0.25956011   0.259475165   1.00000000
y1   0.11877330   0.1077660   0.110599437  -0.08803299  -0.096368739   0.30867263
y2  -0.17886641  -0.1770624  -0.167493368  -0.27140004  -0.052284464   0.03933986
y3  -0.31424329  -0.3033569  -0.298320629  -0.24423822  -0.367927949  -0.24702688
y4  -0.09351816  -0.1131448  -0.076665541  -0.15208417  -0.001356202   0.06032739
y5   0.27295784   0.2691682   0.252010759   0.09618205  -0.038994844   0.36402596
y6   0.21292739   0.1990436   0.216539498   0.26092444  -0.119503229  -0.02512345
           y1          y2          y3          y4           y5            y6
x1   0.11877330  -0.17886641  -0.3142433  -0.093518164   0.27295784   0.21292739
x2   0.10776600  -0.17706237  -0.3033569  -0.113144847   0.26916816   0.19904360
x3   0.11059944  -0.16749337  -0.2983206  -0.076665541   0.25201076   0.21653950
x4  -0.08803299  -0.27140004  -0.2442382  -0.152084171   0.09618205   0.26092444
x5  -0.09636874  -0.05228446  -0.3679279  -0.001356202  -0.03899484  -0.11950323
x6   0.30867263   0.03933986  -0.2470269   0.060327389   0.36402596  -0.02512345
y1   1.00000000   0.89471285   0.4668693   0.809511282   0.84075082   0.10883346
y2   0.89471285   1.00000000   0.5744135   0.856167632   0.76967303   0.20130251
y3   0.46686931   0.57441348   1.0000000   0.551907313   0.27859723   0.10904524
y4   0.80951128   0.85616763   0.5519073   1.000000000   0.76711541  -0.04087364
y5   0.84075082   0.76967303   0.2785972   0.767115406   1.00000000   0.10194524
y6   0.10883346   0.20130251   0.1090452  -0.040873635   0.10194524   1.00000000

> cc1[1]   #输出典型相关系数
$cor
[1] 0.87514277   0.60186254   0.51739908   0.28433476   0.16835199   0.05718931

> cc1[3:4]   #输出典型系数,是标准化的典型系数即典型权重
$xcoef
          [,1]          [,2]         [,3]          [,4]          [,5]        [,6]
x1  -9.25009469  -13.00899596  -5.3101136  -40.02371563  -11.4363334  -7.591115
x2   2.85639436    2.98594497   1.8815967   13.37670570    6.5380507   2.374425
```

```
x3    6.03053352   9.50372875   4.0996731   27.98164508   7.0268075   3.945515
x4   -0.33809620  -0.17698659   0.0254087   -0.04535577  -1.2385207   1.109458
x5    0.18578070  -0.05489982   0.9565478   -0.52534892   0.1302091  -0.119067
x6    0.05565483   1.90462597  -0.3561785    1.01600117  -0.7411362   1.002386

$ycoef
          [,1]        [,2]        [,3]         [,4]         [,5]        [,6]
y1  -1.23064783   1.2174123  -0.6885741   0.22359977  -0.83549168  -1.7224883
y2   2.17205284   0.4108965   0.1436678  -0.03252843   1.86663338   0.4240213
y3  -0.09354512  -0.6263985  -1.1376390  -0.04949449  -0.17668378   0.2802466
y4  -0.04610885  -0.2000203   1.2075541   0.78463261  -1.84417766   0.1825146
y5  -0.82229960  -0.4235215  -0.3168352  -0.43930898   0.82125310   1.5894505
y6  -0.44771418  -0.4528050   0.3152402   0.85562780  -0.02235693  -0.2727844

> cc1[5]  #输出典型变量得分及典型变量与原始变量的相关系数矩阵
$scores
$scores$xscores
             [,1]         [,2]         [,3]         [,4]         [,5]         [,6]
[1,]   -1.93111607   1.86901404   0.680245652   1.24502947  -2.97632951  -2.43000716
[2,]   -0.99158632   2.13346592   0.287122608   2.15691850   1.37755411   1.56148699
 ⋮          ⋮            ⋮             ⋮            ⋮            ⋮            ⋮
[35,]   1.04589479  -0.27332048   0.163460325   0.35197830  -0.28448330   0.14575741
[36,]   1.01226206  -0.09276486   0.075405891   0.56879106  -0.40891918  -0.26961641

$scores$yscores
             [,1]          [,2]         [,3]         [,4]         [,5]          [,6]
[1,]   -1.915420211   1.50439335   0.51799001   0.88379970  -0.61701448  -1.327719695
[2,]   -0.564647232   1.08535168   0.42016236   0.58956573  -1.22827143   0.142259665
 ⋮          ⋮             ⋮            ⋮            ⋮            ⋮             ⋮
[35,]   1.141412365  -1.07838267  -1.93299548   0.99494414  -0.35677200  -0.227973193
[36,]   0.734992881   2.59305776   0.41644410  -1.17703141  -0.62027939   0.984306709

$scores$corr.X.xscores
          [,1]        [,2]         [,3]         [,4]         [,5]        [,6]
x1  -0.9378483   0.1239975   0.22753466   0.12951495   0.08482675  -0.1712408
x2  -0.9073580   0.1112687   0.16680279   0.02867258   0.34638436   0.1252730
x3  -0.8828824   0.1050784   0.26092073   0.20875349  -0.05249044  -0.3083250
x4  -0.7395455  -0.3226027   0.32394891   0.22122822  -0.21546546   0.3856031
x5   0.1429258   0.2701009   0.87062320  -0.30886308   0.12518071   0.1938204
x6  -0.6423898   0.6510128   0.04585959  -0.19032293   0.28185013   0.2138978

$scores$corr.Y.xscores
           [,1]         [,2]         [,3]        [,4]          [,5]         [,6]
y1  -0.09482922   0.43654614  -0.17886671   0.1507910  -0.008876466   0.01384662
y2   0.22293222   0.33219464  -0.14094761   0.1833935   0.011159940   0.02107852
y3   0.24171469  -0.06004325  -0.39530554   0.1251553  -0.048145983   0.01334999
y4   0.13405609   0.29201705  -0.05725341   0.1531142  -0.065483854   0.03066983
y5  -0.25577958   0.32630696  -0.07432425   0.1134463   0.015035560   0.03762493
y6  -0.20702000  -0.20517587   0.03285995   0.2249547   0.067729045  -0.01085200

$scores$corr.X.yscores
          [,1]         [,2]         [,3]          [,4]          [,5]          [,6]
x1  -0.8207512   0.07462944   0.11772622   0.036825601   0.014280752  -0.009793141
x2  -0.7940678   0.06696844   0.08630361   0.008152611   0.058314496   0.007164278
x3  -0.7726482   0.06324278   0.13500014   0.059355874  -0.008836871  -0.017632892
x4  -0.6472079  -0.19416246   0.16761087   0.062902873  -0.036274039   0.022052373
x5   0.1250805   0.16256361   0.45045964  -0.087820511   0.021074422   0.011084457
```

```
x6  -0.5621828   0.39182021   0.02372771  -0.054115425   0.047450030   0.012232670

$scores$corr.Y.yscores
        [,1]         [,2]         [,3]        [,4]         [,5]         [,6]
y1  -0.1083586   0.7253253  -0.34570358  0.5303292  -0.05272564   0.2421189
y2   0.2547381   0.5519444  -0.27241566  0.6449917   0.06628932   0.3685744
y3   0.2762003  -0.0997624  -0.76402444  0.4401690  -0.28598404   0.2334351
y4   0.1531820   0.4851889  -0.11065619  0.5384997  -0.38896988   0.5362860
y5  -0.2922718   0.5421619  -0.14364976  0.3989884   0.08931026   0.6579014
y6  -0.2365557  -0.3409015   0.06350987  0.7911615   0.40230617  -0.1897558

> bat  #输出统计量、自由度和相应的p值
   Chi-Squared  df    pvalue
1  66.39324615  36  0.001511769
2  24.13642125  25  0.511502479
3  11.33927375  16  0.788075420
4   2.96640598   9  0.965611954
5   0.78468036   4  0.940489997
6   0.07698547   1  0.781424955
```

输出结果 8-2 的第一部分为原始变量间的相关阵，第二部分为典型相关系数，第三部分为标准化的典型系数即典型权重，第四部分为典型变量得分及典型载荷阵与交叉载荷阵，第五部分为典型相关系数的显著性检验结果。

从原始变量的相关阵可知，城市经济水平指标变量中相关性较强的有：x_1 与 x_2，x_3；x_2 与 x_3，x_6。相关系数均超过了 0.75。空气质量指标变量中相关性较强的有：y_1 与 y_2，y_4，y_5；y_2 与 y_4，y_5；y_4 与 y_5。因此，大体来看，对于经济水平的各指标变量和空气质量各指标变量是适合做典型变量分析的。

由典型相关系数可知，第一对典型变量 U_1 与 V_1 的相关系数为 0.875，第二对典型变量的相关系数为 0.602，典型变量的相关系数大小是依次递减的，第一对典型变量解释了原始变量最大的差异。另外，从典型相关系数显著性的检验结果可以看出，只有第一对典型变量在 0.01 甚至更小的显著性水平上是显著的，表明可以用城市经济水平指标变量来解释空气质量指标变量。

根据第三部分输出的标准化典型系数，可以得到经济水平的第一典型变量和空气质量的第一典型变量的表达式，分别为：

$$U_1=-9.2501X_1^*+2.8564X_2^*+6.0305X_3^*-0.3381X_4^*+0.1858X_5^*+0.0557X_6^*$$
$$V_1=-1.2306Y_1^*+2.1721Y_2^*-0.0935Y_3^*-0.0461Y_4^*-0.8223Y_5^*-0.4477Y_6^*$$

式中，X_1^*，X_2^*，…，X_6^* 是标准化的经济水平原始指标变量；Y_1^*，Y_2^*，…，Y_6^* 是标准化的空气质量原始指标变量。

特别说明：标准化系数的性质与回归分析系数类似，但由于受到变量间相关的影响，并不能作为解释各个变量对典型变量相对重要性的依据，但很多教材在这方面都存在误解。以标准化系数的大小来解释变量的相对重要性肯定是不妥的，除非各变量间互不相关，这又与典型相关分析相悖。

依据典型载荷阵和交叉载荷阵对变量间的相关关系进行分析。经济水平的第一典型变量与 x_1，x_2，x_3，x_4，x_6 存在较强的负相关关系，主要反映城市总体经济水平，但由于其与原

始变量的相关系数为负，因此第一典型变量的得分越小，表明城市总体经济发展水平越高。空气质量的第一典型变量与 y_2，y_3，y_4 呈正相关关系，与 y_1，y_5，y_6 呈负相关关系，由于该典型变量与不同污染物变量的相关关系的符号不同，因此它并不能综合反映空气质量的总体水平。可以通过经济水平的典型变量与空气质量的各指标变量的相关关系，分析城市经济发展水平与空气质量的关系。根据交叉载荷阵可知，经济水平第一典型变量主要与 y_2，y_3，y_4 呈正相关关系，与 y_1，y_5，y_6 呈负相关关系，而且与 y_5（NO_2）的相关系数的绝对值最大，其次是 y_3（SO_2），y_2（PM10），y_6（O_3）。由此可知，经济发展水平较高的城市的大气污染物中 y_5（NO_2），y_6（O_3），y_1（PM2.5）的含量会较高，污染物 y_2（PM10），y_3（SO_2），y_4（CO）的含量会较低。城市大气中 NO_2 和 O_3 主要来源于以汽油、柴油为燃料的汽车尾气，PM2.5 主要是人为活动的产物，如燃料未完全燃烧形成的炭粒、二次污染物气溶胶等，经济发展水平高的城市的汽车多，且工业的整体规模较经济水平低的城市大，因此经济水平高的城市 NO_2，O_3 和 PM2.5 污染物的含量会较高是符合实际情况的。SO_2 和 CO 的主要来源是燃煤等，PM10 主要是由风沙、灰土及机械粉碎的水泥、石灰等自然因素形成的，自然环境较差地区的城市的经济发展水平一般较低，同时经济水平较低的城市的用煤量通常也相对较大，因此，经济发展水平较低城市的 PM10，SO_2，CO 污染物的含量较高。综述可知，城市经济发展水平与空气质量是存在一定程度的相关关系的。

例 8－1 和例 8－2 中未给出计算冗余指数和进行典型冗余分析的 R 语言代码，该部分很容易实现，感兴趣的读者可以尝试使用 R 软件编写。另外，使用 SPSS 软件和 SAS 软件也可以进行典型相关分析，且 SAS 软件输出的结果较全面，本书不再详细讨论，有兴趣的读者请参考相关书籍。

参考文献

[1] 王国梁，何晓群．多变量经济数据统计分析．西安：陕西科学技术出版社，1993.

[2] 张尧庭，方开泰．多元统计分析引论．北京：科学出版社，1982.

[3] 方开泰．实用多元统计分析．上海：华东师范大学出版社，1989.

[4] 王学仁，王松桂．实用多元统计分析．上海：上海科学技术出版社，1990.

[5] Joseph F. Hair，Rolph E. Anderson，Ronald L. Tatham，et al. Multivariate Data Analysis. Fifth Edition. Prentice-Hall，1998.

思考与练习

1. 试述典型相关分析的统计思想及该方法在研究实际问题中的作用。
2. 典型相关分析中的冗余度有什么作用？
3. 典型变量的解释有什么具体方法？实际意义是什么？
4. 运用 R 软件试对一个实际问题的研究应用典型相关分析。

第 9 章

Chapter 9

定性数据的建模分析

学 习 目 标

1. 掌握对数线性模型的基本原理；
2. 掌握对数线性模型的建模方法；
3. 掌握如何解释 Logistic 回归的分析结果；
4. 理解判别分析与 Logistic 回归相比的优缺点；
5. 掌握如何通过 R 软件实现 Logistic 回归。

前面讨论过有关定性数据的列联表分析，对数线性模型是进一步用于离散型数据或整理成列联表格式的数据的统计分析工具。它可以把方差分析和线性模型的一些方法应用到对交叉列联表的分析中，从而对定性变量间的关系做进一步的描述和分析。列联表分析无法系统地评价变量间的联系，也无法估计变量间交互作用的大小，对数线性模型是处理这些问题的最佳方法。当被解释变量是非度量变量时，判别分析是合适的。然而当被解释变量只有两组时，Logistic 回归由于多种原因更受欢迎。首先，判别分析依赖于严格的多元正态性和相等协方差阵的假设，这在很多情况下是达不到的。Logistic 回归没有类似的假设，而且这些假设不满足时，结果非常稳定。其次，即使满足假定，许多研究者仍偏好 Logistic 回归，因为它类似于回归分析。两者都有直接的统计检验，都能包含非线性效果和大范围的诊断。再者，Logistic 回归对于自变量没有要求，度量变量或者非度量变量都可以进行回归。这样，很多情况下，Logistic 回归等同于两组的判别分析，而且可能更加实用。本章仅介绍定性数据建模的对数线性模型和 Logistic 回归方法。

9.1　对数线性模型的基本理论和方法

本节将利用 2×2 维的交叉列联表来说明对数线性模型的基本理论和方法，同时利用 R 软件对真实的经济定性数据做分析。

从 2×2 维的交叉列联表的概率表介绍对数线性模型的基本理论和方法（见表 9－1 和表 9－2）。

表 9－1　频数表

A	B		
	B	$\bar{B}$	$\sum_j$
A	n_{11}	n_{12}	$n_{1\cdot}$
$\bar{A}$	n_{21}	n_{22}	$n_{2\cdot}$
$\sum_j$	$n_{\cdot 1}$	$n_{\cdot 2}$	n

表 9－2　概率表

A	B		
	B	$\bar{B}$	$\sum_j$
A	p_{11}	p_{12}	$p_{1\cdot}$
$\bar{A}$	p_{21}	p_{22}	$p_{2\cdot}$
$\sum_j$	$p_{\cdot 1}$	$p_{\cdot 2}$	1

在对数线性模型分析中，要先将概率取对数，再分解处理，用公式表示如下：

$$\begin{aligned}\eta_{ij} &= \ln p_{ij} \\ &= \ln\left(p_{i.}\, p_{.j} \frac{p_{ij}}{p_{i.}\, p_{.j}}\right) \\ &= \ln p_{i.} + \ln p_{.j} + \ln \frac{p_{ij}}{p_{i.}\, p_{.j}}, \quad i, j = 1, 2\end{aligned} \tag{9.1}$$

若把上式中的 $\ln p_{i.}$，$\ln p_{.j}$，$\ln \frac{p_{ij}}{p_{i.}\, p_{.j}}$ 分别记为 A_i，B_j 和 $(AB)_{ij}$，则上式可写成

$$\eta_{ij} = A_i + B_j + (AB)_{ij}$$

该式的结构与有交互效应且各水平均为 2 的双因素方差分析模型的结构相似，因此模仿方差分析，可以有如下关系式：

$$\eta_{i.} = \sum_{j=1}^{2} \eta_{ij}, \quad \eta_{.j} = \sum_{i=1}^{2} \eta_{ij}, \quad \eta_{..} = \sum_{i=1}^{2}\sum_{j=1}^{2} \eta_{ij}$$

对上面三式各取平均数，为：

$$\bar{\eta}_{i.} = \frac{1}{2}\eta_{i.}, \quad \bar{\eta}_{.j} = \frac{1}{2}\eta_{.j}, \quad \bar{\eta}_{..} = \frac{1}{4}\eta_{..}$$

若记

$$\begin{cases} \alpha_i = \bar{\eta}_{i.} - \bar{\eta}_{..} \\ \beta_j = \bar{\eta}_{.j} - \bar{\eta}_{..} \\ \gamma_{ij} = \eta_{ij} - \bar{\eta}_{i.} - \bar{\eta}_{.j} + \bar{\eta}_{..} \end{cases}$$

则
$$
\begin{aligned}
\gamma_{ij} &= \eta_{ij} - \bar{\eta}_{i.} - \bar{\eta}_{.j} + \bar{\eta}_{..} \\
&= \eta_{ij} - (\bar{\eta}_{i.} - \bar{\eta}_{..}) - (\bar{\eta}_{.j} - \bar{\eta}_{..}) - \bar{\eta}_{..} \\
&= \eta_{ij} - \alpha_i - \beta_j - \bar{\eta}_{..}
\end{aligned}
$$

移项，可得与有交互效应的双因素方差分析数学模型极为相似的关系式：

$$
\begin{cases}
\eta_{ij} = \bar{\eta}_{..} + \alpha_i + \beta_j + \gamma_{ij} \\
\sum_{i=1}^{2} \alpha_i = \sum_{j=1}^{2} \beta_j = \sum_{i=1}^{2} \gamma_{ij} = \sum_{j=1}^{2} \gamma_{ij} = 0\,, \quad i=1,\ 2;\ j=1,\ 2
\end{cases}
\tag{9.2}
$$

为与方差分析保持一致，可称 α_i，β_j 分别为 A，B 因素的主效应，γ_{ij} 为 A，B 因素的交互效应。到此，定性数据的数据变换和变换后的模型关系已清楚地完成，接下来就是对模型的参数估计及检验。这里主要是估计 γ_{ij} 的值，根据 γ_{ij} 值的正负和相对大小可以判断 A 因素的第 i 个水平与 B 因素的第 j 个水平间的交互效应。若 $\gamma_{ij}>0$，表明二者存在正效应；若 $\gamma_{ij}<0$，则存在负效应；当 γ_{ij} 均为 0 时，A，B 因素相互独立。若 γ_{ij} 均为 0，模型称为非饱和模型（因素间相互独立），否则为饱和模型（因素间有交互效应）。

在实际分析中，概率表中各项值以交叉列联表计算得到的频率表的对应项为无偏估计值。公式为：

$$
\hat{p}_{ij} = \frac{n_{ij}}{n},\ \hat{p}_{i.} = \frac{n_{i.}}{n},\ \hat{p}_{.j} = \frac{n_{.j}}{n}
$$

将其代入 $\eta_{ij} = \ln p_{ij}$，有

$$
\begin{aligned}
&\hat{\eta}_{ij} = \ln \hat{p}_{ij} = \ln n_{ij} - \ln n \\
&\hat{\bar{\eta}}_{i.} = \frac{1}{2}\sum_{j=1}^{2} \eta_{ij} = \frac{1}{2}\sum_{j=1}^{2} (\ln \frac{n_{ij}}{n}) = \frac{1}{2}\sum_{j=1}^{2} (\ln n_{ij}) - \ln n \\
&\hat{\bar{\eta}}_{.j} = \frac{1}{2}\sum_{i=1}^{2} \eta_{ij} = \frac{1}{2}\sum_{i=1}^{2} (\ln \frac{n_{ij}}{n}) = \frac{1}{2}\sum_{i=1}^{2} (\ln n_{ij}) - \ln n \\
&\hat{\bar{\eta}}_{..} = \frac{1}{4}\sum_{i=1}^{2}\sum_{j=1}^{2} \eta_{ij} = \frac{1}{4}\sum_{i=1}^{2}\sum_{j=1}^{2} (\ln \frac{n_{ij}}{n}) = \frac{1}{4}\sum_{i=1}^{2}\sum_{j=1}^{2} (\ln n_{ij}) - \ln n
\end{aligned}
$$

将以上三式代入公式

$$
\begin{aligned}
\hat{\gamma}_{ij} &= \hat{\eta}_{ij} - \hat{\bar{\eta}}_{i.} - \hat{\bar{\eta}}_{.j} + \hat{\bar{\eta}}_{..} \\
&= \ln n_{ij} - \frac{1}{2}\sum_{j=1}^{2} (\ln n_{ij}) - \frac{1}{2}\sum_{i=1}^{2} (\ln n_{ij}) + \frac{1}{4}\sum_{i=1}^{2}\sum_{j=1}^{2} (\ln n_{ij})
\end{aligned}
\tag{9.3}
$$

即可得 γ_{ij} 的估计值 $\hat{\gamma}_{ij}$。实际分析中，二维数据表中并非每个因素都是双水平的，调整公式中的 i，j 的取值上限即可。

9.2 对数线性模型的上机实现

这里举一个例子，是 3×2 维的交叉列联表的分析。

【例 9-1】某企业想了解顾客对其产品是否满意，还想了解不同收入的人群对其产品的满意度是否相同。在随机发放的 1 000 份问卷中收回有效问卷 792 份，根据收入高低和满意回答的交叉分组数据如表 9-3 所示。

表 9-3

收入情况	满意	不满意	合计
高	53	38	91
中	434	108	542
低	111	48	159
合计	598	194	792

首先要准备数据，上面的交叉列联表的数据要输入表格里，具体如表 9-4 所示。

表 9-4

频数	收入情况	满意情况
53	高	满意
434	中	满意
111	低	满意
38	高	不满意
108	中	不满意
48	低	不满意

具体 R 代码如下：

```
> rm(list = ls())
> library(MASS)
> ex9.1 <- read.table("例 9-1.txt", head = TRUE, fileEncoding = "utf8")
> fit <- MASS::loglm(频数~收入情况+满意情况+收入情况*满意情况,
data = ex9.1, param = T,fit = T)
>#模型的拟合优度检验
> fit
Statistics:
                  X^2 df P(> X^2)
Likelihood Ratio    0  0        1
Pearson             0  0        1
>#估计的系数
> coef(fit)
$'(Intercept)'
```

```
[1] 4.490631
$收入情况
          低          高          中
-0.2002652 -0.6866918  0.8869570
$满意情况
    不满意      满意
-0.4269914  0.4269914
$收入情况.满意情况
满意情况
收入情况         不满意          满意
      低   0.00782678 -0.00782678
      高   0.26063850 -0.26063850
      中  -0.26846528  0.26846528
```

由于是饱和模型，模型的拟合优度检验 Likelihood Ratio 方法和 Pearson 方法的值和自由度均为 0。我们可以得到各参数为：

$$\alpha_{高收入}=-0.687$$

$$\alpha_{中收入}=0.887$$

$$\alpha_{低收入}=-0.200$$

$$\beta_{满意}=0.427$$

$$\beta_{不满意}=-0.427$$

$$\gamma_{高收入满意}=-0.261$$

$$\gamma_{中收入满意}=0.268$$

$$\gamma_{低收入满意}=-0.008$$

$$\gamma_{高收入不满意}=0.261$$

$$\gamma_{中收入不满意}=-0.268$$

$$\gamma_{低收入不满意}=0.008$$

参数值为正，表示正效应；反之为负效应；零为无效应。分析提供的信息是：

（1）$\beta_{满意}$ 为正值，说明接受调查的多数顾客对产品还是满意的。

（2）$\alpha_{高收入}<\alpha_{低收入}<\alpha_{中收入}$，说明各收入阶层的顾客对产品的满意度是不同的，其中，高收入的顾客满意度最低，中等收入的顾客满意度最高。

（3）通过对顾客的收入情况和满意情况交互效应的研究，$\gamma_{高收入满意}$ 为负值，表示高收入顾客对产品的满意度有负效应；$\gamma_{中收入满意}$ 为正值，表示中等收入顾客对产品的满意度有正效应；同理，低收入顾客对产品的满意度也有负效应。该企业产品主要的消费阶层是中等收入者，中等收入者对产品的满意度也最高。

9.3 Logistic 回归的基本理论和方法

通常我们需要研究某一社会现象发生的概率 p 的大小，比如一个公司成功或失败的概率，讨论 p 的大小与哪些因素有关。直接处理可能性数值 p 存在困难，一是 $0\leqslant p\leqslant 1$，因此 p 与自变量的关系难以用线性模型来描述；二是当 p 接近 0 或 1 时，p 值的微小变化用普通的方法难以发现和处理好。这时，不处理参数 p 而处理 p 的一个严格单调函数 $Q=Q(p)$ 就会方便得多。要求$Q(p)$ 对在 $p=0$或者 $p=1$ 附近的微小变化很敏感，即$\frac{\mathrm{d}Q}{\mathrm{d}p}$应与$\frac{1}{p(1-p)}$成比例，于是令

$$Q=\ln\frac{p}{1-p}$$

将 p 换成Q，这一变换称为 Logit 变换。从 Logit 变换可看出，当 p 从 0 到 1 时，Q 的值从$-\infty$ 到$+\infty$，因此 Q 的值在区间（$-\infty$，$+\infty$）上变化。这一变换完全克服了一开始所提出的两点困难，在数据处理上方便很多。如果自变量的关系式是线性的、二次的或多项式的，通过普通的最小二乘就可以处理，然后从 p 与 Q 的反函数关系式中求出 p 与自变量的关系。例如 $Q=b'x$，则有 $p=\frac{\mathrm{e}^{b'x}}{1+\mathrm{e}^{b'x}}$，这就是 Logit 变换所带来的方便。

根据上述思想，当因变量是一个二元变量，只取 0 与 1 两个值时，因变量取 1 的概率 $p(y=1)$ 就是要研究的对象。如果有很多因素影响 y 的取值，这些因素就是自变量，记为 x_1，x_2，…，x_k，这些 x_i 中既有定性变量，也有定量变量。最重要的一个条件是：

$$\ln\frac{p}{1-p}=b_0+b_1x_1+\cdots+b_kx_k$$

即 $\ln\frac{E(y)}{1-E(y)}$是 x_1，x_2，…，x_k 的线性函数。满足上述条件的称为 Logistic 线性回归。由于上式所确定的模型相当于广义线性模型，可以系统地应用线性模型的方法，在处理时比较方便。

在判别分析中，是通过判别 Z 得分来预测所属类的，这就需要计算临界得分和将观测归类。Logistic 回归完成这一目的颇似回归分析，不同于回归分析的地方在于它直接预测出事件发生的概率。尽管这个概率值是个度量尺度，Logistic 回归与多元回归还是有很大的差异。概率值可以是 0～1 之间的任何值，但是预测值必须落入 0～1 区间。这样，Logistic 回归假定解释变量与被解释变量之间的关系类似于 S 形曲线，而且不能从普通回归的角度来分析 Logistic 回归，因为这样做会违反几个假定。首先，离散变量的误差形式遵从伯努利分布而不是正态分布，使得基于正态性假设的统计检验无效。其次，二值

变量的方差不是常数，会造成异方差性。Logistic 回归是专门处理这些问题的。它的解释变量与被解释变量之间的独特关系使得在估计、评价拟合度和解释系数方面有不同的方法。

估计 Logistic 回归模型与估计多元回归模型的方法是不同的。多元回归采用最小二乘估计，使解释变量的真实值与预测值差异的平方和最小化。Logistic 变换的非线性特征使得在估计模型时采用极大似然估计的迭代方法，找到系数的“最可能”的估计。这样在计算整个模型拟合度时，就采用似然值而不是离差平方和。

Logistic 回归的另一个好处是我们只需知道一件事情（有没有购买、公司成功还是失败）是否发生了，然后用二元值作为解释变量。从这个二元值中，程序预测出事件发生或者不发生的概率。如果预测概率大于 0.5，则预测发生，反之则不发生。需要注意的是，Logistic 回归系数的解释与多元回归的解释不同。程序计算出 Logistic 系数，比较事件发生与不发生的概率比。假定事件发生的概率为 p，优势比率可以表示为：

$$\frac{p}{1-p}=\mathrm{e}^{b_0+b_1x_1+\cdots+b_nx_n}$$

估计的系数（b_0，b_1，b_2，…，b_n）反映优势比率的变化。如果 b_i 是正的，它的反对数值（指数）一定大于 1，则优势比率会增大；反之，如果 b_i 是负的，则优势比率会减小。

前面已提到 Logistic 回归在估计系数时采用的是极大似然估计法。就像多元回归中的残差平方和，Logistic 回归对模型拟合好坏通过似然比值来测量（实际上是用 −2 乘以似然比值的自然对数即 −2ln(似然值)，简记为 −2LL）。一个好的模型应该有较小的 −2LL。如果一个模型完全拟合，则似然比值为 1，这时 −2LL 达到最小，为 0。Logistic 回归对于系数的检验采用的是与多元回归中 t 检验不同的统计量，称为 Wald 统计量。有关 Logistic 回归的参数估计和假设检验详见参考文献 [1]。

9.3.1 分组数据的 Logistic 回归模型

针对 0-1 型因变量产生的问题，我们对回归模型应该做两个方面的改进。

第一，回归函数应该改用限制在 [0，1] 区间内的连续曲线而不能再沿用直线回归方程。限制在 [0，1] 区间内的连续曲线有很多，例如所有连续型随机变量的分布函数都符合要求，我们常用的是 Logistic 函数与正态分布函数。Logistic 函数的形式为：

$$f(x)=\frac{\mathrm{e}^x}{1+\mathrm{e}^x}=\frac{1}{1+\mathrm{e}^{-x}} \tag{9.4}$$

Logistic 函数的中文名称是逻辑斯蒂函数，或简称逻辑函数。

这里给出两个 Logistic 函数的图形（见图 9－1、图 9－2）。

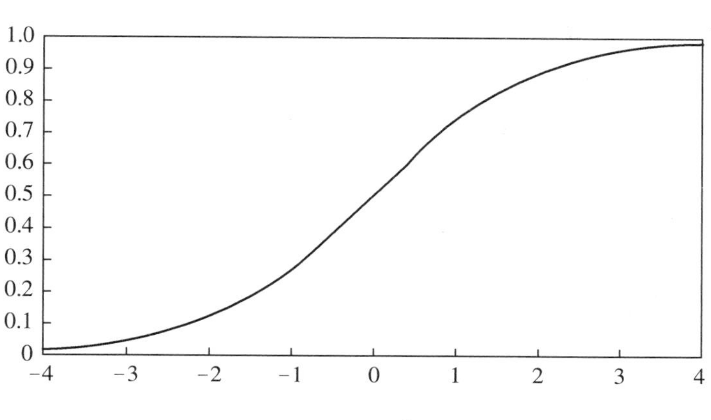

图 9-1 $f(x)=\frac{1}{1+e^{-x}}$ 的图形

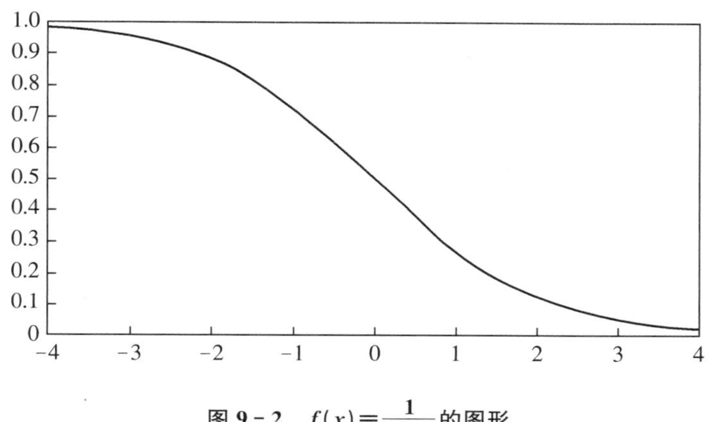

图 9-2 $f(x)=\frac{1}{1+e^{x}}$ 的图形

第二，因变量 y_i 本身只取 0，1 两个离散值，不适合直接作为回归模型中的因变量。由于回归函数 $E(y_i)=\pi_i=\beta_0+\beta_1 x_i$ 表示在自变量为 x_i 的条件下 y_i 的平均值，y_i 是 0－1 型随机变量，从而 $E(y_i)=\pi_i$ 就是在自变量为 x_i 的条件下 y_i 等于 1 的比例。这提示我们可以用 y_i 等于 1 的比例代替 y_i 本身作为因变量。

下面举例说明 Logistic 回归模型的应用。

【例 9-2】 在一次住房展销会上，与房地产商签订初步购房意向书的共有 $n=313$ 名顾客。在随后的 3 个月内，只有部分顾客确实购买了房屋。购买了房屋的顾客记为 1，没有购买房屋的顾客记为 0。以顾客的年家庭收入（万元）为自变量 x，对表 9-5 中的数据建立 Logistic 回归模型。

表 9-5

序号	年家庭收入（万元）x	签订意向书人数 n_i	实际购房人数 m_i	实际购房比例 $p_i=m_i/n_i$	逻辑变换 $p'_i=\ln\left(\frac{p_i}{1-p_i}\right)$	权重 $w_i=n_i p_i(1-p_i)$
1	1.5	25	8	0.320 000	−0.753 77	5.440
2	2.5	32	13	0.406 250	−0.379 49	7.719

续表

序号	年家庭收入（万元）x	签订意向书人数 n_i	实际购房人数 m_i	实际购房比例 $p_i=m_i/n_i$	逻辑变换 $p'_i=\ln\left(\frac{p_i}{1-p_i}\right)$	权重 $w_i=n_ip_i(1-p_i)$
3	3.5	58	26	0.448 276	−0.207 64	14.345
4	4.5	52	22	0.423 077	−0.310 15	12.692
5	5.5	43	20	0.465 116	−0.139 76	10.698
6	6.5	39	22	0.564 103	0.257 829	9.590
7	7.5	28	16	0.571 429	0.287 682	6.857
8	8.5	21	12	0.571 429	0.287 682	5.143
9	9.5	15	10	0.666 667	0.693 147	3.333

Logistic 回归方程为：

$$p_i=\frac{\exp(\beta_0+\beta_1x_i)}{1+\exp(\beta_0+\beta_1x_i)},\quad i=1,2,\cdots,c \tag{9.5}$$

式中，c 为分组数据的组数。本例中，$c=9$。将以上回归方程做线性变换，令

$$p'_i=\ln\left(\frac{p_i}{1-p_i}\right) \tag{9.6}$$

式（9.6）的变换称为逻辑变换，变换后的线性回归模型为：

$$p'_i=\beta_0+\beta_1x_i+\varepsilon_i \tag{9.7}$$

式（9.7）是一个普通的一元线性回归模型。式（9.7）没有给出误差项的形式，我们认为其误差项的形式就是做线性变换所需的形式。对表 9－5 中的数据算出经验回归方程为：

$$\hat{p}'=-0.886+0.156x \tag{9.8}$$

判定系数 $r^2=0.9243$，显著性检验 P 值≈0，高度显著。将式（9.8）还原为式（9.5）的 Logistic 回归方程为：

$$\hat{p}=\frac{\exp(-0.886+0.156x)}{1+\exp(-0.886+0.156x)} \tag{9.9}$$

利用式（9.9）可以对购房比例做预测，例如对 $x_0=8$，则有

$$\hat{p}=\frac{\exp(-0.886+0.156\times8)}{1+\exp(-0.886+0.156\times8)}=\frac{1.436}{1+1.436}=0.590$$

这表明在住房展销会上与房地产商签订初步购房意向书的年收入 8 万元的家庭中，预计实际购房比例为 59%。或者说，一个签订初步购房意向书的年收入 8 万元的家庭，其购房概率为 59%。

我们用 Logistic 回归模型成功地拟合了因变量为定性变量的回归模型，但是仍然存在一个不足之处，即异方差性并没有解决。式（9.7）的回归模型不是等方差的，应该对式（9.7）用加权最小二乘估计。当 n_i 较大时，p'_i的近似方差为：

$$D(p'_i)\approx\frac{1}{n_i\pi_i(1-\pi_i)} \tag{9.10}$$

其中，$\pi_i=E(y_i)$，因而选取权数：

$$w_i=n_ip_i(1-p_i) \tag{9.11}$$

对例 9-2 重新用加权最小二乘估计。具体 R 代码如下：

```
> rm(list = ls())
> ex9.2 <- read.table("E:例 9-2.txt", head = TRUE, fileEncoding = "utf8")
> # 未加权
> fit <- lm(ex9.2$逻辑变换~ex9.2$年家庭收入)
> fit$coefficients
    (Intercept) ex9.2$年家庭收入
   -0.8862679          0.1557968
> # 加权
> fit_wi <- lm(ex9.2$逻辑变换~ex9.2$年家庭收入, weights = ex9.2$权重)
> summary(fit_wi)
Coefficients:
                  Estimate  Std. Error  t value   Pr(>|t|)
(Intercept)       -0.84887   0.11358   -7.474   0.000140 ***
ex9.2$年家庭收入   0.14932   0.02071    7.210   0.000176 ***
---
Signif. codes:  0 '***' 0.001 '**' 0.01 '*' 0.05 '.' 0.1 ' ' 1

Residual standard error: 0.3862 on 7 degrees of freedom
Multiple R-squared:  0.8813,     Adjusted R-squared:  0.8644
F-statistic: 51.98 on 1 and 7 DF,  p-value: 0.0001759
```

用加权最小二乘法得到的 Logistic 回归方程为：

$$\hat{p}_i=\frac{\exp(-0.849+0.149x)}{1+\exp(-0.849+0.149x)} \tag{9.12}$$

利用式（9.12）可以对 $x_0=8$ 时的购房比例做预测，有

$$\hat{p}_i=\frac{\exp(-0.849+0.149\times8)}{1+\exp(-0.849+0.149\times8)}$$

$$=\frac{1.409}{1+1.409}=0.585$$

因此，年收入8万元的家庭预计实际购房比例为58.5%，这个结果与未加权的结果很接近。

上例是只有一个自变量的情况，分组数据的Logistic回归模型可以很方便地推广到多个自变量的情况，在此就不举例说明了。

分组数据的Logistic回归只适用于大样本的分组数据，对小样本的未分组数据不适用，并且以组数c为回归拟合的样本量，使拟合的精度降低。实际上，我们可以用极大似然估计直接拟合未分组数据的Logistic回归模型，以下就介绍这种方法。

9.3.2 未分组数据的Logistic回归模型

设y是0－1型变量，x_1，x_2，…，x_p是与y相关的确定性变量，n组观测数据为(x_{i1}，x_{i2}，…，x_{ip}；y_i)（$i=1, 2, \cdots, n$），其中y_1，y_2，…，y_n是取值为0或1的随机变量，y_i与x_{i1}，x_{i2}，…，x_{ip}的关系为：

$$E(y_i)=\pi_i=f(\beta_0+\beta_1 x_{i1}+\beta_2 x_{i2}+\cdots+\beta_p x_{ip})$$

其中函数$f(x)$是值域在[0，1]区间内的单调增函数，对于Logistic回归，有

$$f(x)=\frac{\mathrm{e}^x}{1+\mathrm{e}^x}$$

于是y_i遵从均值为$\pi_i=f(\beta_0+\beta_1 x_{i1}+\beta_2 x_{i2}+\cdots+\beta_p x_{ip})$的0－1型分布，概率函数为：

$$P(y_i=1)=\pi_i$$
$$P(y_i=0)=1-\pi_i$$

可以把y_i的概率函数合写为：

$$P(y_i)=\pi_i^{y_i}(1-\pi_i)^{1-y_i},\quad y_i=0,1;\ i=1,2,\cdots,n \tag{9.13}$$

于是y_1，y_2，…，y_n的似然函数为：

$$L=\prod_{i=1}^{n}P(y_i)=\prod_{i=1}^{n}\pi_i^{y_i}(1-\pi_i)^{1-y_i} \tag{9.14}$$

对似然函数取自然对数，得

$$\begin{aligned}\ln L&=\sum_{i=1}^{n}[y_i\ln\pi_i+(1-y_i)\ln(1-\pi_i)]\\&=\sum_{i=1}^{n}\left[y_i\ln\frac{\pi_i}{(1-\pi_i)}+\ln(1-\pi_i)\right]\end{aligned}$$

对于Logistic回归，将

$$\pi_i = \frac{\exp(\beta_0 + \beta_1 x_{i1} + \cdots + \beta_p x_{ip})}{1 + \exp(\beta_0 + \beta_1 x_{i1} + \cdots + \beta_p x_{ip})}$$

代入，得

$$\ln L = \sum_{i=1}^{n} \{ y_i (\beta_0 + \beta_1 x_{i1} + \cdots + \beta_p x_{ip}) - \ln[1 + \exp(\beta_0 + \beta_1 x_{i1} + \cdots + \beta_p x_{ip})] \} \tag{9.15}$$

极大似然估计就是选取 β_0，β_1，β_2，…，β_p 的估计值 $\hat{\beta}_0$，$\hat{\beta}_1$，$\hat{\beta}_2$，…，$\hat{\beta}_p$，使式 (9.15) 达到极大。求解过程需要用数值计算，R 软件拥有求解功能。

【例 9-3】 在一次关于公共交通的社会调查中，一个调查项目为“是乘坐公交车还是骑自行车上下班”。因变量 $y=1$ 表示主要乘坐公交车上下班，$y=0$ 表示主要骑自行车上下班。自变量 x_1 是年龄，作为连续型变量；x_2 是月收入（元）；x_3 是性别，$x_3=1$表示男性，$x_3=0$ 表示女性。调查对象为工薪族群体，数据见表 9-6，试建立 y 与自变量间的 Logistic 回归。

表 9-6

序号	性别	年龄(岁)	月收入(元)	y	序号	性别	年龄(岁)	月收入(元)	y
1	0	18	850	0	15	1	20	1 000	0
2	0	21	1 200	0	16	1	25	1 200	0
3	0	23	850	1	17	1	27	1 300	0
4	0	23	950	1	18	1	28	1 500	0
5	0	28	1 200	1	19	1	30	950	1
6	0	31	850	0	20	1	32	1 000	0
7	0	36	1 500	1	21	1	33	1 800	0
8	0	42	1 000	1	22	1	33	1 000	0
9	0	46	950	1	23	1	38	1 200	0
10	0	48	1 200	0	24	1	41	1 500	0
11	0	55	1 800	1	25	1	45	1 800	1
12	0	56	2 100	1	26	1	48	1 000	0
13	0	58	1 800	1	27	1	52	1 500	1
14	1	18	850	0	28	1	56	1 800	1

我们使用 glm 函数进行 Logsitic 回归。

```
> rm(list = ls())
> ex9.3 <- read.table("例 9-3.txt", head = TRUE, fileEncoding = "utf8")
> head(ex9.3)
序号 性别 年龄 月收入 y
1      1     0   18    850 0
```

```
2      2    0    21    1200 0
3      3    0    23     850 1
4      4    0    23     950 1
5      5    0    28    1200 1
6      6    0    31     850 0
> fit9.3_full <- glm(y~性别 + 年龄 + 月收入, binomial(link = "logit"), data = ex9.3)
> summary(fit9.3_full)
Coefficients:
               Estimate  Std. Error  z value Pr(>|z|)
(Intercept)  -3.655016   2.091218   -1.748   0.0805.
性别         -2.501844   1.157815   -2.161   0.0307 *
年龄          0.082168   0.052119    1.577   0.1149
月收入        0.001517   0.001865    0.813   0.4160
```

从输出结果可以看到，月收入不显著，决定将其剔除。用 y 对性别与年龄两个自变量做回归。

```
> fit9.3<- glm(y~性别 + 年龄, binomial(link = "logit"), data = ex9.3)
> summary(fit9.3)
Coefficients:
             Estimate Std. Error  z value Pr(>|z|)
(Intercept)  -2.6285    1.5537   -1.692   0.0907.
性别         -2.2239    1.0476   -2.123   0.0338 *
年龄          0.1023    0.0458    2.233   0.0256 *
```

可以看到，性别（SEX）、年龄（AGE）两个自变量都是显著的，因而最终的回归方程为：

$$\hat{p}_i=\frac{\exp(-2.6285-2.2239\mathrm{SEX}+0.1023\mathrm{AGE})}{1+\exp(-2.6285-2.2239\mathrm{SEX}+0.1023\mathrm{AGE})}$$

以上方程式表明，女性乘公交车的比例高于男性，年龄越大，乘公交车的比例也越高。

R 软件没有给出 Logistic 回归的标准化回归系数，对于 Logistic 回归，回归系数也没有普通线性回归那样的解释，因而标准化回归系数并不重要。如果要考虑每个自变量在回归方程中的重要性，不妨直接比较 z 值（或 Sig. 值），z 值大者（或 Sig. 值小者）显著性高，也就更重要。当然，这里假定自变量间没有强的复共线性，否则回归系数的大小及其显著性概率都没有意义。

该例中的性别变量严格来说是一个分类变量，读者可以尝试利用 Categorical 按钮将年龄定义为 Categorical 变量，观察输出的结果有什么不同，并做出解释。

9.4　Logistic 回归的方法及步骤

鉴于 Logistic 回归与判别分析的相似性，我们可以对比两种方法的相似性和不同点。Logistic 回归的自变量可以是定量变量或定性变量（需要编码），这样可以检验自变量对于 Logistic 回归模型的贡献、自变量的显著性以及 Logistic 模型的判别精度。Logistic 回归一般有以下几个步骤：(1) 选择自变量和因变量。这里因变量为分组变量（限于篇幅，我们仅介绍因变量分两组的情况），自变量可以是定量变量和定性变量。Logistic 回归对于资料数据有较强的稳健性(robustness)，无须各组自变量的协方差阵相等的假定。(2) 将一部分样品用于估计 Logistic 函数（分析样品），另一部分样品用于检验模型的判别精度（保留样品）。(3) 模型中假定自变量之间不存在高度相关，因变量发生概率的模型为 Logistic 模型，这样我们可以进行 Logistic 回归估计。(4) 估计模型参数，评估拟合情况。我们选择回归估计的方法对回归参数进行估计并检验回归参数的显著性，对模型的拟合程度进行检验。(5) 解释所得到的模型结果。通过参数的显著性和符号、大小来解释自变量对因变量的意义。(6) 通过保留样本来验证模型的判别精度。

Logistic 回归的逻辑框图如图 9-3 所示。

图 9-3　Logistic 回归逻辑框图

分组数据的 Logistic 回归首先要对频率做 Logit 变换，变换公式为 $p_i'=\ln\left(\frac{p_i}{1-p_i}\right)$，这个变换要求 $p_i=m_i/n_i\neq0$ 或 1，即要求 $m_i\neq0$，$m_i\neq n_i$。当存在 $m_i=0$ 或 $m_i=n_i$ 时，可以用如下的修正公式计算样本频率：

$$p_i=\frac{m_i+0.5}{n_i+1} \tag{9.16}$$

分组数据的 Logistic 回归存在异方差性，需要采用加权最小二乘估计。除了式 (9.11) 给出的权函数 $w_i=n_ip_i(1-p_i)$ 之外，也可以通过二阶段最小二乘法确定权函数。

第一阶段是用普通最小二乘拟合回归模型。

第二阶段是从第一阶段的结果估计出组比例 $\hat{p}_i$，用权数 $w_i = n_i \hat{p}_i (1-\hat{p}_i)$ 做加权最小二乘。具体参见参考文献［2］。

Logistic 回归的应用非常广泛。我们将 Logistic 回归建模方法用于标准化试题的评价也得到了很有意义的结果，详见参考文献［4］。

在因变量为多组（大于两组）的情况下，也可以使用 Logistic 回归模型。Logistic 回归分析大部分用于构建二元（dichotomous）因变量与一组解释变量之间的关系，不过有时候因变量多于两水平，Logistic 回归仍可使用，称为多元（polytomous）Logistic 回归，它应用于很多研究领域，如构建疾病的轻、中、重的严重性与患者的年龄、性别及其他感兴趣的解释变量的关系。多元 Logistic 回归模型是二元 Logistic 回归模型的推广，这种推广使问题变得很复杂，由于模型的构建基础、偏差的使用及统计推断不同，可以利用逼近法配合几个二元 Logistic 回归模型做多元 Logistic 回归。这里不做详细介绍，详见参考文献［5］、［8］。

参考文献

［1］张尧庭. 定性资料的统计分析. 桂林：广西师范大学出版社，1991.

［2］王国梁，何晓群. 多变量经济数据统计分析. 西安：陕西科学技术出版社，1993.

［3］约翰·内特，等. 应用线性回归模型. 北京：中国统计出版社，1990.

［4］何晓群，等. 多元统计分析在考试评价中的应用. 国家教育部课题报告，2000.

［5］何晓群. 应用回归分析：R 语言版. 北京：电子工业出版社，2017.

［6］黄登源. 应用回归分析. 台北：华泰文化事业公司，1998.

［7］阿兰·阿格莱斯蒂. 分类数据分析. 重庆：重庆大学出版社，2012.

思考与练习

1. 简述对数线性模型应用的原理。
2. 试建立一个实际问题的对数线性模型。
3. Logistic 回归模型在处理问卷调查数据中有何应用？
4. 试用 R 软件建立一个实际问题的 Logistic 回归模型。

第 10 章 Chapter 10 多变量的图表示法

学习目标

1. 理解各种多变量图表示法的作图思想；
2. 了解各种多变量图表示法的作图方法；
3. 能够利用软件对多元资料作图；
4. 能够利用所作的多变量图形对数据进行探索性分析。

图形是对资料进行探索性研究的重要工具，人们在运用其他统计方法对所得资料进行分析之前，往往习惯于把各资料在一张图上画出来，以直观地反映资料的分布情况及各变量之间的相关关系。当变量较少时，可以采用直方图、条形图、饼图、散点图或经验分布的密度图等方法。对于变量个数少于 3 个的情况，这样做是简单而有效的。当变量个数为 3 时，虽然仍可以作三维的散点图，但这样已经不是很方便。当变量个数大于 3 个时，就不能用通常的方法作图了。20 世纪 70 年代以来，统计学家研究发明了很多多维变量的图表示方法，借助图形来描述多元资料的统计特性，使图形直观、简洁的优点延伸到多变量的研究中。本章主要介绍散点图矩阵、脸谱图、雷达图等多变量的图表示法的基本思想及作图方法。

因为对资料的图表示法只是以一种直观的方式再现资料，不同的研究者习惯的资料显示方式可能会有很大不同，因此，不同于其他统计方法，大部分图表示法都没有非常严格的画图方法，研究者可以根据自己的习惯设定某些规则，以更方便地揭示资料之间的联系。因此，本章对各种图表示方法原则上只给出作图的思想及思路而不对严格的数学公式做过多说明。

10.1 散点图矩阵

散点图矩阵是借助两变量散点图的作图方法，它可以看作一个大的图形方阵，其每一个非主对角元素的位置上是对应行的变量与对应列的变量的散点图，主对角元素位置上是各变量名，这样可以清晰地看到所研究的多个变量两两之间的相关关系。由此也可以看出，散点图矩阵方法还不是真正意义上的多变量作图方法，它研究的仍是两两变量之间的相关关系而不能直接反映多个变量之间的关系，借助它来对资料分类也是比较困难的。然而，因直观、简单、容易理解，散点图矩阵还是越来越受广大实际工作者的喜爱，很多统计软件也加入了作散点图矩阵的功能。下面举例说明如何用 R 软件作散点图矩阵对资料进行分析。

【例 10-1】 以 3.7.1 节中 15 个亚洲国家和地区的经济水平及人口状况数据为例，具体说明使用 R 软件作散点图矩阵的步骤，并对输出的散点图矩阵进行简要分析。

具体的 R 代码如下所示：

```
rm(list = ls())
ex10.1 <- read.table("表 3-7.txt", head = TRUE, fileEncoding = "utf8")
colnames(ex10.1) <- c("id", "人均 GDP","粗死亡率","粗出生率", "城镇人口比重", "平均期望寿命","65 岁及以上人口比重")
head(ex10.1)
plot(ex10.1[, -1])
```

输出结果如图 10-1 所示。

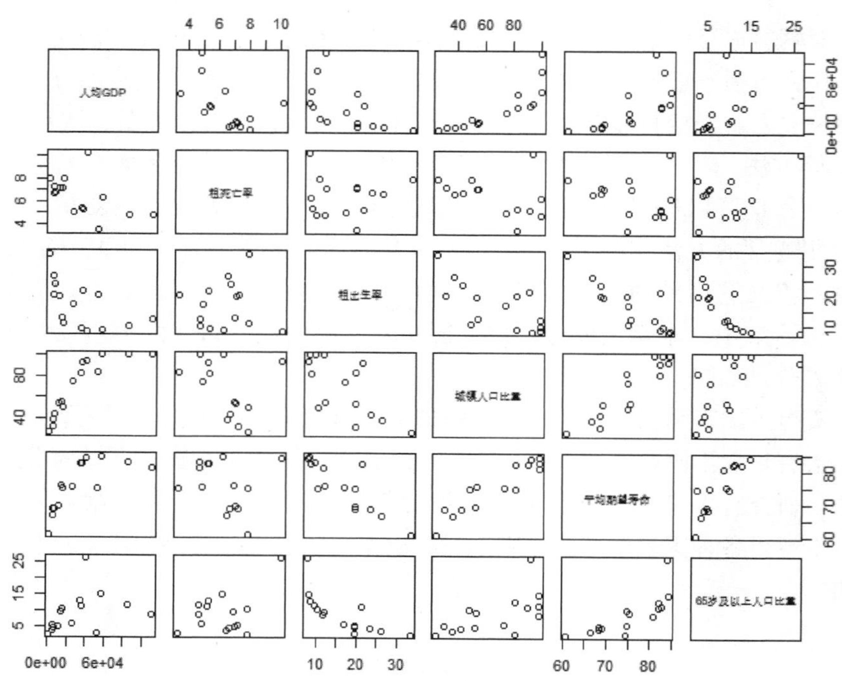

图 10-1 散点图

由散点图矩阵可以看到，粗死亡率与其余 5 个变量的相关关系均不明显，平均期望寿命与粗出生率和城镇人口比重均有明显的线性相关关系，人均 GDP 与城镇人口比重以及平均期望寿命存在某种曲线关系。还可以看出其他变量之间的相关关系，此处不再赘述。

10.2　脸谱图

脸谱图是用脸谱来表达多变量的样品，由美国统计学家 H. 切尔诺夫（H. Chernoff）于 1970 年首先提出。该方法是将观测的 p 个变量（指标）分别用脸的某一部位的形状或大小来表示，一个样品（观测）可以画成一张脸谱。他首先将该方法用于聚类分析，引起了各国统计学家的极大兴趣，并对他的画法做出了改进。一些统计软件也收入了脸谱图分析法，国内也有很多研究者将该方法应用于多元统计分析。

脸谱图分析法的基本思想是由 15～18 个指标决定脸部特征，若实际资料变量更多将被忽略（有新的画图方法取消了脸的对称性并引入更多脸部特征，从而最多可以用 36 个变量来画脸谱），若实际资料变量较少则脸部有些特征将被自动固定。统计学家曾给出几种不同的脸谱图的画法，对于同一种脸谱图的画法，将变量次序重新排列，得到的脸谱形状也会有很大不同。此处我们不对脸部的各个部位与原始变量的数学关系做过多探讨，只说明其作图的思想及软件实现方法。

按照切尔诺夫于 1973 年提出的画法，采用 15 个指标，各指标代表的面部特征为：1 表示脸的范围；2 表示脸的形状；3 表示鼻子的长度；4 表示嘴的位置；5 表示笑容曲线；6 表示嘴的宽度；7～11 分别表示眼睛的位置、分开程度、角度、形状和宽度；12 表示瞳孔的位置；13～15 分别表示眼眉的位置、角度及宽度。这样，按照各变量的取值，根据一定的数学函数关系，就可以确定脸的轮廓、形状及五官的部位、形状，每一个样本点都用一张脸谱来表示。脸谱容易给人们留下较深刻的印象，通过对脸谱的分析，就可以直观地对原始资料进行归类或比较研究。

R 软件提供了绘制脸谱图的函数，下面举例说明如何使用 R 软件画脸谱图。

【例 10－2】以交通运输业 30 家上市公司的 10 项财务指标数据（在例 6－2 原 8 项指标的基础上加入了固定资产比率（X_9）和净资产比率（X_{10}）两个衡量公司资本构成的指标变量，数据见表 10－1，由于例 6－2 主要分析公司的经济效益，因此仅对前 8 个变量进行了因子分析）为例，说明绘制脸谱图的方法。

表 10－1　2017 年交通运输业上市公司的财务指标数据（2）

上市公司	X_1	X_2	X_3	X_4	X_5	X_6	X_7	X_8	X_9	X_{10}
西部创业	0.060 0	2.759 1	2.190 0	13.19	1.72	5.90	0.19	0.13	68.90	79.77
铁龙物流	0.253 0	4.032 5	6.438 0	2.83	4.05	3.63	4.22	1.43	34.52	59.64
大秦铁路	0.900 0	6.686 2	13.500 0	23.99	10.63	25.57	0.77	0.44	57.95	77.85
广深铁路	0.140 0	4.049 5	3.590 0	5.54	3.04	50.13	0.77	0.55	69.47	84.38

续表

上市公司	X_1	X_2	X_3	X_4	X_5	X_6	X_7	X_8	X_9	X_{10}
渤海轮渡	0.750 0	6.732 4	11.670 0	24.00	8.83	25.79	0.48	0.37	73.88	73.77
深圳机场	0.322 5	5.446 4	6.050 0	19.92	5.17	438.82	0.44	0.26	56.39	85.15
中信海直	0.150 0	4.862 6	3.150 0	7.17	1.73	3.22	0.42	0.24	52.39	52.43
白云机场	0.820 0	7.251 8	12.240 0	23.60	7.93	53.26	0.87	0.34	38.21	66.64
上海机场	1.910 0	13.042 0	15.530 0	45.69	13.52	206.53	0.86	0.3	32.88	91.23
南方航空	0.600 0	4.916 1	12.840 0	4.64	2.82	69.59	0.84	0.61	72.49	22.72
东方航空	0.439 1	3.670 8	12.640 0	6.25	2.90	40.73	0.65	0.47	71.72	23.35
海航控股	0.182 0	3.117 6	5.910 0	5.55	1.92	376.10	0.91	0.35	37.45	29.20
外运发展	1.494 2	9.035 0	17.160 0	21.80	14.31	744.18	7.16	0.66	9.70	81.24
厦门空港	1.379 4	11.440 2	12.160 0	24.74	9.41	4 215.49	0.54	0.38	69.28	76.96
中国国航	0.540 0	6.270 0	8.960 0	5.97	3.15	62.37	0.79	0.53	67.15	36.54
湖南投资	0.260 0	3.298 0	8.190 0	13.43	5.85	0.98	3.21	0.44	14.83	79.10
上港集团	0.497 8	2.998 4	17.918 0	30.83	8.94	1.62	1.11	0.29	23.36	49.20
现代投资	0.570 0	5.622 1	10.560 0	8.17	3.84	10.83	4.39	0.47	10.02	37.11
富临运业	0.329 2	3.475 5	9.790 0	9.60	3.67	240.52	1.33	0.38	26.77	40.14
宜昌交运	0.757 0	10.829 0	9.070 0	5.44	3.85	10.11	3.29	0.71	17.84	57.92
中远海能	0.438 1	6.924 5	6.384 4	18.10	2.98	13.55	0.26	0.16	67.73	46.24
皖通高速	0.658 0	5.654 8	12.120 0	38.14	8.00	186.79	3.13	0.21	6.66	66.16
中原高速	0.401 6	4.402 4	9.690 0	20.06	2.38	2.39	0.32	0.12	35.33	26.40
福建高速	0.239 1	3.166 9	7.660 0	26.52	3.69	105.39	0.16	0.14	85.22	49.28
长江投资	−0.300 0	2.359 2	−11.180 0	−3.30	−3.80	11.69	7.87	1.15	17.62	36.24
山东高速	0.550 0	5.530 5	10.290 0	35.83	5.49	0.78	1.14	0.15	11.27	52.34
五洲交通	0.440 0	3.925 1	11.570 0	20.52	3.33	0.36	0.28	0.16	59.43	30.61
宁沪高速	0.712 2	4.668 8	16.060 0	37.94	9.11	1.41	5.44	0.24	4.09	55.30
锦江投资	0.449 0	6.093 5	7.480 0	10.45	5.49	20.51	2.21	0.53	22.57	73.98
交运股份	0.430 0	5.472 8	8.130 0	4.79	4.96	8.21	3.72	1.04	28.00	63.52

R 软件中，画脸谱图的函数 faces() 包含在 aplpack 包中，因此在 R 软件中需要先安装并加载该包。

faces() 函数的使用格式为：

```
faces(xy,which.row,fill=FALSE,face.type=1,nrow.plot,ncol.plot,scale=
TRUE,byrow=FALSE,…)
```

其中，xy 代表数据矩阵，行表示样品，列表示变量；which. row 用于定义输入矩阵的行；face. type取值范围为 0～2，0 表示无颜色，1 表示彩色，2 表示彩色的圣诞老人，默认的设定为 1；nrow. plot 和 ncol. plot 分别为设定输出图形每行脸谱图的个数和每列脸谱图的个数的参数；scale＝TRUE 表示默认对数据进行标准化；byrow＝FALSE 表示输出脸谱图时按照列排序。另外，与前面所述一致，使用 faces() 函数画完整的脸谱图共需 15 个变量，当实际数据变量较少时，脸部有些特征将被自动固定，只有前 p（p 为变量个数）个特征被更换，此时对应的参数 fill＝TRUE；当 fill＝FALSE 时，部分变量将会被重复使用。下面的表 10－2 具体给出了绘制脸谱图的代码。

表 10－2　计算代码

```
install.packages("aplpack")#安装 aplpack 包
library (aplpack) #加载 aplpack 包
library (foreign) #加载 foreign 包以便于下面调用 read.spss()函数
fdata<-read.spss("E:/例 10-2.sav")  #读取例 10-2 的 SPSS 数据文件数据,数据中包含 10 个指标变量
fdata<-as.data.frame(fdata)  #转换数据格式
rownames (fdata)<-fdata[,1]  #数据的第一列为上市公司的名称,将其作为数据的行名
fdata<-fdata[,-1]  #将数据的第一列删除,仅保留 10 个指标变量 X1,X2,…,X10 的数据
faces (fdata,face.type=0) #画无色的脸谱图
```

运行以上代码，得到如下脸谱图，如图 10－2 所示。

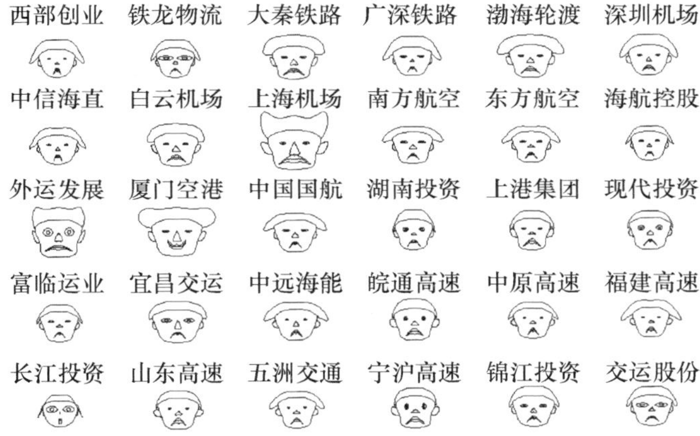

图 10－2　脸谱图

运行代码后除了输出相应的脸谱图外，还输出了各变量对应的脸谱图的部位，分别为 X_1：脸庞高度；X_2：脸庞宽度；X_3：脸庞轮廓；X_4：嘴唇高度；X_5：嘴唇宽度；X_6：笑容曲线；X_7：眼睛高度；X_8：眼睛宽度；X_9：头发高度；X_{10}：头发宽度；X_1：头发造型；X_2：鼻子高度；X_3：鼻子宽度；X_4：耳朵宽度；X_5：耳朵高度。（注：由于本例只有 10 个变量，但这里脸谱图由 15 个特征构成，所以这里 X_1 到 X_5 都表示两个脸部特征。如脸庞高度和头发造型都由变量 X_1 决定。）

脸谱图形象直观，容易留下较深刻的印象，可以根据脸谱图对各公司的经营状况等进行比较。比如从脸的高度和脸的宽度（公司收益）来看，上海机场和厦门空港处于较高水平，长江投资和西部创业明显处于较低水平，类似可以对其他指标进行分析。从总体来看，上海机场、厦门空港和外运发展三家上市公司的总体经营状况最好，公司规模

也相对较大。利用脸谱图，还可以从直观上对各个公司进行归类。由输出结果可看出，上海机场、厦门空港和外运发展大致可归为一类；大秦铁路、渤海轮渡、白云机场和宜昌交运大致可归为一类；西部创业、广深铁路、深圳机场、中信海直、东方航空、中国国航、中远海能、福建高速、五洲交通和交运股份可归为一类；其他公司可归为一类。

在利用脸谱图工具对观测进行比较分析时值得注意的一点是脸谱的形状受各变量次序的影响很大。在本例中如果把10个指标的次序换一下，得到的脸谱图就会有很大不同。根据脸谱图对各公司的归类有很强的主观性，因为不同的人所关注的脸的部位有很大不同，如有些人对脸的胖瘦比较在意，有的人对五官的印象特别深，因此对同样的脸谱图，不同的人可能得到不同的结论。在实际分析中，该方法必须与聚类、相关等定量分析相结合，才能得到比较合理可信的结论。

【例10-3】 表10-3是反映五大钢铁公司经营状况的十大指标。为了比较国内钢铁公司与韩国浦项钢铁公司的差距，下面作出浦项、宝钢、鞍钢、武钢、首钢五家钢铁公司的脸谱图（见图10-3）。

表10-3

项目	宝钢	鞍钢	武钢	首钢	浦项
负债保障率	2.89	2.95	2.34	1.85	3.12
长期负债倍数	5.16	9.15	6.07	2.63	6.96
流动比率	1.31	1.83	1.16	2.22	2.1
资产利润率	21.71	17.34	24.77	11.89	25.34
收入利润率	23.17	11.33	19.55	7.6	22.28
成本费用利润率	30.23	12.76	24.81	8.05	28.52
净利润现金比率	1.79	0.9	1.7	1.09	1.3
三年资产平均增长率	1.48	7.28	63.3	11.76	13.18
三年销售平均增长率	20.07	29.19	52.88	18.77	24.16
三年平均资本增长率	11.04	10.5	48.95	7.63	17.51

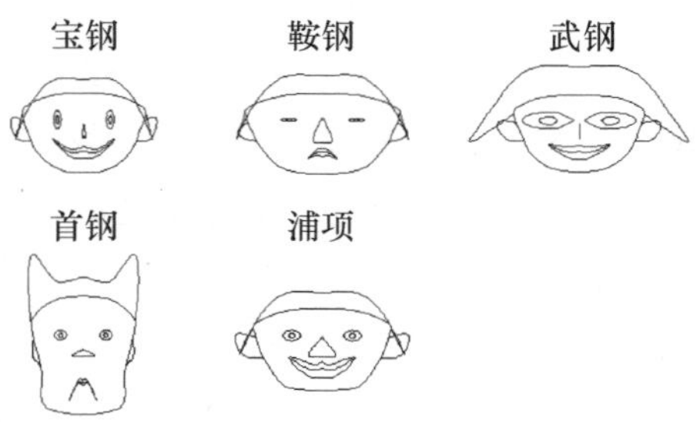

图10-3 五家钢铁公司脸谱图

10.3　雷达图与星图

10.3.1　雷达图

雷达图是目前应用较为广泛的对多元资料进行作图的方法，利用雷达图可以很方便地研究各样本点之间的关系并对样品进行归类。设要分析的资料共有 p 个变量，雷达图的标准画法如下：先画一个圆，将圆 p 等分并由圆心连接各分点，将所得的 p 条线段作为坐标轴，根据各变量的取值对各坐标轴作适当刻度，这样，对每个观测的每个变量的取值在相应坐标轴上都有一个刻度。对任一样本点，可以分别在 p 个轴上确定其坐标，在各坐标轴上点出其坐标并依次连接 p 个点，可以得到一个 p 边形，这样，每一个样本点用一个 p 边形表示出来，通过观察各个 p 边形的形状，就可以对各个样本点的相似性进行分析。当样本数目较小时，可以在一个圆中画出所有的样本点；当样本数目较大时，也可以每一个样本点画一个 p 边形进行分析。

R 包 fmsb 中的函数 radarchart 可以实现雷达图，它适用于观测数较少的情形，这时可以方便地把各观测画到一张图里，便于对各指标进行对比，但是，当观测数比较多时，画到一张雷达图中就不太容易看出各观测之间的接近程度，用 R 当然也可以对每一个观测画一张雷达图，但此时转差率已经很低了。

【例 10-4】沿用例 3-5 分地区城镇居民的人均消费支出数据，使用 R 画雷达图，此处仅对北京和天津两地区画图，方法如下。

```
> rm(list = ls())
> ex10.4 <- read.table("例 10-4.txt", head = TRUE, fileEncoding = "utf8")
> library(fmsb)
> dat10.4 <- ex10.4[, -1]
> rownames(dat10.4) <- ex10.4[, 1]
> # 雷达图的最大最小值
> max_col <- apply(dat10.4, 2, max) + 1000
> min_col <- apply(dat10.4, 2, min) - 1000
> dat104 <- rbind(max_col, min_col, dat10.4)
> radarchart(dat104, col = c(1, 2), lty = c(1,2), axistype = 0, plwd = 2,seg = 2)
> legend(x = 1, y = 1,legend = ex10.4[,1], lty = c(1,2), col = c(1, 2),bty = "n"))
```

我们可以利用 col 参数修改线条的颜色，用 lty 修改线条的虚实，用 plwd 修改线条的粗细，用 seg 修改各轴的段数，用 axistype 修改各轴的标签。输出结果雷达如图 10-4 所示。

根据此雷达图，可以对北京和天津的消费支出结构进行分析，发现北京地区的居住支出远超过天津，其他方面两地区的支出比较近似。

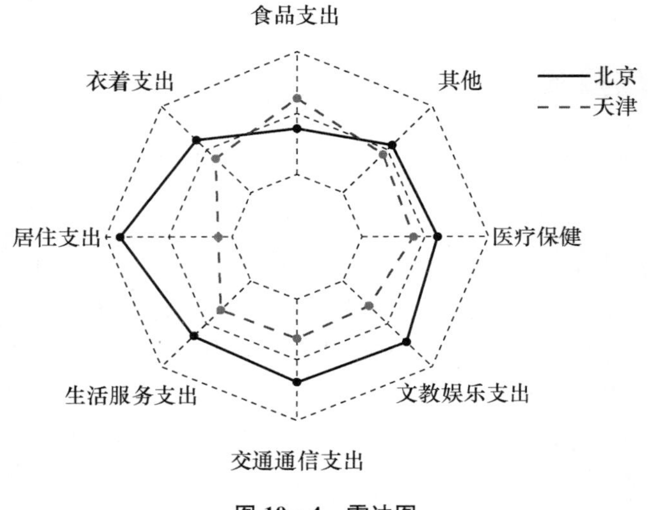

图 10-4 雷达图

10.3.2 星图

星图的形状与雷达图很相似，甚至有的文献把两者看成一回事。R 软件可以一次生成多个观测的星图，每一个观测对应一张星图。使用例 3-5 给出的 31 个省、直辖市、自治区的城镇居民的人均消费支出数据，调用 stars() 函数就可以方便地生成各地区的星图。

stars() 函数的使用格式如下：

```
stars(x,full=TRUE,scale=TRUE,radius=TRUE,labels=dimnames(x)[[1]],
flip.labels=NULL,…)
```

其中，x 代表一个多维数据矩阵或数据框，每一行数据将生成一个星图；full 为逻辑值，决定图形是圆形还是半圆形，默认为 TRUE，输出星图是圆形的；scale 表示是否对数据进行标准化，默认为 TRUE，对数据进行标准化；radius 为是否画出半圆半径，默认为 TRUE，就是画出半径，即星图内部的线段；labels 为每个星图个体的名称，默认为数据的行名；默认设置 flip.labels = NULL 会使变量名和星图之间相互重叠比较乱，设定 flip.labels=FALSE 则输出的变量名会比较整齐。现调用已保存的例 3-5 的 SPSS 数据，使用 R 软件生成 31 个地区的星图，计算代码如表 10-4 所示。

表 10-4 计算代码

```
library(foreign)  #加载 foreign 包以便于下面调用 read.spss()函数
sdata<-read.spss("E:/例 3-5.sav")  #读取例 3-5 的原始 SPSS 数据,数据中包含 8 个指标变量
sdata<-as.data.frame(sdata)  #转换数据格式
rownames(sdata)<-sdata[,1]  #数据的第一列为地区的名称,将其作为数据的行名
sdata<-sdata[,-1]  #将数据的第一列删除,仅保留 8 个指标变量 x1,x2,…,x8 的数据
stars(sdata,flip.labels=FALSE)  #画星图
```

运行以上代码得到星图，如图 10－5 所示。

图 10－5　星图

R 软件所作星图各半径与原变量的对应关系为：从右边起，水平的半径对应第一个变量，逆时针旋转，星图的各半径分别对应第二、第三等各个变量。根据星图各条半径的长短，可以很容易地判断出各地区对应变量的相对水平，以此来分析各地区的消费水平和消费结构。同时，也可以利用星图来对各地区进行归类分析。与脸谱图相比，星图受各变量排列次序的影响更小，受主观影响也较小。由图 10－5 可知，北京、上海的消费水平较高，天津、浙江、江苏、广东的消费水平次之。另外，根据星图的形状可知，河北、内蒙古、辽宁、山东、四川、青海、新疆的消费结构较相似。对其他地区的消费水平或结构，读者可进行类似分析。

10.4　星座图

所谓星座图，就是将所有样本点都点在一个半圆里面，就像天文学中表示星座的图像，根据样本点的位置可以直观地对各样本点之间的相关性进行分析。利用星座图可以方便地对样本点进行分类，在星座图上比较靠近的样本点比较相似，可以分为一类，相距较远的样本点的差异较大。

星座图的基本画图方法为：

(1) 先将资料 $(X_{1i}, X_{2i}, \cdots, X_{pi})$ $(i=1, 2, \cdots, n)$ 进行变换，使其取值范围落到 $(0, \pi)$ 之间，也就是构造函数 $f_j(X)$，使得

$$\begin{cases} B_{ji}=f_j(X_{ji}) \\ 0\leqslant f_j(X_{ji})\leqslant\pi \end{cases} \quad i=1, 2, \cdots, n; j=1, 2, \cdots, p \tag{10.1}$$

取 $f_j(X_{ji})=\dfrac{X_{ji}-\min\{X_{ji},\ i=1,\ 2,\ \cdots,\ n\}}{\max\{X_{ji},\ i=1,\ 2,\ \cdots,\ n\}-\min\{X_{ji},\ i=1,\ 2,\ \cdots,\ n\}}\pi$。

（2）对每一变量赋予一个权重 w_j，满足

$$\sum_{j=1}^{p} w_j = 1 \tag{10.2}$$

作图时，权数可以采用随机数的方法产生，也可以取 $w_j=\dfrac{1}{p}$。

（3）画一个半径为 1 的上半圆及底部的直径，以原点 O 为圆心、w_1 为半径再画一个上半圆，将其弧度为 B_{11} 的地方记为 O_1，以 O_1 为圆心画上半圆，将其弧度为 B_{12} 的地方记为 O_2，依此类推，则 O_p 点即为第一个样本点的位置，同理可以画出所得资料所有的点。可以看出，第 k 组样品的星座 Z_k 为：

$$Z_k = \sum_{j=1}^{p} w_j \mathrm{e}^{iB_{jk}} \tag{10.3}$$

则 Z_k 的路径为：

$$\sum_{j=1}^{p} w_j \cos B_{jk} \text{ 和} \sum_{j=1}^{p} w_j \sin B_{jk},\quad k=1,\ 2,\ \cdots,\ n \tag{10.4}$$

（4）根据星座图上点的位置及路径判断各样本点之间的接近程度，进而可以对样本点进行归类分析。

在实际工作中，人们往往去掉各样本点的路径部分而仅保留其在星座图上的位置，并根据各点位置的接近程度分析样本点之间的接近程度。目前常用的统计软件均没有直接生成星座图的模块，但是画星座图实际上非常简单。按照上面的方法，对数据进行规格化，对每一个变量赋予适当的权重，然后以式（10.4）各点的路径作为在星座图中的坐标画出各点的散点图，则画出的散点图实际上就是星座图。这里不再详细说明。此处沿用例 10－2 所用的数据，对交通运输业 30 家上市公司按此方法得到星座图（见图 10－6）。

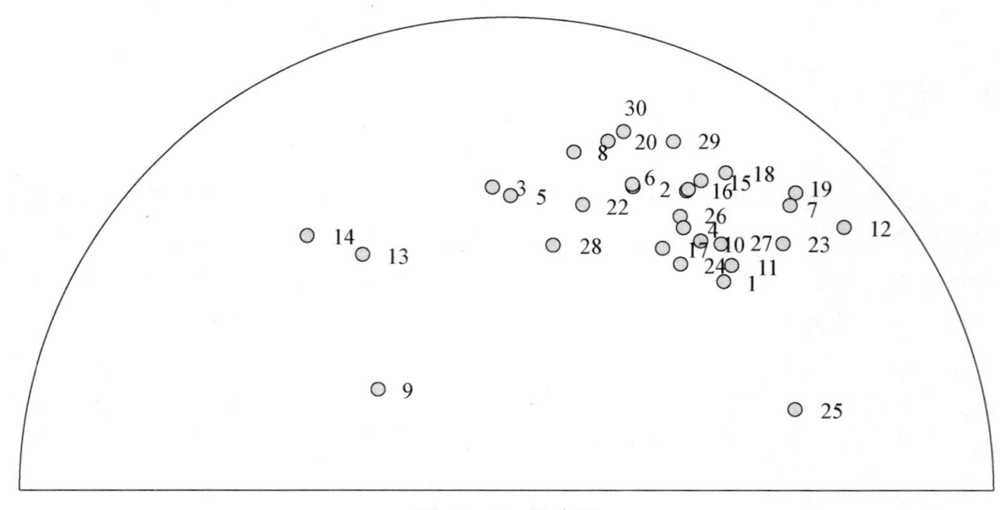

图 10－6　星座图

由图 10-6 中各公司在星座图中的接近程度可以直观地对各公司进行分类。如果考虑把 30 个公司分成 4 类，则上海机场、外运发展、厦门空港可归为一类，长江投资可单独成类，铁龙物流、大秦铁路、渤海轮渡、深圳机场、白云机场、宜昌交运、皖通高速、宁沪高速、锦江投资、交运股份可归为一类，其他公司可归为一类。此种归类与上面根据其他多变量图表示法得到的归类是有区别的，因此实际工作中应用这些方法时，建议多种方法综合使用，以得到比较可信的结论。

除本章介绍的几种方法外，多变量的图表示法还有塑像图、轮廓图、树形图等方法。这几种方法也是对每一个观测生成一张图，图形的不同部分表示观测不同指标的取值。有兴趣的读者可以参阅参考文献 [1]。总体来说，多变量的图表示法使资料的呈现方式更直观、更形象，借助这些工具可以使研究者对资料有较深的印象，利用这些作图方法，可以帮助研究者对资料进行探索性分析，有助于进行更为专业的定量分析，形成合理结论。但是，多变量的图表示法只是给人一种大概的印象，利用它来形成结论还不够，实践中必须结合其他统计分析方法和所分析的具体问题，综合定量分析与定性分析，才能得到较为合理可信的结论。

参考文献

[1] 方开泰. 实用多元统计分析. 上海：华东师范大学出版社，1989.

[2] 吴国富，安万福，刘景海. 实用数据分析方法. 北京：中国统计出版社，1992.

[3] 王学仁，王松桂. 实用多元统计分析. 上海：上海科学技术出版社，1990.

思考与练习

1. 试述多变量的图表示法的思想方法和实际意义。
2. 试对某一多变量实际问题分别画散点图矩阵、脸谱图、雷达图、星座图等。

第 11 章

Chapter 11

多维标度法

学习目标

1. 理解多维标度法的模型；
2. 了解求解的古典法和非度量法；
3. 能够解释维数在空间图中的表现；
4. 掌握实现多维标度法的软件模块。

多维标度法（multidimensional scaling，MDS）是通过一系列技巧，使研究者识别构成受测者对样品进行评价基础的关键维数。比如，多维标度法常用于市场研究，以识别构成顾客对产品、服务或者公司的评价基础的关键维数。其他应用包括比较自然属性（比如食品口味或者不同的气味），对政治候选人或事件的了解，甚至评估不同群体的文化差异。多维标度法通过受测者所提供的对样品的相似性或者偏好的判断推导出内在的维数。一旦有数据，多维标度法可以确定：（1）评价样品时受测者使用什么维数；（2）在特定情况下可能使用多少维数；（3）每个维数的相对重要性；（4）如何获得样品关联的感性认识。

本章主要根据参考文献［1］来介绍多维标度法的思想原理及其应用。

11.1　多维标度法的基本理论和方法

多维标度法是在一个确定维数的空间中估计一组样品的坐标，它的数据是配对样品间的距离。有很多模型可以用来计算距离和使距离与实际数据相关联。多维标度模型有两因子和三因子的度量和非度量的多维标度模型。多维标度过程的数据包括样品间的一个或者多个对称或者不对称方阵。这样的数据也称为相似性数据。在心理分析中，每个矩阵对应一个主体，对每个主体拟合不同参数的模型称为个体差异模型。

为了说明多维标度法，先看一个经典的例子，参见参考文献 [1]。

【例 11-1】 表 11-1 列出了英国 12 个城市间公路的距离，由于公路弯弯曲曲，这些距离并不是城市间真正的距离。我们希望在地图上重新标出这 12 个城市，使它们之间的距离很接近表 11-1 中的距离。

表 11-1　英国 12 个城市间的公路距离

	1	2	3	4	5	6	7	8	9	10	11	12
1												
2	244											
3	218	350										
4	284	77	369									
5	197	167	347	242								
6	312	444	94	463	441							
7	215	221	150	236	279	245						
8	469	583	251	598	598	169	380					
9	166	242	116	257	269	210	55	349				
10	212	53	298	72	170	392	168	531	190			
11	253	325	57	340	359	143	117	264	91	273		
12	270	168	284	164	277	378	143	514	173	111	256	

1＝Aberystwyth，2＝Brighton，3＝Carlisle，4＝Dover，5＝Exeter，6＝Glasgow，7＝Hull，8＝Inverness，9＝Leeds，10＝London，11＝Newcastle，12＝Norwich.

如果用 $\boldsymbol{D}=(d_{ij})$ 表示表 11-1 的矩阵，它名义上是距离阵，但并不一定是 n 个点的距离，即不是通常所理解的距离阵。于是首先需要将距离阵的概念加以拓展。

定义 11.1　一个 $n\times n$ 矩阵 $\boldsymbol{D}=(d_{ij})$，若满足 $\boldsymbol{D}'=\boldsymbol{D}$，$d_{ii}=0$，$d_{ij}\geqslant 0$（$i, j=1, 2, \cdots, n$；$i\neq j$），则称 $\boldsymbol{D}$ 为距离阵。

这样定义的距离并不一定满足通常距离的三角不等式。

对于距离阵 $\boldsymbol{D}=(d_{ij})$，多维标度法的目的是要寻找 k 和 R^k 中的 n 个点 $\boldsymbol{x}_1, \boldsymbol{x}_2, \cdots, \boldsymbol{x}_n$，用 $\hat{d}_{ij}$ 表示 $\boldsymbol{x}_i$ 与 $\boldsymbol{x}_j$ 的欧氏距离，$\hat{\boldsymbol{D}}=(\hat{d}_{ij})$，使得 $\hat{\boldsymbol{D}}$ 与 $\boldsymbol{D}$ 在某种意义下相近。在实际中，常取 $k=1, 2$ 或 3。

令

$$\boldsymbol{X}=(\boldsymbol{x}_1, \boldsymbol{x}_2, \cdots, \boldsymbol{x}_n) \tag{11.1}$$

为了叙述简单，我们称 $\boldsymbol{X}$ 为 $\boldsymbol{D}$ 的拟合构造点。当 $\hat{\boldsymbol{D}}=\boldsymbol{D}$ 时，$\boldsymbol{X}$ 称为 $\boldsymbol{D}$ 的构造点。

需要指出的是，多维标度法的解并不唯一。若 $\boldsymbol{X}$ 是解，令

$$\boldsymbol{y}_i=\boldsymbol{\Gamma}\boldsymbol{x}_i+\boldsymbol{a}$$

式中，$\boldsymbol{\Gamma}$ 为正交阵，$\boldsymbol{a}$ 为常数向量，则 $\boldsymbol{Y}=(\boldsymbol{y}_1, \boldsymbol{y}_2, \cdots, \boldsymbol{y}_n)$ 也是解，因为平移和正交变

换不改变欧氏距离。

下面利用主成分分析的思想给出求古典解的方法，并讨论古典解的优良性。本章还给出非度量法的一些描述。

11.2　多维标度法的古典解

11.2.1　欧氏型距离阵

定义 11.2　一个距离阵 $\boldsymbol{D}=(d_{ij})$ 称作欧氏型的，若存在某个正整数 p 及 p 维空间的 n 个点 $\boldsymbol{x}_1$，$\boldsymbol{x}_2$，…，$\boldsymbol{x}_n$，使得

$$d_{ij}^2=(\boldsymbol{x}_i-\boldsymbol{x}_j)'(\boldsymbol{x}_i-\boldsymbol{x}_j),\quad i,j=1,2,\cdots,n \tag{11.2}$$

如何判断一个距离是不是欧氏型的？如何求得欧氏型距离阵对应的 n 个点？这是下面首先要解决的问题。

令

$$\boldsymbol{A}=(a_{ij}),\ a_{ij}=-\frac{1}{2}d_{ij}^2 \tag{11.3}$$

$$\boldsymbol{B}=\boldsymbol{HAH},\ \boldsymbol{H}=\boldsymbol{I}_n-\frac{1}{n}\boldsymbol{1}_n\boldsymbol{1}'_n \tag{11.4}$$

借助这些定义，下面的定理给出判断 $\boldsymbol{D}$ 是否为欧氏型的充分必要条件。

定理 11.1　设 $\boldsymbol{D}$ 是 $n\times n$ 距离阵，$\boldsymbol{B}$ 由式（11.4）所定义，则 $\boldsymbol{D}$ 是欧氏型的，当且仅当 $\boldsymbol{B}\geqslant\boldsymbol{0}$。

证明：设 $\boldsymbol{D}$ 是欧氏型的，则存在 $\boldsymbol{x}_1$，$\boldsymbol{x}_2$，…，$\boldsymbol{x}_n\in R^p$，使得

$$d_{ij}^2=-2a_{ij}=(\boldsymbol{x}_i-\boldsymbol{x}_j)'(\boldsymbol{x}_i-\boldsymbol{x}_j) \tag{11.5}$$

由式（11.4）可得

$$\boldsymbol{B}=\boldsymbol{HAH}=\boldsymbol{A}-\frac{1}{n}\boldsymbol{AJ}-\frac{1}{n}\boldsymbol{JA}+\frac{1}{n^2}\boldsymbol{JAJ} \tag{11.6}$$

式中，$\boldsymbol{J}=\boldsymbol{1}_n\boldsymbol{1}'_n$。注意

$$\frac{1}{n}\boldsymbol{AJ}=\begin{pmatrix}\bar{a}_{1\cdot}\\ \vdots\\ \bar{a}_{n\cdot}\end{pmatrix}\boldsymbol{1}'_n,\ \frac{1}{n}\boldsymbol{JA}=\boldsymbol{1}_n(\bar{a}_{\cdot 1},\cdots,\bar{a}_{\cdot n}),\ \frac{1}{n^2}\boldsymbol{JAJ}=\bar{a}_{\cdot\cdot}\boldsymbol{1}_n\boldsymbol{1}'_n$$

其中

$$\bar{a}_{i\cdot}=\frac{1}{n}\sum_{j=1}^{n}a_{ij},\quad \bar{a}_{\cdot j}=\frac{1}{n}\sum_{i=1}^{n}a_{ij},\quad \bar{a}_{\cdot\cdot}=\frac{1}{n^2}\sum_{i=1}^{n}\sum_{j=1}^{n}a_{ij} \tag{11.7}$$

将它们代入式（11.6），得到

$$b_{ij}=a_{ij}-\bar{a}_{i\cdot}-\bar{a}_{\cdot j}+\bar{a}_{\cdot\cdot} \tag{11.8}$$

再由式（11.5）可求得 a_{ij}，$\bar{a}_{i\cdot}$，$\bar{a}_{\cdot j}$，$\bar{a}_{\cdot\cdot}$，将它们代入式（11.8），得

$$b_{ij}=(\boldsymbol{x}_i-\bar{\boldsymbol{x}})'(\boldsymbol{x}_j-\bar{\boldsymbol{x}}) \tag{11.9}$$

式中

$$\bar{\boldsymbol{x}}=\frac{1}{n}\sum_{i=1}^{n}\boldsymbol{x}_i$$

式（11.9）用矩阵表达为：

$$\boldsymbol{B}=(\boldsymbol{HX})(\boldsymbol{HX})'\geqslant\boldsymbol{0} \tag{11.10}$$

因为 $\boldsymbol{HX}$ 正是将 $\boldsymbol{X}$ 的数据中心化，即

$$\boldsymbol{HX}=(\boldsymbol{X}_1-\bar{\boldsymbol{X}},\boldsymbol{X}_2-\bar{\boldsymbol{X}},\cdots,\boldsymbol{X}_n-\bar{\boldsymbol{X}})' \tag{11.11}$$

反之，若设 $\boldsymbol{B}\geqslant\boldsymbol{0}$，记 $p=\text{rank}(\boldsymbol{B})$，$\lambda_1$，$\lambda_2$，…，$\lambda_p(\lambda_1\geqslant\lambda_2\geqslant\cdots\geqslant\lambda_p)$为 $\boldsymbol{B}$ 的正特征根，$\boldsymbol{x}_{(1)}$，$\boldsymbol{x}_{(2)}$，…，$\boldsymbol{x}_{(p)}$为相应的特征向量，且

$$\boldsymbol{x}'_{(i)}\boldsymbol{x}_{(j)}=\delta_{ij}\lambda_i \tag{11.12}$$

这里

$$\delta_{ij}=\begin{cases}1, & i=j\\ 0, & i\neq j\end{cases}$$

令 $\boldsymbol{X}=(\boldsymbol{x}_{(1)},\ \boldsymbol{x}_{(2)},\ \cdots,\ \boldsymbol{x}_{(p)})$，它是一个 $n\times p$ 阵，它的行用 $\boldsymbol{x}_1$，$\boldsymbol{x}_2$，…，$\boldsymbol{x}_n$ 表示，我们欲指出，$\boldsymbol{X}$ 正好是 $\boldsymbol{D}$ 的构造点，从而证明定理的充分性。

令 $\boldsymbol{\Lambda}=\text{diag}(\lambda_1,\ \lambda_2,\ \cdots,\ \lambda_p)$，$\boldsymbol{\Gamma}=\boldsymbol{X\Lambda}^{-\frac{1}{2}}$，故 $\boldsymbol{\Gamma}$ 的列为 $\boldsymbol{B}$ 的标准正交化的特征向量，于是

$$\boldsymbol{B}=\boldsymbol{\Gamma\Lambda\Gamma}'=\boldsymbol{XX}' \tag{11.13}$$

即 $\quad b_{ij}=\boldsymbol{x}'_i\boldsymbol{x}_j$

由此

$$\begin{aligned}(\boldsymbol{x}_i-\boldsymbol{x}_j)'(\boldsymbol{x}_i-\boldsymbol{x}_j)&=\boldsymbol{x}'_i\boldsymbol{x}_i-2\boldsymbol{x}'_i\boldsymbol{x}'_j+\boldsymbol{x}'_j\boldsymbol{x}_j=b_{ii}-2b_{ij}+b_{jj}\\&=a_{ii}-2a_{ij}+a_{jj} &&(\text{由式（11.8）})\\&=-2a_{ij} &&(\text{由 } a_{ii}=a_{jj}=0)\\&=d_{ij}^2\end{aligned}$$

这表明 $\boldsymbol{X}$ 正好是 $\boldsymbol{D}$ 的构造点，$\boldsymbol{D}$ 是欧氏型的。

在上面的证明过程中，下面列举的一些事实是颇为重要的。

（1）若 $\boldsymbol{D}$ 是欧氏型的，则相应的 $\boldsymbol{B}$ 有式（11.9），这表明 b_{ij} 是 $\boldsymbol{x}_i$ 和 $\boldsymbol{x}_j$ 中心化后的内积，下面简称 $\boldsymbol{B}$ 是 $\boldsymbol{X}$ 中心化的内积阵。

（2）定理的充分性证明给出了从 $\boldsymbol{D}$ 构造 $\boldsymbol{X}$ 的办法，即

$$\boldsymbol{D}\rightarrow\boldsymbol{A}\rightarrow\boldsymbol{B}\rightarrow\boldsymbol{X} \tag{11.14}$$

此外，我们还进一步指出：

(3) 充分性中所定义的 $\boldsymbol{x}_1$，$\boldsymbol{x}_2$，…，$\boldsymbol{x}_n$ 的均值为 $\mathbf{0}$。

由 $\boldsymbol{H}$ 的定义 $\boldsymbol{H}\mathbf{1}_n=\mathbf{0}$，从而

$$\mathbf{0}=\mathbf{1}'\boldsymbol{HAH}\mathbf{1}=\mathbf{1}'\boldsymbol{B}\mathbf{1}=\mathbf{1}'\boldsymbol{XX}'\mathbf{1}$$

必有 $\boldsymbol{X}'\mathbf{1}_n=\mathbf{0}$，即 $\bar{\boldsymbol{x}}=\mathbf{0}$。

(4) $\mathbf{0}$ 是 $\boldsymbol{B}$ 的特征根，相应的特征向量是 $\mathbf{1}_n$。这是因为

$$\boldsymbol{B}\mathbf{1}_n=\boldsymbol{HAH}\mathbf{1}_n=\mathbf{0}=0\mathbf{1}_n$$

11.2.2 多维标度法的古典解

当 $\boldsymbol{D}$ 是欧氏型的时，定理 11.1 已给出了构造点 $\boldsymbol{X}$ 的办法；当 $\boldsymbol{D}$ 不是欧氏型的时，不存在 $\boldsymbol{D}$ 的构造点，只能寻求 $\boldsymbol{D}$ 的拟合构造点，记作 $\hat{\boldsymbol{X}}$，以区分真正的构造点 $\boldsymbol{X}$。在实际中，即使 $\boldsymbol{D}$ 是欧氏型的，它的构造点也是 $n\times p$ 阵。当 p 较大时失去了实用的价值，这时宁可不用 $\boldsymbol{X}$ 而去寻求低维的拟合构造点 $\hat{\boldsymbol{X}}$。

在定理 11.1 中，由 $\boldsymbol{D}$ 获得 $\boldsymbol{X}$ 的途径式 (11.14) 给我们一个启示，可仿造这个途径来给出（非欧氏型）距离阵的拟合构造点，基于这种思想得到的拟合构造点称为多维标度法的古典解。

求古典解的步骤如下：

(1) 由距离阵 $\boldsymbol{D}=(d_{ij})$ 构造 $\boldsymbol{A}=(a_{ij})=(-\frac{1}{2}d_{ij}^2)$。

(2) 令 $\boldsymbol{B}=(b_{ij})$，使

$$b_{ij}=a_{ij}-\bar{a}_{i\cdot}-\bar{a}_{\cdot j}+\bar{a}_{\cdot\cdot}$$

(3) 求 $\boldsymbol{B}$ 的特征根 λ_1，λ_2，…，λ_n ($\lambda_1\geqslant\lambda_2\geqslant\cdots\geqslant\lambda_n$)，若无负特征根，表明 $\boldsymbol{B}\geqslant\mathbf{0}$，从而 $\boldsymbol{D}$ 是欧氏型的；若有负特征根，$\boldsymbol{D}$ 一定不是欧氏型的。令

$$a_{1,k}=\frac{\sum_{i=1}^{k}\lambda_i}{\sum_{i=1}^{n}|\lambda_i|} \tag{11.15}$$

$$a_{2,k}=\frac{\sum_{i=1}^{k}\lambda_i^2}{\sum_{i=1}^{n}\lambda_i^2} \tag{11.16}$$

这两个量相当于主成分分析中的累积贡献率，当然我们希望 k 不要取太大而使 $a_{1,k}$ 和 $a_{2,k}$ 比较大。当 k 取定后，用 $\hat{\boldsymbol{x}}_{(1)}$，$\hat{\boldsymbol{x}}_{(2)}$，…，$\hat{\boldsymbol{x}}_{(k)}$ 表示 $\boldsymbol{B}$ 对应于 λ_1，λ_2，…，λ_k 的正交化的特征向量，使得

$$\hat{\boldsymbol{x}}'_{(i)}\hat{\boldsymbol{x}}_{(i)}=\lambda_i,\quad i=1,2,\cdots,k$$

通常还要求 $\lambda_k>0$。若 $\lambda_k<0$，要缩小 k 的值。

(4)令 $\hat{\boldsymbol{X}}=(\hat{\boldsymbol{x}}_{(1)},\hat{\boldsymbol{x}}_{(2)},\cdots,\hat{\boldsymbol{x}}_{(k)})$，则 $\hat{\boldsymbol{X}}$ 的行向量 $\boldsymbol{x}_1,\boldsymbol{x}_2,\cdots,\boldsymbol{x}_n$ 即为欲求的古典解。

为了说明上述求解的步骤，下面看两个例子。

【例 11－2】设有距离阵如下：

$$\boldsymbol{D}=\begin{bmatrix}0 & 1 & \sqrt{3} & 2 & \sqrt{3} & 1 & 1\\ & 0 & 1 & \sqrt{3} & 2 & \sqrt{3} & 1\\ & & 0 & 1 & \sqrt{3} & 2 & 1\\ & & & 0 & 1 & \sqrt{3} & 1\\ & & & & 0 & 1 & 1\\ & & & & & 0 & 1\\ & & & & & & 0\end{bmatrix}$$

由 $a_{ij}=-\dfrac{1}{2}d_{ij}^2$，求得 $\boldsymbol{A}$，$\bar{a}_{i\cdot}$，$\bar{a}_{\cdot j}$，$\bar{a}_{\cdot\cdot}$，如下：

$$\begin{array}{ccccccc|c}0 & -\frac{1}{2} & -\frac{3}{2} & -2 & -\frac{3}{2} & -\frac{1}{2} & -\frac{1}{2} & -\frac{13}{14}\\ & 0 & -\frac{1}{2} & -\frac{3}{2} & -2 & -\frac{3}{2} & -\frac{1}{2} & -\frac{13}{14}\\ & & 0 & -\frac{1}{2} & -\frac{3}{2} & -2 & -\frac{1}{2} & -\frac{13}{14}\\ & & & 0 & -\frac{1}{2} & -\frac{3}{2} & -\frac{1}{2} & -\frac{13}{14}\\ & & & & 0 & -\frac{1}{2} & -\frac{1}{2} & -\frac{13}{14}\\ & & & & & 0 & -\frac{1}{2} & -\frac{13}{14}\\ & & & & & & 0 & -\frac{3}{7}\\ \hline -\frac{13}{14} & -\frac{13}{14} & -\frac{13}{14} & -\frac{13}{14} & -\frac{13}{14} & -\frac{13}{14} & -\frac{3}{7} & -\frac{6}{7}\end{array}$$

再由式（11.8）得到

$$\boldsymbol{B}=\frac{1}{2}\begin{bmatrix}2 & 1 & -1 & -2 & -1 & 1 & 0\\ & 2 & 1 & -1 & -2 & -1 & 0\\ & & 2 & 1 & -1 & -2 & 0\\ & & & 2 & 1 & -1 & 0\\ & & & & 2 & 1 & 0\\ & & & & & 2 & 0\\ & & & & & & 0\end{bmatrix}$$

由于 $\boldsymbol{B}$ 的列有如下的线性关系：

$$\boldsymbol{b}_{(3)}=\boldsymbol{b}_{(2)}-\boldsymbol{b}_{(1)},\ \boldsymbol{b}_{(4)}=-\boldsymbol{b}_{(1)},\ \boldsymbol{b}_{(5)}=-\boldsymbol{b}_{(2)},\ \boldsymbol{b}_{(6)}=\boldsymbol{b}_{(1)}-\boldsymbol{b}_{(2)},\ \boldsymbol{b}_{(7)}=\boldsymbol{0}$$

故 $\boldsymbol{B}$ 的秩最多为 2，再由 $\boldsymbol{B}$ 的第一个二阶主子式非退化，故 $\mathrm{rank}(\boldsymbol{B})=2$，并求得

$$\lambda_1=\lambda_2=3,\qquad \lambda_3=\cdots=\lambda_7=0$$

特征向量 $\boldsymbol{x}_{(1)}$ 和 $\boldsymbol{x}_{(2)}$ 可取对应于 $\lambda=3$ 的子空间中任一对正交化的向量，比如取

$$\boldsymbol{x}_{(1)}=(a,a,0,-a,-a,0,0)',\qquad a=\frac{\sqrt{3}}{2}$$

$$\boldsymbol{x}_{(2)}=(b,-b,-2b,-b,b,2b,0)',\qquad b=\frac{1}{2}$$

于是 7 个点的坐标分别为：

$$\left(\frac{\sqrt{3}}{2},\ \frac{1}{2}\right),\ \left(\frac{\sqrt{3}}{2},\ -\frac{1}{2}\right),\ (0,\ -1),\ \left(-\frac{\sqrt{3}}{2},\ -\frac{1}{2}\right),\ \left(-\frac{\sqrt{3}}{2},\ \frac{1}{2}\right),\ (0,\ 1),\ (0,\ 0)$$

因为 $\boldsymbol{B}\geqslant\boldsymbol{0}$，所以原距离阵 $\boldsymbol{D}$ 是欧氏型的，故这个古典解是 $\boldsymbol{D}$ 的古典解。

【例 11-3】 考虑例 11-1 中英国 12 个城市的距离阵，相应 $\boldsymbol{B}$ 的特征根如下：

$$\lambda_1=394\,473,\ \lambda_2=63\,634,\ \lambda_3=13\,544,\ \lambda_4=10\,245,\ \lambda_5=2\,465,\ \lambda_6=1\,450,$$
$$\lambda_7=501,\ \lambda_8=0,\ \lambda_9=-17,\ \lambda_{10}=-214,\ \lambda_{11}=-1\,141,\ \lambda_{12}=-7\,063$$

最后 4 个特征根是负的，表明 $\boldsymbol{D}$ 不是欧氏型的。当 $k=2$ 时，

$$a_{1,2}=92.6\%,\quad a_{2,2}=99.8\%$$

故取 $k=2$ 就可以了。前两个主成分相应的特征向量（满足式（11.12））为：

$$\boldsymbol{x}_{(1)}=(45,\ 203,\ -138,\ 212,\ 189,\ -234,\ -8,\ -382,\ -32,\ 153,\ -120,\ 112)'$$
$$\boldsymbol{x}_{(2)}=(140,\ -18,\ 31,\ -76,\ 140,\ 31,\ -50,\ -26,\ -5,\ -27,\ -34,\ -106)'$$

于是可将 $\boldsymbol{x}_{(1)}$，$\boldsymbol{x}_{(2)}$ 相应的 12 个坐标点画在平面图上，就可看到由古典解确定的 12 个城市的位置。本例图此处从略，有兴趣者可参见参考文献［1］。具体的 R 代码如下：

```
> rm(list = ls())
> ex11.3 <- read.table("例 11-1.txt", head = TRUE, fileEncoding = "utf8")
> fit <- cmdscale(ex11.3, k = 2, eig = TRUE)
> # 特征根
> round(fit $ eig)
> # a12
> round(sum(fit $ eig[1:2]) / sum(abs(fit $ eig)), 3)
> # a22
> round(sum((fit $ eig[1:2])^2) / sum((fit $ eig)^2), 3)
> round(fit $ points)
```

11.2.3　相似系数矩阵

在有些问题中，已知的是 n 个样品之间的相似系数矩阵 $\boldsymbol{C}$ 而不是距离阵 $\boldsymbol{D}$。前面在聚类分析中曾讨论过相似系数的概念。本节称 $\boldsymbol{C}=(c_{ij})$ 为相似系数矩阵，若 $\boldsymbol{C}$ 满足 $\boldsymbol{C}'=\boldsymbol{C}$，且

$$c_{ij}\leqslant c_{ii}, \quad \forall\, i, j \tag{11.17}$$

这样定义的相似系数并不一定满足 $c_{ii}=1$，由于相似系数和距离之间有一定的联系，我们可从相似阵 $\boldsymbol{C}$ 来产生一个距离阵 $\boldsymbol{D}=(d_{ij})$，其中

$$d_{ij}=(c_{ii}+c_{jj}-2c_{ij})^{\frac{1}{2}} \tag{11.18}$$

由式（11.17）有 $c_{ii}+c_{jj}-2c_{ij}\geqslant 0$，故 d_{ij} 的定义有意义，显见 $d_{ii}=0$ 及 $d_{ij}=d_{ji}$，故 $\boldsymbol{D}$ 为距离阵。

当相似系数矩阵 $\boldsymbol{C}$ 为非负定阵时，有如下定理。

定理 11.2　若 $\boldsymbol{C}\geqslant\boldsymbol{0}$，则由式（11.18）定义的距离阵为欧氏型的。

证明：设 $\boldsymbol{A}$ 和 $\boldsymbol{B}$ 分别为式（11.3）和式（11.4）所定义，那么 $a_{ij}=-\dfrac{1}{2}d_{ij}^2$，以及

$$\begin{aligned}
-2b_{ij} &= d_{ij}^2-\frac{1}{n}\sum_{j=1}^{n}d_{ij}^2-\frac{1}{n}\sum_{i=1}^{n}d_{ij}^2-\frac{1}{n^2}\sum_{i=1}^{n}\sum_{j=1}^{n}d_{ij}^2\\
&= c_{ii}+c_{jj}-2c_{ij}-\frac{1}{n}\sum_{j=1}^{n}(c_{ii}+c_{jj}-2c_{ij})-\frac{1}{n}\sum_{i=1}^{n}(c_{ii}+c_{jj}-2c_{ij})\\
&\quad +\frac{1}{n^2}\sum_{i=1}^{n}\sum_{j=1}^{n}(c_{ii}+c_{jj}-2c_{ij})\\
&=-2c_{ij}+2\bar{c}_{i\cdot}+2\bar{c}_{\cdot j}-2\bar{c}_{\cdot\cdot}
\end{aligned}$$

式中，$\bar{c}_{i\cdot}$，$\bar{c}_{\cdot j}$，$\bar{c}_{\cdot\cdot}$ 与 $\bar{d}_{i\cdot}$，$\bar{d}_{\cdot j}$，$\bar{d}_{\cdot\cdot}$ 有类似的定义。因此

$$b_{ij}=c_{ij}-\bar{c}_{i\cdot}-\bar{c}_{\cdot j}+\bar{c}_{\cdot\cdot} \tag{11.19}$$

回顾式（11.8）的证明，有 $\boldsymbol{B}=\boldsymbol{HAH}\geqslant\boldsymbol{0}$，由定理 11.1 得 $\boldsymbol{D}$ 是欧氏型的。

在定理的证明中，只有最后才用到 $\boldsymbol{C}\geqslant\boldsymbol{0}$ 的假设。若 $\boldsymbol{C}$ 为相似系数矩阵，$\boldsymbol{A}$ 和 $\boldsymbol{B}$ 的定义如前，此时总有

$$\boldsymbol{B}=\boldsymbol{HAH} \tag{11.20}$$

这是一个很重要的事实，在求古典解时是需要的。

【例 11－4】 表 11－2 是一个相似阵 $\boldsymbol{C}$，求它的古典解。

由式（11.19）可方便地求得 $\boldsymbol{B}$ 以及 $\boldsymbol{B}$ 的特征根。

表 11-2 相似系数矩阵 *C*

	1	2	3	4	5	6	7	8	9	10
1	84									
2	62	89								
3	16	59	86							
4	6	23	33	89						
5	12	8	27	56	90					
6	12	14	33	34	30	86				
7	20	25	17	24	18	65	85			
8	37	25	16	13	10	22	65	88		
9	57	28	9	7	5	8	31	58	91	
10	52	18	9	7	5	18	15	39	79	94

B 的特征根为：

$$\lambda_1=186,\ \lambda_2=121,\ \lambda_3=96,\ \lambda_4=56,\ \lambda_5=46,$$
$$\lambda_6=34,\ \lambda_7=10,\ \lambda_8=4,\ \lambda_9=0,\ \lambda_{10}=-4$$

由于 $\lambda_{10}=-4<0$，说明 ***B*** 不是非负定阵，从而 ***D*** 不是欧氏型的。若取 $k=2$，前两个特征向量（满足式（11.12））为：

$$x_{(1)}=(-4,\ 0,\ 4,\ 6,\ 5,\ 4,\ 1,\ -3,\ -6,\ -6)'$$
$$x_{(2)}=(-3,\ -6,\ -4,\ 0,\ 0,\ 4,\ 6,\ 4,\ 1,\ 0)'$$

具体的 R 代码如下：

```
> rm(list = ls())
> ex11.4 <- read.table("例 11-4.txt", head = TRUE, fileEncoding = "utf8")
> ex11.4 <- as.matrix(ex11.4)
> n <- dim(ex11.4)[2]
> cii <- diag(ex11.4)
> cjj <- cii
> cii_m <- matrix(rep(cii, times = n), n, n)
> cjj_m <- matrix(rep(cjj, times = n), n, n, byrow = TRUE)
> D <- (cii_m + cjj_m - 2 * ex11.4) ^ 0.5
> fit <- cmdscale(D, k = 2, eig = TRUE)
> round(fit $ eig)
> round(fit $ points)
```

11.3 古典解的优良性

前面是从 n 阶距离阵 $\boldsymbol{D}$ 出发求它的构造点或拟合构造点，本节试图从一些侧面来考察拟合构造点的古典解的优良性，为此首先需要给出主坐标的定义。

设 $\boldsymbol{X}$ 为 $n\times p$ 数据阵，令 $\boldsymbol{A}=\boldsymbol{X}'\boldsymbol{H}\boldsymbol{X}$，$\boldsymbol{H}=\boldsymbol{I}_n-\frac{1}{n}\boldsymbol{1}_n\boldsymbol{1}'_n$，$\boldsymbol{A}$ 的特征根记作 λ_1，λ_2，…，λ_p（$\lambda_1\geqslant\lambda_2\geqslant\cdots\geqslant\lambda_p$）。为简单起见，我们设 $\lambda_1>\lambda_2>\cdots>\lambda_p>0$，显见 λ_1，λ_2，…，λ_p 也是 $\boldsymbol{B}=\boldsymbol{H}\boldsymbol{X}\boldsymbol{X}'\boldsymbol{H}$ 的非零特征根。注意 $\boldsymbol{H}\boldsymbol{X}$ 的行是将 $\boldsymbol{X}$ 的行中心化，故 $\boldsymbol{B}=(b_{ij})$ 的元素可表示为：

$$b_{ij}=(\boldsymbol{x}_i-\bar{\boldsymbol{x}})'(\boldsymbol{x}_j-\bar{\boldsymbol{x}}) \tag{11.21}$$

记 $\boldsymbol{v}_{(i)}$ 为 $\boldsymbol{B}$ 对应于 λ_i 的特征向量，且 $\boldsymbol{v}'_{(i)}\boldsymbol{v}_{(i)}=\lambda_i$（$i=1, 2, \cdots, p$），令

$$\boldsymbol{V}_k=(\boldsymbol{v}_{(1)}, \boldsymbol{v}_{(2)}, \cdots, \boldsymbol{v}_{(k)})=(\boldsymbol{v}_1, \boldsymbol{v}_2, \cdots, \boldsymbol{v}_n)' \tag{11.22}$$

则称 $\boldsymbol{v}_1$，$\boldsymbol{v}_2$，…，$\boldsymbol{v}_n$ 为 $\boldsymbol{X}$ 的 k 维主坐标。

显然，主坐标的概念是从构造点的古典解引申出来的。若将 $\boldsymbol{X}$ 的行看成 R^p 中的 n 个点，它们之间的欧氏距离阵记作 $\boldsymbol{D}$。由定理 11.1 的必要性证明，$\boldsymbol{D}$ 在 R^k 中拟合构造点的古典解正是 $\boldsymbol{X}$ 的 k 维主坐标。下一个定理进一步给出了 $\boldsymbol{X}$ 的 k 维主坐标和主成分之间的关系。

定理 11.3 $\boldsymbol{X}$ 的 k 维主坐标正好是将 $\boldsymbol{X}$ 中心化后 n 个样品的前 k 个主成分的值。

证明：由主成分分析章节中有关论述知，$\boldsymbol{X}$ 的主成分是求 $\boldsymbol{A}=\boldsymbol{X}'\boldsymbol{H}\boldsymbol{X}$ 的特征根 λ_1，λ_2，…，λ_p（$\lambda_1\geqslant\lambda_2\geqslant\cdots\geqslant\lambda_p$）和相应的特征向量 $\boldsymbol{t}_{(1)}$，$\boldsymbol{t}_{(2)}$，…，$\boldsymbol{t}_{(p)}$，记

$$\boldsymbol{\Lambda}=\mathrm{diag}(\lambda_1, \lambda_2, \cdots, \lambda_p), \quad \boldsymbol{T}=(\boldsymbol{t}_{(1)}, \boldsymbol{t}_{(2)}, \cdots, \boldsymbol{t}_{(p)})$$

则

$$\boldsymbol{T}'\boldsymbol{T}=\boldsymbol{I}$$

$$\boldsymbol{X}'\boldsymbol{H}\boldsymbol{X}=\boldsymbol{T}\boldsymbol{\Lambda}\boldsymbol{T}' \tag{11.23}$$

若 $\boldsymbol{W}$ 为任一 $n\times p$ 阵，由矩阵的分解可知，$\boldsymbol{W}$ 可分解为：

$$\boldsymbol{W}=\boldsymbol{U}\boldsymbol{\Lambda}\boldsymbol{Q}$$

式中，$\boldsymbol{U}$：$n\times p$，$\boldsymbol{U}'\boldsymbol{U}=\boldsymbol{I}_p$；$\boldsymbol{\Lambda}$ 为对角阵；$\boldsymbol{Q}$ 为 p 阶正交阵。$\boldsymbol{\Lambda}^2$ 的对角元素为 $\boldsymbol{W}'\boldsymbol{W}$（或 $\boldsymbol{W}\boldsymbol{W}'$）的特征根，$\boldsymbol{U}$ 的列向量为 $\boldsymbol{W}\boldsymbol{W}'$ 的特征向量，$\boldsymbol{Q}$ 的行向量为 $\boldsymbol{W}'\boldsymbol{W}$ 的特征向量。

现将 $\boldsymbol{W}$ 取成 $\boldsymbol{H}\boldsymbol{X}$，并将 $\boldsymbol{\Lambda}$ 吸收到 $\boldsymbol{U}$ 中，且调整 $\{\boldsymbol{t}_{(i)}\}$ 的符号，使得

$$\boldsymbol{H}\boldsymbol{X}=\boldsymbol{V}\boldsymbol{T}' \tag{11.24}$$

其中，$\boldsymbol{V}=\boldsymbol{V}_p=(\boldsymbol{v}_{(1)}, \boldsymbol{v}_{(2)}, \cdots, \boldsymbol{v}_{(p)})$（参见式（11.22））。

由于 $\boldsymbol{H}\boldsymbol{X}$ 和 $\boldsymbol{X}$ 的样本离差阵均为 $\boldsymbol{X}'\boldsymbol{H}\boldsymbol{X}$，它们的主成分一样，由前面主成分分析中的叙述，$\boldsymbol{H}\boldsymbol{X}$ 的前 k 个主成分的值为：

$$\boldsymbol{HXT}_k=\boldsymbol{VT}'\boldsymbol{T}_k=\boldsymbol{V}(\boldsymbol{I}_k\boldsymbol{0})'=\boldsymbol{V}_k$$

式中，$\boldsymbol{T}_k=(\boldsymbol{t}_{(1)},\ \boldsymbol{t}_{(2)},\ \cdots,\ \boldsymbol{t}_{(k)})$。注意 $\boldsymbol{HX}$ 是 $\boldsymbol{X}$ 的中心化，上式是 $\boldsymbol{HX}$ 的前 k 个主成分值，它正好是 $\boldsymbol{X}$ 的 k 维主坐标。

由这个定理的结论，我们可以从另一个角度来描述 $\boldsymbol{X}$ 的 k 维主坐标。若 $\boldsymbol{D}$ 是欧氏型的，$n\times p$ 阵 $\boldsymbol{X}$ 是它的构造点，$\hat{\boldsymbol{X}}$ 是 $n\times k$ 阵（$k<p$），是 $\boldsymbol{D}$ 的低维拟合构造点，$\hat{\boldsymbol{X}}$ 相应的距离阵为 $\hat{\boldsymbol{D}}$。定理 11.3 和以上的讨论指出，这个低维拟合构造点是 $\boldsymbol{HXT}_k$，由于 $\boldsymbol{H}$ 仅起中心化的作用，故拟合构造点等价于 $\boldsymbol{XT}_k$，即 $\boldsymbol{X}$ 右乘一个列单位正交矩阵。

现在考虑一切形如 $\hat{\boldsymbol{X}}=\boldsymbol{X\Gamma}_1$ 的拟合构造点，其中，$\boldsymbol{\Gamma}_1$：$p\times k$，$\boldsymbol{\Gamma}=(\boldsymbol{\Gamma}_1,\ \boldsymbol{\Gamma}_2)=(\boldsymbol{\gamma}_{(1)},\ \boldsymbol{\gamma}_{(2)},\ \cdots,\ \boldsymbol{\gamma}_{(p)})$ 为 p 阶正交阵，易见

$$d_{ij}^2=\sum_{t=1}^{p}(x_{it}-x_{jt})^2=\sum_{t=1}^{p}(\boldsymbol{x}_i'\boldsymbol{\gamma}_{(t)}-\boldsymbol{x}_j'\boldsymbol{\gamma}_{(t)})^2$$

$$\hat{d}_{ij}^{\,2}=\sum_{t=1}^{k}(\boldsymbol{x}_i'\boldsymbol{\gamma}_{(t)}-\boldsymbol{x}_j'\boldsymbol{\gamma}_{(t)})^2$$

后者为拟合构造点之间的距离。上两式表明 $\hat{d}_{ij}\leqslant d_{ij}$，因此可以用

$$\phi=\sum_{i=1}^{n}\sum_{j=1}^{n}(d_{ij}^2-\hat{d}_{ij}^{\,2}) \tag{11.25}$$

来度量 $\hat{\boldsymbol{X}}$ 拟合 $\boldsymbol{X}$（或 $\boldsymbol{D}$）的程度。下面的定理指出，在一切形如 $\hat{\boldsymbol{X}}=\boldsymbol{X\Gamma}_1$ 的 k 维构造点中，$\boldsymbol{\Gamma}_1=\boldsymbol{T}_k$ 为最优，即相应的 ϕ 最小，$\hat{\boldsymbol{X}}=\boldsymbol{XT}_k$ 正是 $\boldsymbol{X}$ 的 k 维主坐标，故给出了 k 维主坐标的优良性的一种描述。

定理 11.4 设 $\boldsymbol{D}$ 是欧氏型的距离阵，$\boldsymbol{X}(n\times p)$ 是它的构造点。给定 $k(1\leqslant k\leqslant p)$，则在一切形如 $\hat{\boldsymbol{X}}=\boldsymbol{X\Gamma}_1$（使 $\boldsymbol{\Gamma}=(\boldsymbol{\Gamma}_1,\ \boldsymbol{\Gamma}_2)$ 为 p 阶正交阵）的 k 维构造点中，$\boldsymbol{\Gamma}_1=\boldsymbol{T}_k$ 使 ϕ 达到最小。证明略。有兴趣者请参见参考文献 [1]。

11.4 非度量方法

古典解是基于主成分分析的思想，这时

$$d_{ij}=\hat{d}_{ij}+e_{ij}$$

$\hat{d}_{ij}$ 是拟合于 d_{ij} 的值，e_{ij} 是误差。但有时，d_{ij} 和 $\hat{d}_{ij}$ 之间的拟合关系可以表示为：

$$d_{ij}=f(\hat{d}_{ij}+e_{ij}) \tag{11.26}$$

式中，f 为一个未知的单调增加的函数。这时，我们用来构造 $\hat{d}_{ij}$ 的唯一信息是利用 $\{d_{ij}\}$ 的秩，将 $\{d_{ij},\ i<j\}$ 由小到大排列为：

$$d_{i_1j_1}\leqslant d_{i_2j_2}\leqslant\cdots\leqslant d_{i_mj_m},\quad m=\frac{1}{2}n(n-1)$$

$(i,\ j)$ 所对应的 d_{ij} 在上面的排列中的名次（由小到大）称为 $(i,\ j)$ 或 d_{ij} 的秩。我们欲寻找一个拟合构造点，使后者相互之间的距离也有如上的次序：

$$\hat{d}_{i_1 j_1} \leqslant \hat{d}_{i_2 j_2} \leqslant \cdots \leqslant \hat{d}_{i_m j_m}$$

并记为：

$$\hat{d}_{ij} \xrightarrow{\text{单调}} d_{ij}$$

这种模型大多出现在相似系数矩阵的场合，因为相似系数强调的是物品之间的相似而不是它们的距离。

求这个模型的解有一些方法，其中以 Shepard-Kruskal 算法最为流行，它的步骤如下：

（1）已知一个相似系数矩阵 $\boldsymbol{D}=(d_{ij})$（这里仍用 $\boldsymbol{D}$ 来记相似系数矩阵），并将其非对角线元素由小到大排列：

$$d_{i_1 j_1} \leqslant d_{i_2 j_2} \leqslant \cdots \leqslant d_{i_m j_m}, \quad m=\frac{1}{2}n(n-1);\ i_l < j_l;\ l=1,\ 2,\ \cdots,\ m$$

（2）设 $\hat{\boldsymbol{X}}(n\times k)$ 是 k 维拟合构造点，相应的距离阵 $\hat{\boldsymbol{D}}=(\hat{d}_{ij})$，令

$$S^2(\hat{\boldsymbol{X}}) = \frac{\min \sum\limits_{i<j} (d_{ij}^* - \hat{d}_{ij})^2}{\sum\limits_{i<j} d_{ij}^2} \tag{11.27}$$

极小是对一切 $\{d_{ij}^*\}(d_{ij}^* \xrightarrow{\text{单调}} d_{ij})$ 进行的，使上式达到极小的 $\{d_{ij}^*\}$ 称为 $\hat{d}_{ij}$ 对 $\{d_{ij}\}$ 的最小二乘单调回归。

如果 $\hat{d}_{ij} \xrightarrow{\text{单调}} d_{ij}$，在式（11.27）中取 $d_{ij}^* = \hat{d}_{ij}(i<j)$，这时，$S^2(\hat{\boldsymbol{X}})=0$，$\hat{\boldsymbol{X}}$ 是 $\boldsymbol{D}$ 的构造点。

若将 $\boldsymbol{X}$ 的列作一正交平移变换 $\boldsymbol{y}_t=\boldsymbol{\Gamma}\boldsymbol{x}_t+\boldsymbol{b}$，$\boldsymbol{\Gamma}$ 为正交阵，$\boldsymbol{b}$ 为常向量，则式（11.27）的分子不变。

（3）若 k 固定，且能存在一个 $\hat{\boldsymbol{X}}_0$，使得

$$S(\hat{\boldsymbol{X}}_0) = \min_{\hat{\boldsymbol{X}}:n\times k} S(\hat{\boldsymbol{X}}) \equiv S_k$$

则称 $\hat{\boldsymbol{X}}_0$ 为 k 维最佳拟合构造点。

（4）由于 S_k（也称为压力指数）是 k 的单调下降序列，取 k，使 S_k 适当地小。例如 $S_k \leqslant 5\%$ 最好，$5\% < S_k \leqslant 10\%$ 次之，$S_k > 10\%$ 较差。

求解可以用梯度法进行迭代（见参考文献［1］）。

11.5　多维标度法的上机实现

11.5.1　多维标度法的步骤及逻辑框图

多维标度法的实现主要有以下几个步骤：（1）确定研究的目的；（2）选择需要进行比

较分析的样品和原始变量（或者距离矩阵）；(3) 选择适当的求解方法，分析样品间的距离矩阵；(4) 选择适当的维数，得到距离阵的古典解，将各个样品直观地呈现出来并对结果进行解释；(5) 检验模型的拟合情况。

多维标度法实现的逻辑框图如图 11-1 所示。

图 11-1　多维标度法实现框图

11.5.2　多维标度法的计算机实现

非度量方法可以使用 R 包 MASS 中的函数 isoMDS 实现。

【例 11-5】 我们使用《2019 年中国统计年鉴》中“22-23 分地区医疗救助情况(2018)”的数据。该数据包含的变量有：X_1：资助参加基本医疗保险人数（万人）、X_2：门诊和住院医疗救助人数（万人次）、X_3：资助参加基本医疗保险资金数（万元）、X_4：门诊和住院医疗救助资金数（万元）。由于河北和福建的数据一样，我们删去河北的个案。具体代码如下：

```
> rm(list = ls())
> library(MASS)
> ex11.5 <- read.table("例 11-5new.txt", head = TRUE, fileEncoding = "utf8")[-3,]
> dat115 <- ex11.5[, -1]
> rownames(dat115) <- ex11.5[, 1]
> head(dat115)
              x1    x2      x3      x4
北京        10.3  12.5  2199.9 23965.7
天津        39.7  69.3 13741.2 35033.6
```

```
山西    113.4   37.1 17123.6 76671.8
内蒙古 131.9   66.0 13773.8 83545.5
辽宁    110.7 106.8    280.0 66970.0
吉林    161.1   63.7 17415.9 52581.1
> # 样本的距离矩阵
> D <- dist(dat115)
> fit115 <- MASS::isoMDS(D, k = 2)
initial  value 0.000146
final  value 0.000146
converged
> # fit115 $ points # 系数
> D1 <- fit115 $ points[, 1]
> D2 <- fit115 $ points[, 2]
> # 画散点图
> plot(D1, D2)
> abline(v = 0, h = 0, lty = 2)
> text(D1, D2, labels = ex11.5[, 1])
```

输出结果如图 11-2 所示，它反映了我国主要城市在 4 个变量指标体系中所处的位置。

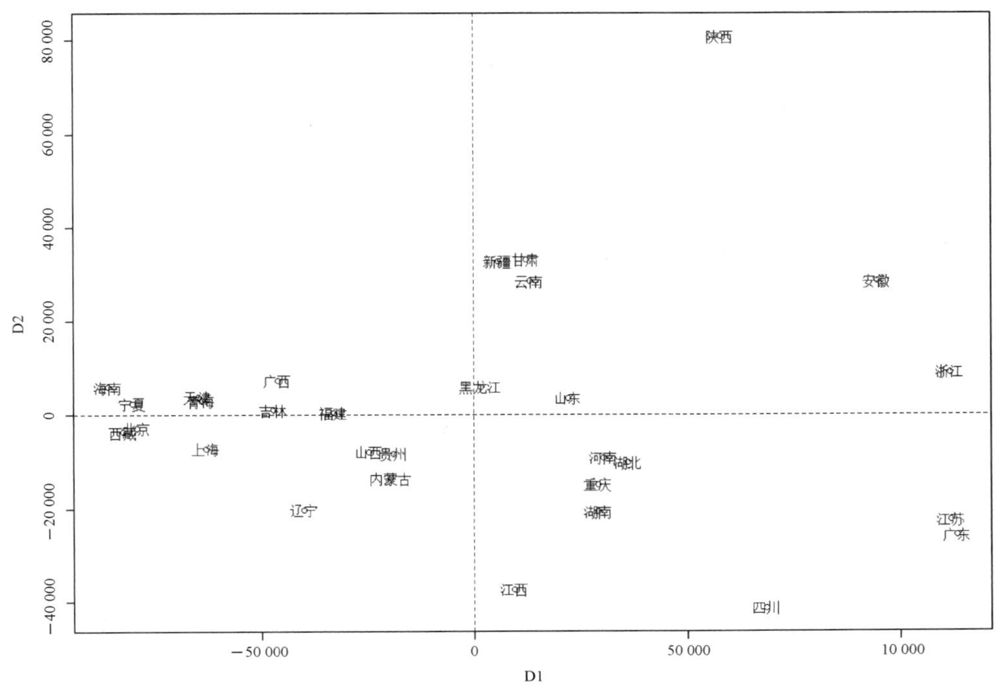

图 11-2 散点图

参考文献

[1] 方开泰. 实用多元统计分析. 上海：华东师范大学出版社，1989.

[2] 张尧庭，方开泰. 多元统计分析引论. 北京：科学出版社，1982.

[3] 王国梁，何晓群. 多变量经济数据统计分析. 西安：陕西科学技术出版社，1993.

[4] Joseph F. Hair，Rolph E. Anderson，Ronald L. Tatham，et al. Multivariate Data Analysis. Fifth Edition. Prentice-Hall，1998.

[5] Seber，G. A. F. Multivariate Observations. John Wiley & Sons，Inc.，1984.

思考与练习

1. 简述多维标度法的基本思想。
2. 简述实现多维标度法的步骤。
3. 给定距离阵

$$\boldsymbol{D}=\begin{bmatrix} 0 & & & & & & \\ 1 & 0 & & & & & \\ 2 & 1 & 0 & & & & \\ 2 & 2 & 1 & 0 & & & \\ 2 & 2 & 2 & 1 & 0 & & \\ 1 & 2 & 2 & 2 & 1 & 0 & \\ 1 & 1 & 1 & 1 & 1 & 1 & 0 \end{bmatrix}$$

求它的拟合构造点，并说明它是不是欧氏型的。

4. 试解释样本间相似性的含义。

附表　$M(p, v_0, r)$ 表

设 r 个总体的分布分别为 $N_p(\mu^{(i)}, \boldsymbol{\Sigma}_i)(1\leqslant i\leqslant r)$，今分别抽取 $n_1, n_2, \cdots, n_r$ 个样品：$X_1^{(1)}, \cdots, X_{n_1}^{(1)}, \cdots, X_1^{(r)}, \cdots, X_{n_r}^{(r)}$，要检验假设

$$H_0: \boldsymbol{\Sigma}_1 = \cdots = \boldsymbol{\Sigma}_r;\ H_1: \text{至少存在 } \boldsymbol{\Sigma}_i \neq \boldsymbol{\Sigma}_j$$

检验这个假设的修正似然比统计量为：

$$M = (n-r)\ln\left|\frac{L}{(n-r)}\right| - \sum_{i=1}^{r}(n_i-1)\ln\left|\frac{L_i}{(n_i-1)}\right|$$

式中，$n = n_1 + n_2 + \cdots + n_r$

$$X^{(i)} = \frac{1}{n_i}\sum_{i=1}^{n_i} X_j^{(i)}$$

$$S_i = \sum_{i=1}^{n_i}(X_j^{(i)} - X^{(i)})(X_j^{(i)} - X^{(i)})'$$

$$S = S_1 + S_2 + \cdots + S_r$$

当 $n_1=n_2=\cdots=n_r=n_0$ 时，可用本附表，表中 $v_0=n_0-1$。当 $\{n_i\}$ 互不相等或较大时，可用 χ^2 分布或 F 分布来近似。本附表中只给出 $\alpha=0.05$ 的上分位点。

例：M（3，6，4）＝38.06，M（5，16，5）＝91.95。

$M(p, v_0, r)$ 表（$\alpha=5\%$）

v_0 \ r	2	3	4	5	6	7	8	9	10
					$p=2$				
3	12.18	18.70	24.55	30.09	35.45	40.68	45.81	50.87	55.87
4	10.70	16.65	22.00	27.07	31.97	36.76	41.45	46.07	50.64
5	9.97	15.63	20.73	25.56	30.23	34.79	39.26	43.67	48.02
6	9.53	15.02	19.97	24.66	29.19	33.61	37.95	42.22	46.45
7	9.24	14.62	19.46	24.05	28.49	32.82	37.07	41.26	45.40
8	9.04	14.33	19.10	23.62	27.99	32.26	36.45	40.57	44.65
9	8.88	14.11	18.83	23.30	27.62	31.84	35.98	40.06	44.08
10	8.76	13.94	18.61	23.05	27.33	31.51	35.61	36.65	43.64

续表

v_0 \ r	2	3	4	5	6	7	8	9	10
					$p=3$				
5	19.2	30.5	41.0	51.0	60.7	70.3	79.7	89.0	98.3
6	17.57	28.24	38.06	47.49	56.68	65.69	74.58	83.37	92.09
7	16.59	26.84	36.29	45.37	54.21	62.89	71.45	79.91	88.29
8	15.93	25.90	35.10	43.93	52.54	60.99	69.33	77.56	85.72
9	15.46	25.22	34.24	42.90	51.34	59.62	67.79	75.86	83.86
10	15.11	24.71	33.59	42.11	50.42	58.58	66.62	74.57	82.45
11	14.83	24.31	33.08	41.50	49.71	57.76	65.71	73.56	81.35
12	14.61	23.99	32.67	41.01	49.13	57.11	64.97	72.75	80.46
13	14.43	23.73	32.33	40.60	48.66	56.57	64.37	72.08	79.72
					$p=4$				
6	30.07	48.63	65.91	82.6	98.9	115.0	131.0	—	—
7	27.31	44.69	60.90	76.56	91.89	107.0	121.9	137.0	152.0
8	25.61	42.24	57.77	72.78	87.46	101.9	116.2	130.4	144.6
9	24.46	40.56	55.62	70.17	84.42	98.45	112.3	126.1	139.8
10	23.62	39.34	54.05	68.27	82.19	95.91	109.5	122.9	136.3
11	22.98	38.41	52.85	66.81	80.49	93.95	107.3	120.5	133.6
12	22.48	37.67	51.90	65.66	79.14	92.41	105.5	118.5	131.5
13	22.08	37.08	51.13	64.73	78.04	91.16	104.1	117.0	129.7
14	21.75	36.59	50.50	63.96	77.14	90.12	103.0	115.7	128.3
15	21.47	36.17	49.97	63.31	76.38	89.25	102.0	114.6	127.1

v_0 \ r	2	3	4	5	6	7	v_0 \ r	2	3	4	5
			$p=5$						$p=6$		
8	39.29	65.15	89.46	113.0	—	—	10	49.95	84.43	117.0	—
9	36.70	61.40	84.63	107.2	129.3	151.5	11	47.43	80.69	112.2	142.9
10	34.92	58.79	81.25	103.1	124.5	145.7	12	45.56	77.90	108.6	138.4
11	33.62	56.86	78.76	100.0	120.9	141.6	13	44.11	75.74	105.7	135.0
12	32.62	55.37	76.83	97.68	118.2	138.4	14	42.96	74.01	103.5	132.2
13	31.83	54.19	75.30	95.81	116.0	135.9	15	42.03	72.59	101.6	129.9
14	31.19	53.24	74.06	94.29	114.2	133.8	16	41.25	71.41	100.1	128.0
15	30.66	52.44	73.02	93.03	112.7	132.1	17	40.59	70.41	98.75	126.4
16	30.21	51.77	72.14	91.95	111.4	130.6	18	40.02	69.55	97.63	125.0
							19	39.53	68.80	96.64	123.8
							20	39.11	68.14	95.78	122.7

图书在版编目（CIP）数据

多元统计分析：基于R语言/何晓群，马学俊编著. --北京：中国人民大学出版社，2021.5
（基于R应用的统计学丛书）
ISBN 978-7-300-29301-1

Ⅰ.①多… Ⅱ.①何… ②马… Ⅲ.①多元分析-统计分析-高等学校-教材 Ⅳ.①O212.4

中国版本图书馆CIP数据核字（2021）第069529号

基于R应用的统计学丛书
多元统计分析——基于R语言
何晓群　马学俊　编著
Duoyuan Tongji Fenxi——Jiyu R Yuyan

出版发行	中国人民大学出版社		
社　　址	北京中关村大街31号	**邮政编码**	100080
电　　话	010－62511242（总编室）		010－62511770（质管部）
	010－82501766（邮购部）		010－62514148（门市部）
	010－62511173（发行公司）		010－62515275（盗版举报）
网　　址	http://www.crup.com.cn		
经　　销	新华书店		
印　　刷	天津鑫丰华印务有限公司		
开　　本	787 mm×1092 mm　1/16	**版　　次**	2021年5月第1版
印　　张	15.5 插页1	**印　　次**	2025年4月第4次印刷
字　　数	354 000	**定　　价**	39.00元

中国人民大学出版社　理工出版分社

教师教学服务说明

中国人民大学出版社理工出版分社以出版经典、高品质的统计学、数学、心理学、物理学、化学、计算机、电子信息、人工智能、环境科学与工程、生物工程、智能制造等领域的各层次教材为宗旨。

为了更好地为一线教师服务，理工出版分社着力建设了一批数字化、立体化的网络教学资源。教师可以通过以下方式获得免费下载教学资源的权限：

- 在中国人民大学出版社网站 www.crup.com.cn 进行注册，注册后进入“会员中心”，在左侧点击“我的教师认证”，填写相关信息，提交后等待审核。我们将在一个工作日内为您开通相关资源的下载权限。

- 如您急需教学资源或需要其他帮助，请加入教师 QQ 群或在工作时间与我们联络。

中国人民大学出版社　理工出版分社

教师 QQ 群： 229223561(统计2组) 982483700(数据科学) 361267775(统计1组)
教师群仅限教师加入，入群请备注（学校+姓名）

联系电话： 010-62511967，62511076

电子邮箱： lgcbfs@crup.com.cn

通讯地址： 北京市海淀区中关村大街 31 号中国人民大学出版社 507 室（100080）